昆仑成矿带及西延镍钴锂矿产境内外对比与跨境成矿规律研究（地质联合基金，U2244204）
国土资源公益性行业科研专项（201511020）资助

夏日哈木铜镍钴硫化物矿床
成矿机理与勘查示范

李文渊　张照伟 等　著

科学出版社

北　京

内 容 简 介

本书为国土资源行业专项"拉陵灶火镍成矿赋矿机理及勘查技术研究示范"研究成果的系统总结。书中针对近年来新发现的夏日哈木超大型铜镍钴硫化物矿床，开展了成矿地质背景、矿床地质特征、矿床矿物学和地球化学、矿床形成机理等方面的深入研究，并进行了勘查模型和区域找矿潜力及勘查示范应用研究总结。

本书可供矿产资源勘查、调查以及科研人员和地球科学相关专业师生参考。

图书在版编目(CIP)数据

夏日哈木铜镍钴硫化物矿床成矿机理与勘查示范 / 李文渊等著 . —北京：科学出版社，2023.12
ISBN 978-7-03-075924-5

Ⅰ.①夏⋯　Ⅱ.①李⋯　Ⅲ.①硫化物矿床–成矿规律–青海②矿产勘探–研究–青海　Ⅳ.①P618.201②P624

中国国家版本馆 CIP 数据核字（2023）第 119440 号

责任编辑：王　运　张梦雪 / 责任校对：何艳萍
责任印制：肖　兴 / 封面设计：图阅盛世

斜 学 出 版 社 出版
北京东黄城根北街 16 号
邮政编码：100717
http://www.sciencep.com

北京建宏印刷有限公司 印刷
科学出版社发行　各地新华书店经销

*

2023 年 12 月第　一　版　　开本：787×1092　1/16
2023 年 12 月第一次印刷　　印张：12 3/4
字数：302 000

定价：198.00 元
（如有印装质量问题，我社负责调换）

主要作者名单

李文渊　张照伟　刘月高　钱　兵

王亚磊　张江伟　尤敏鑫

序

　　夏日哈木岩浆铜镍钴硫化物矿床的发现是 21 世纪以来中国最重要的岩浆铜镍钴硫化物矿床发现，也是世界上的重要发现，其储量仅次于金川超大型矿床，已探明镍储量 118 万 t、钴 4 万 t，是矿产地质的重大发现，具有特别深远的地质意义和研究价值。因此，深入开展夏日哈木岩浆铜镍钴硫化物矿床研究是一项特别迫切的工作。

　　西安地质调查中心岩浆作用成矿与找矿创新团队，长期从事铜镍钴硫化物矿床的调查和研究工作，在深入开展西北地区岩浆铜镍钴硫化物矿床调查研究的基础上，于 2015 年积极申请了"拉陵灶火镍成矿赋矿机理及勘查技术研究示范"国土资源公益性行业科研专项项目，联合有关科研院所和地勘单位，以夏日哈木超大型矿床为重点，对东昆仑及其邻区镁铁-超镁铁质岩及其铜镍钴含矿性进行了深入细致的调查研究工作，取得了多项突破性的研究成果，在国内外重要学术期刊上发表了多篇有影响力的论文，从某种角度上引领了岩浆铜镍钴矿床的调查研究方向，在东昆仑及其邻区实现了多处铜镍钴矿找矿新发现，使以夏日哈木为核心的东昆仑及其邻区成为中国最重要的找镍钴矿的热土。

　　岩浆铜镍钴硫化物矿床不仅是镍、钴的主要来源，更是铂族金属元素的重要来源。世界上红土型镍矿选冶技术的突破和西非刚果（金）沉积型钴矿的发现，拓展了镍、钴金属的来源，但岩浆铜镍钴硫化物矿床依然是镍、钴及铂族金属的最重要来源之一，其找矿价值依然巨大，特别是中国的找矿实践表明，岩浆铜镍钴硫化物矿床仍然是最重要的矿床类型。因此，应该坚定信心，继续加强中国岩浆铜镍钴硫化物矿床的研究和找矿工作。

　　夏日哈木岩浆铜镍钴硫化物矿床与金川矿床有很大的相似性，都是"小岩体成大矿"，但也有很大的差异性。首先，金川矿床，包括世界上绝大多数重要的岩浆铜镍硫化物矿床，都产在古老的克拉通边缘或内部，很少在造山带中形成重要的矿床，夏日哈木矿床则产在东昆仑早古生代造山带中；其次，形成时代，金川矿床形成于元古宙，而夏日哈木矿床则形成于早古生代和晚古生代交替之间，是中国乃至世界上的一个新的成镍时代。总之，夏日哈木超大型岩浆铜镍钴硫化物矿床既具有一般岩浆铜镍硫化物矿床的特点，又具有鲜明的差异性，非常值得深入探讨和研究。

　　《夏日哈木铜镍钴硫化物矿床成矿机理与勘查示范》的正式出版，反映了迄今对夏日哈木矿床及其所在区域东昆仑及邻区镁铁-超镁铁质岩与岩浆铜镍钴硫化物矿床研究的最新进展。其中关于岩浆源区是受原特提斯洋俯冲消减洋壳改造的软流圈部分熔融和古特提斯早古生代末裂解成矿构造环境的认识有创新性，对于辨识古特提斯构造带，拓展夏日哈木岩浆铜镍钴硫化物矿床区域找矿范围具有重要价值；关于造山带中岩浆铜镍钴硫化物矿床小岩体成大矿陆壳硫贡献的讨论具有重要的理论意义，是对造山带中含镍钴镁铁-超镁铁质岩能否成大矿的新认识；关于夏日哈木矿床成矿地质背景、含矿岩体地质、矿床地质、矿床地球化学和成矿过程与机理的探讨，以及对东昆仑及邻区夏日哈木岩浆铜镍钴矿床类型综合找矿模型及其勘查示范应用例证的论述均具有重要的科技创新价值，反映了目前中国岩浆铜镍钴硫化物矿床调查研究的水平，对推动中国岩浆矿床及镍、钴矿床的进一步调查研究和找矿勘查具有重要的指导意义。

西北地区是国家战略性矿产资源供给的重要接替区，岩浆铜镍钴硫化物矿床找矿潜力巨大。特此祝贺《夏日哈木铜镍钴硫化物矿床成矿机理与勘查示范》正式出版发行！

汤中立

中国工程院院士

2022 年 3 月

前　　言

20世纪80年代末，笔者跟随汤中立院士开展金川超大型岩浆铜镍硫化物矿床及其地质对比研究工作，该项研究成果（汤中立和李文渊，1995）公开出版后，获得了国家科技进步奖二等奖。随后在汤中立院士指导下，完成了《中国铜镍硫化物矿床成矿系列与地球化学》专著（李文渊，1996），笔者对岩浆铜镍硫化物矿床研究逐渐产生了浓厚的兴趣。金川矿床作为仅次于俄罗斯诺里尔斯克和加拿大萨德伯里的世界级第三大岩浆铜镍钴硫化物矿床，以及其仅一个体积约 $1 \times 10^3 \mathrm{m}^3$ 的小岩体内蕴藏了近600万t镍金属量的事实，而被世界关注，被誉为人类矿床发现史上里程碑式的革命性发现。寻找第二个金川矿床，是矿业公司的梦想，更是矿产地质研究者共同的梦想。进入21世纪，美国地质勘查局发起了全球铂族元素找矿潜力国际合作计划，新组建的中国地质调查局也参与了这项国际计划的研究工作。2007年秋，笔者作为中国地质调查局国际研究计划的特邀成员，在美国的西部小城斯波坎，与美国地质勘查局全球铂族元素找矿潜力国际合作计划负责人齐恩特克（Zientek M. L.）博士进行了交流，并考察了美国的斯蒂尔沃特（Stillwater）杂岩及其巨型铂族金属矿床。在交流中，关于对金川矿床属于祁连-龙首山元古宙大火成岩省产物的认识，得到了他的特别支持，他研究小组的研究人员根据我们的思路制作了中国祁连-龙首山前寒武系地质分布图，作为寻找金川型铂族金属矿床的重要潜靶区。

我们的基本研究思路是：金川矿床是前寒武纪克拉通罗迪尼亚超大陆裂解的产物，而祁连山是裂解中丁早古生代扩张形成的有限洋盆，并于志留纪消减闭合而成的造山带，该造山带中的前寒武纪微地块，与金川矿床所在的龙首山地块，可能均属于裂解前统一的克拉通陆块，以金川矿床为代表的南华纪幔源镁铁-超镁铁质岩侵入及成镍事件，应该波及这些微陆块，这些微陆块应该是寻找金川型铜镍钴硫化物矿床的潜在有利选区。依据这一思路，我们将南祁连化隆地区确定为寻找金川型矿床的有利靶区，与西澳矿业公司——国际上专业的镍矿公司合作，开展了南祁连化隆地区金川型铜镍钴硫化物矿床勘查源区评价研究工作。随着研究的深入，进入勘查研究阶段后，我们结束了与国际矿业公司的合作，中国地质调查局正式立项开展了南祁连化隆地区岩浆铜镍铂族元素矿床调查研究工作。

但深入研究发现，南祁连化隆地区确实存在镁铁-超镁铁质岩带及岩浆铜镍铂族元素找矿潜力，但成岩成矿时代与金川矿床显著不同。金川矿床含镍镁铁-超镁铁质岩体形成于新元古代的南华纪（827Ma）（李献华等，2004），而化隆地区的含镍镁铁-超镁铁质岩形成于早古生代末（443Ma）（Zhang et al.，2014），显然不是金川成镍事件的产物。进一步研究发现，化隆地块与龙首山地块的结晶基底有很大差异，前者形成于中元古代，后者形成于古元古代，应分属于两个大的陆块群（万渝生等，2003）。可见，南祁连化隆地区的镁铁-超镁铁质岩带及其岩浆铜镍钴矿床属于一个新的成镍事件的产物，既不同于金川的新元古代南华纪，又不同于新疆北部晚古生代的早二叠世，是中国新的一期成镍事件，产于特提斯造山带中的微陆块中。由于化隆地区古近纪红层覆盖较厚，进一步的野外调查被迫终止。但明确提出南祁连–东昆仑基底裸露区应是寻找新的岩浆铜镍钴硫化物矿床的重要潜力区。

随后，中国地质调查局在东昆仑部署的1:20万化探扫面的异常检查中，在东昆仑造山带的金水口群前寒武纪基底中发现了夏日哈木岩浆铜镍钴硫化物矿床，掀起了东昆仑地区开展岩浆铜镍钴硫化物矿床勘查研究工作的热潮。2014年，中国地质调查局西安地质调查中心李文渊等牵头申报了国土资源公益性行业科研专项"拉陵灶火镍成矿赋矿机理及勘查技术研究示范"项目，经竞争答辩获得批准。由中国地质调查局西安地质调查中心牵头，青海省地质调查局和兰州大学参加。项目起止年限为2015年1月至2017年12月。项目总体目标任务是以自然资源部岩浆作用成矿与找矿重点实验室为科研平台，以东昆仑拉陵灶火整装勘查区夏日哈木镍矿区及其外围为目标研究区，"产–学–研–用"相结合，开展夏日哈木岩浆铜镍矿成矿赋矿机理及勘查技术方法应用研究与示范。

查明拉陵灶火地区夏日哈木及外围镁铁–超镁铁质岩体的地质分布规律和产出特点，了解构造–岩浆演化序列、岩石组成、成因机制、相互间在时空及成因上的可能关联性；分析夏日哈木铜镍钴硫化物矿床的成矿作用过程、硫化物富集机制和主要控制因素；解析夏日哈木赋矿岩体的构造–岩浆侵位过程–机制；研究总结夏日哈木铜镍钴硫化物矿床特殊地表景观区及地质构造复杂区隐伏镁铁–超镁铁质岩体与矿体的定位预测最佳技术方法组合，提出合理有效的各类物探数据处理、反演解释流程；建立拉陵灶火整装勘查区夏日哈木成矿模式和综合找矿模型，依托所获成果在矿区（或深部）及外围进行靶区优选，并进行相关方法技术的验证、应用与示范，指导引领东昆仑镍矿找矿工作。

调查研究区行政区划隶属青海省格尔木市，地处青藏高原东北部、柴达木盆地南缘东昆仑造山带的昆中地块。本书系统总结了东昆仑及邻区区域构造演化过程，查明了夏日哈木及外围镁铁–超镁铁质岩体形成构造背景；通过详细填绘夏日哈木矿区大比例尺构造–岩相图，发现了形成于不同构造背景的含镍钴镁铁–超镁铁质岩体与蛇绿岩残块、榴辉岩（榴闪岩）紧密共存的地质事实，为深入探讨夏日哈木铜镍钴硫化物矿床的形成机制奠定了重要的野外基础。结合矿区的勘探编录工作，野外与室内、宏观与微观、理论与实践紧密联系，运用矿床学、岩石学、矿物学、地球化学、构造地质学和稀有气体同位素地球化学等多学科相结合的综合研究方法，深入认识了夏日哈木矿区镁铁–超镁铁质岩体的空间展布特征、岩体和矿体产出状态、岩石组合、矿物定向排列特征、岩浆活动期次、岩石成因及它们相互间在时空及成因上的关联性，解析了赋矿岩体的岩浆–矿浆的输送–运移方式、方向与构造侵位过程、方式和机制，揭示了硫化物不混溶机制及硫饱和控制因素。并总结了拉陵灶火夏日哈木及外围定位寻找隐伏岩体与矿体的最佳技术方法组合，建立了夏日哈木铜镍钴硫化物矿床的综合找矿模型，在矿区（或深部）及外围优选的靶区进行深部工程验证和勘查技术应用示范。所取得研究成果以论文的形式发表于 *Economic Geology*、*Mineralium Deposita*、*Ore Geology Reviews*、*Lithos*、*Chemical Geology*、*Precambrian Research*、《岩石学报》、《地质学报》、《地球科学》、《中国地质》、《西北地质》等中英文SCI、EI期刊和中文核心期刊，共计56篇，其中，国际SCI期刊论文12篇，中文SCI及EI期刊论文15篇，中文核心期刊论文22篇。

本书是在完成"拉陵灶火镍成矿赋矿机理及勘查技术研究示范"研究报告基础上，结合已发表的论文和国家自然科学基金面上项目（"东昆仑夏日哈木铜镍矿床硫化物不混溶作用研究"，41873053）及第二次青藏高原综合科学考察研究项目（"东昆仑成矿带西段及柴北缘成矿带西段铜镍（钴）成矿潜力研究"，2019QZKK0801）的研究，更加突出创新认识，以板块构造和地幔柱理论为指导，将夏日哈木矿床纳入特提斯构造演化视野中，对夏日哈木岩浆铜镍钴硫化物矿的形成机制及其外围的勘查示范进行了较为系统而全面的总结研究。全书共分七章，由李文渊、张照伟确定全书的框架内容和章节目录，实行分工编写。前言由李文渊、张照伟完成；第一章由李文渊、王亚磊、尤敏鑫、王博林完成；第二章由李文渊、钱兵、张照伟、张江伟完成；第三章由钱兵、王亚磊、张照伟、李文渊、张江伟、张志炳、韩一筱完成；第四章由刘月高、王亚磊、钱兵、张照伟、李文渊、张志炳、韩一筱完成；第五章由张照伟、刘月高、钱兵、王亚磊、李文渊完成；第六章由张照伟、张江伟、尤敏鑫、李文渊、王亚磊、钱兵完成，李健强、张晶、唐小平、郭培红分别制作了东昆仑及邻区遥感影像、元素地球化学和重磁异常图；第七章由李文渊完成。尤敏鑫整理了全书的参考文献。最终由李文渊和张照伟统稿成书。

《夏日哈木铜镍钴硫化物矿床成矿机理与勘查示范》是集体创作，其整体思路经反复讨论而得出一致结论，反映了目前造山带中岩浆铜镍钴硫化物矿床研究的认识水平。本书撰写过程中，得到自然资源部科技发展司、中国地质调查局科技外事部领导、兰州大学张铭杰教授、青海省地质调查局李世金教授级高级工程师及中国地质调查局西安地质调查中心领导的大力支持和热情帮助，在此一并表示由衷的感谢。特别感谢恩师汤中立院士，他是金川超大型岩浆铜镍钴硫化物矿床的发现者，更是中国岩浆铜镍钴硫化物矿床研究的开拓者，在我们对夏日哈木铜镍钴硫化物矿床的研究中给予了亲切指导和帮助，并欣然为本书作序。本书的出版要特别感谢中国科学院邓军院士对该项工作始终给予了大力帮助和支持！感谢樊钧教授级高级工程师，以及徐学义、贾群子研究员对本书的出版所做的贡献！感谢中国地质大学张招崇教授，国际知名岩浆铜镍矿专家莱特富特·彼得（Lightfoot Peter）博士、李楚思（Chusi Li）博士所给予的帮助！

李文渊

2021 年 3 月 2 日于西安

目　　录

第一章 绪 论

第一节 造山带中岩浆铜镍钴硫化物矿床研究现状

一、岩浆铜镍钴硫化物矿床概述

岩浆铜镍钴硫化物矿床（magmatic Cu-Ni-Co sulfide deposits）通常简称岩浆硫化物矿床（magmatic sulfide deposits），也称镍硫化物（含铂）矿床和硫化铜镍矿床等。矿床中成矿金属元素的相对多少，造成矿床名称中所冠金属元素排序发生变异。与大型层状杂岩体有关的铂族金属矿床，因蕴含重要的镍硫化物矿石储量，也被统称为岩浆硫化物矿床，如南非的布什维尔德（Bushveld）矿床和美国的斯蒂尔沃特（Stillwater）矿床，这种矿床主要是由岩浆堆积形成的。由于钴金属元素的日益重要，本书强调了此类矿床中钴的意义。

Craig（1979）在"*Geochemical Aspects of the Origins of Ore Deposits*"论文中，就认识到矿床成因的划分如同地球化学作用过程的连续性一样，并不存在截然的界线。Craig（1979）所划分的与岩浆作用有关的矿床主要包含了三种类型：与镁铁–超镁铁质岩共生的矿床、与长英质岩共生的矿床和热液作用形成的矿床。与镁铁–超镁铁质岩共生的矿床又划为两种基本类型：在正常结晶过程中堆积成因的矿床和从硅酸盐岩浆中熔离出来的硫化物或氧化物不混溶形成的矿床。

堆积矿床一般包括层状堆积的铬铁矿、钛铁矿、磁铁矿和铂族金属矿床，南非的布什维尔德矿床和美国的斯蒂尔沃特矿床就是这种矿床的典型代表。

本书所指的岩浆铜镍钴硫化物矿床，是Craig（1979）所划分的、与镁铁–超镁铁质岩共生的矿床中，从硅酸盐岩浆中熔离出来的硫化物不混溶形成的矿床。定义起来就是镁铁–超镁铁质硅酸盐熔融体在侵入前、侵入期间或侵入后的熔离硫化物液相结晶成的Cu-Ni-Co硫化物矿石组成的矿床。随着科马提岩型矿床的发现，岩浆硫化物矿床的含义又有所拓展，还应包括以太古宙喷出的科马提质岩流中熔离的镍硫化物矿石为主的矿床。

岩浆铜镍钴硫化物矿床是金属镍的主要来源，也是金属钴、铂族元素和铜的重要来源。镍主要有两种工业矿床类型，一种是岩浆硫化物矿床，另一种是风化的红土型镍矿床。目前世界上已查明的镍金属资源量约为1.3亿t，但主要为风化的红土型镍矿床，岩浆硫化物型镍矿约在5000万t，可开采利用的矿床主要集中于加拿大萨德伯里、汤普逊地区，俄罗斯诺里尔斯克区和澳大利亚西部镍矿带，还有中国甘肃的金川，且世界岩浆硫化物型镍矿50%以上与基性岩浆有关，25%与形成于1700Ma以前的科马提岩浆有关。中国的情况比较特殊，风化壳型镍矿极少，以岩浆硫化物型镍矿为主。岩浆硫化物矿床本来是钴的主要来源，随着非洲刚果（金）沉积–变质岩容矿型钴矿的发现，增加了钴的来源。

（一）岩浆硫化物矿床的地质分类

国际地质对比计划（International Geological Correlation Programme，IGCP）161 项工作组在前人分类的基础上，将构造环境和镁铁-超镁铁质容矿岩石的性质作为分类基础，将岩浆硫化物矿床划分为三大类：①同火山型矿床；②与在克拉通地区的侵入岩体有关的矿床；③与造山作用过程中侵位的镁铁-超镁铁质岩体有关的矿床。每个大类中又包括三个或四个亚类，而每个亚类又进一步划分为三个小类。该方案对岩浆硫化物矿床共提出了 16 种构造环境相伴生的镁铁-超镁铁质岩体的可能组合。

Ross 和 Travis（1981）在遵循 IGCP 161 项工作组分类方案的思路上，依据全球 145 个岩浆硫化物矿床中 60 个矿床的实际资料，对全球岩浆硫化物矿床进行了更为简明的类型划分。总体上将所有矿床按照容矿岩石的特征划分为三大类：①纯橄榄岩-橄榄岩类，包括产于侵入的纯橄榄岩组合中的矿床和产于火山橄榄岩组合中的矿床；②辉长岩类，包括产于镁铁质-超镁铁质侵入杂岩矿床、大型层状侵入体矿床和萨德伯里（Sadbury）侵入体中的矿床；③其他类型，为无法划入上述两大类的矿床。然后将每一大类根据容矿岩体的形态或地质环境再划分为亚类。具体说来，Ross 和 Travis（1981）的分类方案就是总体划分为侵入的纯橄榄岩组合、火山橄榄岩组合、辉长岩类镁铁质-超镁铁质侵入杂岩、辉长岩类大型层状侵入体和萨德伯里侵入体五种容矿岩石类别，又进一步按前寒武纪绿岩带、前寒武纪活动带、稳定地台和显生宙造山带四种成矿构造背景划分为若干类型。Ross 和 Travis（1981）的分类方案实际是一种对全球岩浆硫化物铜镍矿床类型的构造-岩石特征的总结，概括起来为：①前寒武纪绿岩带侵入橄榄岩型，以加拿大的汤普森（Thompson）、西澳的阿格纽（Agnew）矿床为代表；②前寒武纪绿岩带火山橄榄岩型，以西澳的坎巴达（Kambalda）矿床为代表；③前寒武纪绿岩带镁铁质-超镁铁质侵入杂岩型，以美国的肯布里奇（Kenbridge）等矿床为代表；④前寒武纪绿岩带大型层状侵入体型，以加拿大戈登湖（Gordon lake）等中小型矿床为代表；⑤前寒武纪活动带镁铁质-超镁铁质侵入杂岩型，以中国的金川和俄罗斯的贝辰加（Pechenga）矿床为典型代表；⑥稳定地台大型层状侵入体型，以南非的布什维尔德（Bushveld）和美国的矿床斯蒂尔沃特（Stillwater）矿床为代表；⑦显生宙造山带镁铁质-超镁铁质侵入杂岩型，以俄罗斯西伯利亚的诺里尔斯克（Noril'sk）-塔尔纳赫（Talnakhh）矿床为典型代表；⑧稳定地台萨德伯里侵入体型，以加拿大的萨德伯里（Sudbury）矿床为代表。依据矿床的工业价值，以典型矿床命名主要划分为科马提岩型、金川型、布什维尔德型、诺里尔斯克型和萨德伯里型，共五种典型矿床类型。总体上，Ross 和 Travis（1981）的分类方案反映了当时岩浆硫化物矿床的研究水平，但作为分类显然烦琐而缺乏高度的概括。

Naldrett（1984）进一步研究了岩浆硫化物矿床分类，为便于对比使用，又简明地提出了五类方案（表 1-1）。汤中立和李文渊（1995）对金川矿床的世界对比研究中，认为世界镍矿的格局主要是由几个大型-超大型矿床所决定的，针对世界上 12 个超巨型和超大型矿床特点，在 Naldrett（1984）的分类基础上，提出了一个大型-超大型岩浆硫化物矿床分类方案（表 1-2）。这一分类突出了金川矿床的位置，同时特别强调了"小侵入体成大矿"的意义。

表 1-1　全球岩浆硫化物矿床分类方案（据 Naldrett, 1984）

类型	典型矿床
古陨石坑苏长岩-辉长岩型	加拿大的萨德伯里
大陆裂谷溢流玄武岩的侵入体	俄罗斯的诺里尔斯克-塔尔纳赫和美国德芦斯
前寒武纪绿岩带科马提岩浆	西澳的坎巴尔达、阿格纽和加拿大的汤普森
显生宙造山带侵入体	挪威的 Moxie、Maine
大型层状杂岩	南非的布什维尔德、美国的斯蒂尔沃特

表 1-2　大型-超大型岩浆硫化物矿床分类方案（据汤中立和李文渊, 1995）

类型	典型矿床
元古宙与古陨石坑有关的苏长岩-辉长岩型矿床	加拿大的萨德伯里
元古宙以后与大陆边缘裂解有关的小型侵入体矿床	中国的金川和加拿大的沃依塞湾
显生宙与大陆裂谷有关的相当于溢流玄武岩的侵入体矿床	俄罗斯的诺里尔斯克-塔尔纳赫带上的十月、诺里尔斯克、塔尔纳赫、泰梅尔
太古宙绿岩带与科马提岩有关的矿床	西澳的阿格纽、坎巴尔达基斯山和加拿大的汤普逊带中的矿床
古元古代大陆层状侵入杂岩体中硫化物与铂族矿床	南非的布什维尔德和美国的斯蒂尔沃特

　　李文渊（1996）在对中国岩浆铜镍硫化物矿床总结研究的基础上，提出了中国岩浆铜镍硫化物矿床的分类（表 1-3）。分类认为中国的岩浆铜镍硫化物矿床均形成于大陆历史演化过程的陆壳拉张裂解环境中，主要为元古宙和晚古生代两个时期。根据形成的地质背景，基本划分为两大类：一类是在前寒武纪古老基底基础上大陆拉张环境的大陆裂谷型，即产于克拉通背景中的岩浆铜镍硫化物矿床；另一类是显生宙地质建造中的裂陷槽型，即产于造山带背景中的岩浆铜镍硫化物矿床。在此基础上，根据容矿的镁铁-超镁铁质岩体类型进一步分类。

表 1-3　中国岩浆铜镍硫化物矿床分类（据李文渊, 1996）

形成背景	岩体类型	实例
大陆裂谷型	I 超镁铁质岩侵入体	金川
	II 镁铁-超镁铁质岩侵入体	赤柏松、力马河、冰水菁、菁布拉克
	III 科马提岩	大坡岭
	IV 同科马提岩镁铁质侵入体	铜硐子、桃科
	V 镁质超基性杂岩	煎茶岭
	VI 同溢流玄武岩镁铁-超镁铁质岩侵入体	杨柳坪、金宝山
裂陷槽型	VII 镁铁-超镁铁质岩侵入体	喀拉通克，黄山红旗岭、樟项、漂河川
	VIII 同心状镁铁-超镁铁质岩体	白马寨（?）
	IX 德尔尼超基性岩	德尔尼

　　Naldrett（2004）又以新的找矿发现为依据，对岩浆铜镍硫化物矿床进行了进一步分

类研究（表1-4），划分为科马提岩型、溢流玄武岩型、铁质苦橄岩型、斜长岩-花岗质-拉斑玄武岩型、混合苦橄-拉斑玄武岩型和撞击熔体型六大类。提出了蛇绿岩带（洋壳）环境形成岩浆硫化物矿床的可能性。但在以往的研究认识中，普遍认为蛇绿岩带（洋壳）环境中难有镍硫化物矿床的形成。Naldrett（2004）提出关于蛇绿岩环境形成岩浆硫化物矿床的认识（表1-4）。

表 1-4　岩浆铜镍硫化物矿床岩石大地构造背景分类（据 Naldrett，2004）

类型	相关岩浆作用及岩浆岩	典型矿床	岩浆作用的大地构造背景
NC-1	科马提岩	Wiluna-Norseman 绿岩带（坎巴尔达）（太古宙）	绿岩带（裂谷？）
		Abitibi（太古宙）	
		津巴布韦（太古宙）	
		汤普逊（古元古代）	大陆边缘裂谷
		Raglan（古元古代）	
NC-2	溢流玄武岩	诺里尔斯克（显生宙）	裂谷（三叉结合点）
		德卢斯（新元古代）	
		Muskox（新元古代）	
		Insizwa（显生宙）	大陆边缘裂谷
		Wrangelia（显生宙）	岛弧裂谷
NC-3	铁质苦橄岩	贝辰加（中元古代）	大陆边缘裂谷
NC-4	斜长岩-花岗质-拉斑玄武岩	沃尔斯贝（新元古代）	裂谷
NC-5	混合苦橄-拉斑玄武岩	Moncalm（太古宙）	绿岩带（裂谷？）
		金川（中元古代）	大陆边缘裂谷
		Niquelandia（中元古代）	大陆裂谷
		Moxie（显生宙）	造山带（汇聚带）
		Aberdeenshire Gabbros（显生宙）	
		Rona（显生宙）	
		Acoje（显生宙）	蛇绿岩带（洋壳）
NC-6	撞击熔体	萨德伯里（中元古代）	陨石撞击

　　可见，岩浆硫化物矿床的分类是一个需要进一步研讨的问题。但有几点认识是共同的：其一，形成背景，是产于克拉通背景还是造山带环境，可将其分为两大类；其二，容矿岩石类型，是火山岩还是侵入岩，其实就是产于古老的科马提岩还是镁铁-超镁铁质侵入岩两种基本类型，而镁铁-超镁铁质侵入岩本身千差万别，既有镁铁-超镁铁质小型侵入体（小岩体），又有大型层状杂岩等；其三，成矿元素，是以铜、镍、钴金属元素硫化物为主，还是以铂族金属元素为主，大致又可划为两类。总之，岩浆硫化物矿床是产于克拉通背景还是造山带环境至为关键。

（二）岩浆硫化物矿床的地质分布

世界岩浆硫化物矿床的分布具有显著的特点（李文渊，2007）。其中一个特点是分布不均匀，主要限于少数几个国家和地区，主要为澳大利亚、加拿大、北欧、中国、南非、美国、俄罗斯等国家和地区。地理分布上是不均匀的，西亚和南美没有有经济价值的矿床产出。而且不同矿床类型的相对重要性在各地区的变化也是很大的，尽管新的发现可能会有所改变，但这种差别在勘探程度较高的地区已经明显显现，说明了成矿受地质条件约束的事实。总体来说，世界上岩浆铜镍钴硫化物矿床主要产于前寒武纪稳定的地块中（Naldrett，2004），形成时代主要集中于太古宙，其次为元古宙，再次为显生宙（表1-5）。Ross和Travis（1981）提出的前寒武纪绿岩带、前寒武纪活动带、稳定地台和显生宙造山带四种成矿构造环境的认识，其实前三种都是我们一般概念中的稳定克拉通的范畴，只是进一步细化了而已，因此概括起来就是克拉通和造山带两种大的构造环境。其中前寒武纪绿岩带和前寒武纪活动带的概念运用，对岩浆硫化物矿床成矿环境的认识是有意义的，因为世界上绝大多数岩浆硫化物矿床形成于前寒武纪，但前寒武纪的构造环境是有差别的，只是研究比较薄弱而已。

北美、西澳大利亚和非洲克拉通南部主要产出以太古宙为主的岩浆硫化物矿床。西澳大利亚已有56个岩浆硫化物矿床产出，主要由新太古代与侵入纯橄榄岩和与火山橄榄岩（即科马提质侵入岩和喷出岩）伴生的岩浆硫化物矿床组成，还有少数太古宙或元古宙小型的与辉长岩类岩石相伴生的矿床类型产出。这些矿床的绝大部分集中分布于伊尔冈（Yilgarn）陆块中的绿岩带中，侵入纯橄榄岩型矿床主要以阿格纽（Agnew）矿床为代表，火山橄榄岩型矿床则以坎巴尔达（Kambalda）矿床为典型。北美陆块中有46个岩浆硫化物矿床（其中加拿大36个、美国10个），与科马提岩有关的矿床形成于太古宙，以加拿大汤普森（Thompson）矿床为代表，与大型层状杂岩有关的美国斯蒂尔沃特（Stillwater）矿床也形成于太古宙，其余矿床类型形成于元古宙，例如，认为与古陨石撞击有关的加拿大萨德伯里（Sudbury）矿床形成于古元古代（Tuchscherer and Spray，2002），而1994年发现的加拿大沃尔斯湾（Voisey's Bay）矿床形成于中元古代（1290~1340Ma，Li et al.，2000a），德卢斯（Duluth）矿床则是新元古代的产物。美国地质勘查局在进行全球矿产资源评价项目（Global Mineral Resource Assessment Project，GMRAP）中指出，美国苏比利湖的德卢斯矿床与加拿大的沃尔斯贝矿床、俄罗斯的诺里尔斯克（Noril'sk）矿床对比，认为均为与大陆裂谷系统有关的大规模岩浆作用的结果，是地幔柱作用于大火成岩省（large igneous provinces，LIPS）的产物（Schulz and Cannon，1997）。南非有17个矿床，以太古宙与大型层状杂岩有关的南非布什维尔德（Bushveld）超大型矿床为代表，还产有太古宙与科马提岩有关的中小型矿床，总体为绿岩带的产物。

亚洲和北欧陆块中的元古宙岩浆铜镍钴硫化物矿床均为元古宙前寒武纪活动带中镁铁-超镁铁质岩侵入体型矿床，中国的金川超大型矿床是典型代表，北欧主要表现为中小型矿床，仅俄罗斯的贝辰加（Pechhenga）矿床和芒切哥尔斯克（Monchegorsk）矿床有一定规模。亚洲、北欧和北美陆块边缘或造山带局部产有形成于古生代的中小型岩浆硫化物矿床，其中位于阿拉斯加造山带的布雷迪冰川（Brady Glacier）矿床已达大型。北欧陆块

表 1-5　世界重要岩浆硫化物矿带特征对比表（据 Ross and Travis，1981；Naldrett，2004）

成矿时代	构造位置	岩石类型	主要典型矿床					
			矿床名称	Ni 储量/万 t	Ni/%	Ni/Cu	时代	地质环境
太古宙—元古宙	西澳大利亚伊尔冈陆块	侵入纯橄榄岩	阿格纽（Agnew）	92.2	2.05	20	太古宙	绿岩带
			霍尼蒙韦尔（Honeymoon Well）	72.0	0.9			
			基斯山（Mt. Keith）	174.0	0.6	60		
			锡克斯迈尔（Six Mile）	47.5	0.5	60		
			福雷斯塔尼亚（Forrestania）	240.0	0.6	60		
		火山橄榄岩	坎巴尔达（Kambalda）	131.0	3.28	13		
			温达拉（Windarra）	10.2	1.65	16		
			尼平（Nepean）	0.72	3.6	15		
			斯科舍（Scotia）	1.76	2.14	16		
		其他岩石类型	舍洛克湾（Sherlock Bay）	31.0	0.5	5		前寒武纪活动带
	北美陆块	侵入纯橄榄岩	加拿大汤普森（Thompson）	242.0	1.8	14.5		
		火山橄榄岩	加拿大谢班多旺（Shebandowan）	22.5	1.51	1.5		绿岩带
		苏长岩-辉长岩-闪长岩	加拿大萨德伯里（Sudbury）	1250.0	1.6	1.2	古元古代	稳定地台
		镁铁-超镁铁质岩侵入体	加拿大沃伊斯湾（Voisey's Bay）	85	1.53	2.15	中元古代	前寒武纪活动带
		大型层状侵入体杂岩	美国斯蒂尔沃特（Stillwater）	37.5	0.25	1.0	太古宙	
			美国德卢斯（Duluth）	1238.3	0.2	0.33	新元古代	稳定地台
	南非陆块	火山橄榄岩	津巴布韦埃澳奇（Eooch）	1.87	0.75		太古宙	绿岩带
			津巴布韦尚加尼（Shangani）	14.7	0.92			
			津巴布韦特落詹（Trojan）	10.9	0.78			
		大型层状侵入体杂岩	南非布什维尔德（Bushveld）	2300.0	0.35	1.7		稳定地台
		镁铁-超镁铁质岩侵入体	博茨瓦纳塞莱比（Selibe）	9.3	0.74	0.5		前寒武纪活动带
	北欧陆块		津巴布韦马济瓦（Madziwa）	3.0	1.04			绿岩带
			芬兰希图拉（Hitura）	6.17	0.5	2.9	新元古代	前寒武纪活动带
			芬兰科塔拉赫蒂（Kotalahti）	16.25	0.7	2.5	古元古代	
			芬兰埃农科斯基（Kylmakoski）	0.6	0.3	3.0		
			芬兰瓦马拉（Vammala）	0.9	0.5	1.7		

续表

成矿时代	构造位置	岩石类型	主要典型矿床					
			矿床名称	Ni 储量/万 t	Ni/%	Ni/Cu	时代	地质环境
太古宙—元古宙	北欧陆块	镁铁-超镁铁质岩侵入体	俄罗斯贝辰加（Pechhenga）	36.0	1.0	2.3	中元古代	前寒武纪活动带
			俄罗斯芒切哥尔斯克（Monchegorsk）	33.1	0.7	1.75		
	中国陆块		中国金川	545.0	1.06	1.58		
古生代	北欧陆缘		挪威布鲁瓦那（Brruvann）	14.1	0.33	4.1	古生代	前寒武纪活动带
	北美陆缘		美国布雷迪冰川（Brady Glacier）	75.0	0.5	1.7	古生代?	
中生代	西伯利亚陆缘		俄罗斯诺里尔斯克（Noril'sk）	83.14	0.5	0.66	中生代	
			俄罗斯塔尔纳赫（Talnakh）	106.8	1.5	0.5		
			俄罗斯"十月"（Oktyabrskiy）	220.0	3.65	0.77		
			俄罗斯泰梅尔（Taymir）	100.0	2.5			

边缘的矿床主要为挪威的布鲁瓦那（Brruvann）矿床，镍金属品位贫和资源量小。中国造山带中新疆的喀拉通克、黄山和吉林的红旗岭均为晚古生代的矿床。西伯利亚陆块北部的俄罗斯诺里尔斯克（Noril'sk）-塔尔纳赫（Talnakh）镍矿带是目前世界上已知的最重要的三叠纪岩浆硫化物矿床分布区，也是公认的地幔柱作用的大火成岩省成矿的典型实例。中国峨眉山大火成岩省发现有相关的二叠纪末—三叠纪初的小型岩浆硫化物矿床（力马河、杨柳坪等），但迄今未发现大规模的矿床。

全球岩浆硫化物矿床主要形成于四个时期（Maier and Groves，2011）：新太古代、中元古代、新元古代和晚古生代。它们的形成与全球地质历史上超大陆的聚散具有关系，特别是与超大陆的裂解离散似乎存在明显的正相关关系。

二、造山带中岩浆铜镍钴硫化物矿床

全球岩浆硫化物矿床主要分布于克拉通内部或边缘，很少分布于造山带中。但从中国已有的岩浆硫化物矿床发现，该矿床比较特殊，除金川矿床和与峨眉山大火成岩省相关的几处中小型矿床外，其他岩浆铜镍钴硫化物矿床主要产于造山带中。在夏日哈木矿床被发现以前，中国造山带中的岩浆铜镍钴硫化物矿床规模相对比较小，探明的岩浆铜镍钴硫化物矿石储量主要集中产于克拉通边缘的金川超大型矿床中。随着夏日哈木超大型矿床的发现，造山带中岩浆铜镍钴硫化物矿床的勘查研究越来越受到重视。

中国造山带中的岩浆铜镍钴硫化物矿床主要分为两类：一类是分布于中亚造山带中的

矿床，主要分布于西北地区的天山-北山、阿尔泰构造带中，以及东北的辽吉构造带中，以新疆的黄山东、黄山、喀拉通克、图拉尔根、内蒙古的小南山和吉林的红旗岭等矿床为典型代表，西北地区的矿床主要形成于早二叠世，向东延至东北地区，形成时代稍晚，可延至三叠纪，我们将这类产于造山带中的矿床称为"中亚型岩浆铜镍钴硫化物矿床"；另一类是分布于中亚造山带中的矿床，主要产于东昆仑、南祁连和阿尔金构造带中，除南祁连的拉水峡、裕龙沟中小型矿床外，东昆仑的夏日哈木、石头坑德、浪木日和阿尔金的牛鼻子梁等矿床均是近年来新发现的，形成于早古生代和晚古生代交替之间，我们将这类产于造山带中的矿床称为"特提斯型岩浆铜镍钴硫化物矿床"。

中国造山带中岩浆铜镍钴硫化物矿床的勘查研究认识经历了一个较为复杂的过程。随着20世纪80年代东天山地区黄山东矿床等一批中亚型岩浆铜镍钴硫化物矿床的发现，蛇绿岩形成岩浆硫化物矿床的观点被提出，后来研究得出洋壳削减闭合陆-陆碰撞后新生陆壳裂陷槽拉张环境形成铜镍钴矿的主流认识；进入21世纪后，塔里木早二叠世大火成岩省概念的提出，开始将东天山和新疆北山的岩浆铜镍钴硫化物矿床与塔里木大火成岩省的形成联系起来，并认为是地幔柱作用的结果（Qin et al.，2011；李文渊等，2012；Liu et al.，2016）。但随着研究的深入，依据含铜镍钴镁铁-超镁铁质岩地球化学具有典型的岛弧特征，又将岩浆铜镍钴硫化物矿床的形成与俯冲削减的板片再次联系起来，认为是汇聚背景下的产物。夏日哈木矿床作为目前中国产于造山带内最大的岩浆铜镍钴硫化物矿床，其形成构造背景的厘定具有重要的研究意义。目前关于其形成构造背景有：俯冲岛弧环境（Li et al.，2015a）、拉张型岛弧环境（姜常义等，2015）、碰撞后伸展环境（王冠等，2014；Song et al.，2016；Liu et al.，2018）和古特提斯洋初期裂解环境（李文渊，2018）。

关于造山带中的岩浆铜镍钴硫化物矿床，夏日哈木矿床和坡一矿床相比形成于克拉通裂谷的金川超大型矿床，含矿岩体橄榄石中的镍含量似乎要低（李文渊等，2020）。橄榄石中的镍含量可能是成矿评价的重要指标，即橄榄石中镍含量低可能是成矿良好的一个重要标志。就目前造山带中岩浆铜镍钴硫化物矿床的研究取得了以下几方面的重要认识。

（一）裂解的构造转换条件对成矿的约束

不论是形成于克拉通中还是形成于造山带中的岩浆硫化物矿床，都是伸展环境的产物，只是造山带中的矿床是经历洋壳俯冲消减、陆-陆碰撞后的伸展环境。产于克拉通裂谷环境的金川超大型矿床，是新元古代早期（830Ma）罗迪尼亚（Rodinia）超大陆裂解的产物，标志着原特提斯洋-古亚洲洋的开启，而特提斯型的东昆仑夏日哈木等矿床则形成于早古生代晚期（430~390Ma）原-古特提斯洋构造转换的背景，中亚型的坡一等大批矿床的形成与晚古生代晚期（280Ma）塔里木地幔柱作用有关。因此，造山带中的岩浆硫化物矿床与克拉通中的岩浆硫化物矿床一样，多与裂解的大地构造背景有关。

随着原特提斯洋-古亚洲洋的闭合，地壳表面积缩减，为实现空间上的平衡，另一个新的陆块开裂拉伸也成为必然事件。特提斯型的岩浆硫化物矿床很可能是古特提斯洋初期大陆裂谷环境的产物，代表了地球表面冈瓦纳古陆裂解的环境（吴福元等，2020）。进入晚古生代以后，在欧亚大陆趋于聚合统一的潘吉亚超大陆过程中，亚欧大陆有三处重要的大火成岩省展布，最早的为290~288Ma的塔里木大火成岩省，其次是260Ma的峨眉山大火成岩省和 250Ma 的西伯利亚大火成岩省，这三个大火成岩省在时间及地理尺度上非常接近。塔里木大火成岩省是古陆块边部发生的重大快速岩浆事件，此时陆块的南侧正经历着古特提斯洋大洋化过程。相邻的新生天山造山带在地幔柱作用下，发生地幔广泛的部分熔融，形成一系列二叠纪岩浆型铜镍硫化物矿床及镁铁-超镁铁质岩体。中亚型的岩浆硫化物矿床是这种大地构造动力学背景的产物。

（二）软流圈部分熔融形成"大岩浆"上侵贯入导致"小岩体成大矿"

岩浆铜镍钴硫化物矿床的形成与幔源岩浆密切相关（Naldrett，2011）。地幔的部分熔融程度及岩浆体量为岩浆铜镍钴硫化物矿床的形成提供了物质基础，同时也决定了矿床的规模。与世界范围内其他典型岩浆铜镍钴硫化物矿床不同，中国典型岩浆铜镍钴硫化物矿床无一例外赋存在小型镁铁-超镁铁质岩体中。特别是造山带中分布的岩浆铜镍钴硫化物矿床。针对这一现象，汤中立院士总结并提出了"小岩体成大矿"的成矿模型（汤中立，1990；汤中立和李文渊，1995；汤中立等，2006）。近年来随着对金川、夏日哈木及坡一等矿床研究的深入，开展了大量精细的地球化学研究和模拟计算工作。系统的矿物学、地球化学的研究结果表明各矿床均为多期次岩浆作用的结果。通过"R"因子（硅酸盐岩浆与硫化物的质量比）模拟计算表明，尽管金川矿床不同矿体的"R"因子不同，但总体变化范围为 150~1000（Duan et al.，2016）。夏日哈木矿床的"R"因子为 100~1000（Li et al.，2015a；Song et al.，2016），坡一矿床的"R"因子为 500~5000，平均为 2333（Liu et al.，2017），表明硫化物是从"大岩浆"中熔离出来的。模拟计算表明，金川矿床母岩浆 MgO 含量为 11.79%~12.9%（陈列锰，2009），夏日哈木矿床母岩浆 MgO 含量为 9.79%~12.48%（Li et al.，2015a），坡一矿床母岩浆 MgO 含量最高，为 12.26%~14.91%（姜常义等，2012；Xue et al.，2016），表明岩浆源区也发生了较高程度的部分熔融，为矿床的形成提供了丰富的物质基础。但母岩浆基性程度并不是成矿良好的决定因素，关键在于后期的岩浆演化与地壳混染过程中的熔离与分异，形成富矿矿浆上侵到地表，才能表现出"小岩体成大矿"，形成金川式的铜镍铂族元素富集的巨型矿床。

（三）俯冲消减至软流圈的洋壳对成矿有间接贡献

洋壳岩石圈俯冲至大陆岩石圈地幔（sub-continental lithospheric mantle，SCLM）之下，大洋的铜、镍物质进入 SCLM 边缘，起地幔柱作用，在软流圈由于高温减压而发生部分熔融，形成的熔融体则可能沿着陆块边缘的构造薄弱带上升，其间吸收了先期俯冲洋壳物质中的铜、镍和硫等，同时接受陆壳物质混染，促使熔融体发生含铜镍钴硫化物液相与硅酸盐熔体之间的不混溶，为形成铜镍钴硫化物矿床提供了可能（Maier and Groves，2011）。我们称这种不混溶为深部熔离作用（汤中立和李文渊，1995），是发生在深部岩浆房的一种作用。现在看来这个"深部"是一个连续的过程，并非一个特定的深度。但利用微量元素地球化学特征推断其形成环境时，由于上述洋壳或者陆壳物质的混染或污染，往往可能会得出不合实际的结论。这是由于岩浆岩中矿物不仅含有从熔体晶出的矿物，还包括从岩浆上升过程中从围岩捕获的捕房晶和源区物质或被捕获围岩发生熔融后再结晶的转熔晶等（Bacon and Lowenstern，2005；Dorais et al.，2009），这就为利用全岩平均化学性质探讨地质过程的方法带来了极大的挑战。微量元素判别图解可能失效，因为针对玄武岩微量元素构造环境的判别图解，使用全球岩石数据库对主要的一些判别图解进行检验，发现不同类型的玄武岩在各图解中具有很大的重叠区域，没有一个图解能真正对各构造环境下的玄武岩做出准确区分（Pearce and Cann，1973；Li et al.，2015a）。这也很容易理解，这些判别图解在建立时，并未有如此丰富的高精度数据，而某一构造环境下产出的岩浆在地球化学成分上可能很复杂。例如，洋脊扩张速度的不同会产出不相容元素富集程度不同的玄武岩（Donnelly et al.，2004）；而岛弧环境下也有产出洋岛玄武岩（ocean island basalts，OIB）特征火山岩的实例（Straub and Zellmer，2012）。同时受大陆地壳混染的玄武岩常与俯冲带背景下的玄武岩相混淆（Xia，2014），所以不能简单地使用判别图解来指示玄武岩形成的构造环境，更不能用非玄武岩样品的数据，如堆晶辉长岩、橄长岩等投入判别图解中来指示其形成环境。微量元素方法推断构造环境只适用于隐晶质玄武岩（包括辉绿岩），不可应用于堆晶岩。在常见的微量元素蛛网图上，基性侵入岩是否存在 Nb-Ta-Ti 异常取决于岩石中的钛磁铁矿丰度，如果大洋辉长岩中因为匮乏这些氧化物而全岩显示 Nb-Ta-Ti 负异常，从而被判断为岛弧成因显然是错误的。产出岩浆铜镍钴硫化物矿体的岩石通常是超镁铁质–镁铁质堆晶岩，不能因为这些堆晶岩在全岩地球化学特征上亏损高场强元素而认为其一定形成于俯冲带。相比较而言，在缺乏隐晶质玄武岩时，堆晶岩的岩石组合对于判别构造环境更为有效。

造山带中的岩浆铜镍钴硫化物矿床的成矿、大洋岩石圈的铜镍钴物质和陆壳物质混染都有着重要的贡献，但也给微量元素的构造环境的判别带来了困难。在没有发育古老大陆岩石圈地幔的区域，即使发育科马提岩以及大火成岩省，也未能形成有规模的岩浆硫化物矿床。Griffin 等（2013）认为上升至大陆岩石圈地幔（SCLM）之下的地幔柱，在高温低压条件下发生高度部分熔融，熔体和被交代富集的岩石圈地幔发生反应，促进硫的饱和，陆下岩石圈地幔直接贡献成矿金属元素以及硫。因此，大洋中存在地幔柱和大火成岩省，但岩浆铜镍钴硫化物矿床罕见。

（四）上侵穿过陆壳混染促成熔离成矿作用发生

世界上绝大多数大矿床都是超级地质作用导致矿石异常集中的结果，一般多发生于一个地质作用结束或另一个地质作用开始时期，并且均发生在地壳之中。要理解成矿作用就必须深入地认识整个地质时代地壳演化的特征（Barley and Groves，1992）。实验岩石学研究表明，地幔部分熔融形成的幔源岩浆在地幔元素中表现为硫不饱和，且随着岩浆的上升，岩浆中硫的溶解度与压力之间呈负相关关系，更不利于岩浆中硫的过饱和（Mavrogenes and O'Neill，1999；Wendlandt，1982）。我们认为导致硫化物发生主要有四种方式：镁铁质矿物的分离结晶、地壳物质混染、不同组分岩浆的混合及温度的降低。母岩浆结晶分异过程中，有两个因素在发生变化，一个是新矿物结晶导致残余岩浆成分发生变化；另一个是温度降低。最新研究表明，矿物结晶导致岩浆成分变化对硫化物饱和时的 S 含量（SCSS）影响很小，结晶分异过程中主要是温度降低使岩浆的 SCSS 降低。

针对岩浆铜镍钴硫化物矿床，地壳物质混染是导致岩浆中硫过饱和的关键因素。Sr-Nd同位素模拟计算表明金川矿床母岩浆发生了约20%的上地壳物质混染（Duan et al.，

2016)，夏日哈木矿床发生了10%~30%的地壳物质混染（Li et al.，2015b），坡一矿床则发生了3%~8%的地壳物质混染。从硫同位素特征可以看出，坡一的$\delta^{34}S$值明显小于夏日哈木矿床，指示了夏日哈木矿床混染了较多的地壳硫。尽管坡一矿床$\Delta^{33}S$也显示存在太古宙地壳硫的混染（Liu et al.，2017），但$\Delta^{33}S$值明显低于金川矿床的$\Delta^{33}S$值，说明其混染太古宙地壳硫的程度远低于金川矿床。这可能是坡一矿床品位弱于金川矿床、夏日哈木矿床的一个重要原因。地壳混染对幔源岩浆硫化物饱和至关重要，但并不是所有地壳成分的混染都有利于硫化物的熔离。在幔源岩浆地壳混染过程中，促进硫化物饱和的地壳混染，被定义为"有利混染"；抑制硫化物饱和的地壳混染，被定义为"有害混染"（刘月高等，2019）。如何区分何种地壳成分的混染促进或抑制了硫化物饱和与熔离需要通过野外观察结合高温高压实验岩石学研究进行判别。

（五）后期陆内造山作用决定了含矿镁铁–超镁铁质岩的空间就位

岩浆铜镍钴硫化物矿体均赋存于镁铁–超镁铁质岩体中，对区域地层厚度的估算及利用热力学软件进行模拟计算表明，金川矿床含矿岩体的最终就位发生在地壳深部约10km处，但目前这些矿床均出露于地表，要使之从10km的深度范围剥蚀出地表必然经历区域大规模的地壳隆升（汤中立和李文渊，1995）。热年代学研究表明金川矿床在晚白垩世早期经历了急速的隆升（马关宇等，2014）。汤中立和李文渊（1995）通过在金川矿床开展大地电磁测深（magne totelluric，MT），提出F1断层实际上是10km深处向南收敛的电性薄层，是中生代印支期陆内造山作用逆冲构造的界面，龙首山是一自南向北被推覆拼贴在阿拉善地块上的构造岩片，龙首山南北界断层是岩片的顶底界面。金川矿床含矿岩体及其外围龙首山镁铁–超镁铁质岩体均作为构造岩片的地质组成至少于10km深处被推向地壳浅部，经风化剥蚀出露了地表。这种隆升不仅改变了其埋藏深度，同时改变了岩体的产状，使其原始产状由原来的"岩床状"变为现在所看到的"岩墙状"。造山带中的岩浆铜镍钴硫化物矿床，其特殊的构造背景，更可能经历了后期构造改造过程，但目前该方面的研究则相对比较薄弱。后期多期构造的改造，有可能使含矿岩体整体抬升而出露于地表或位于浅部，将有利于增加其开发价值及经济意义。

第二节 东昆仑及邻区造山带中岩浆铜镍钴硫化物矿床特点

一、镁铁–超镁铁质岩及岩浆铜镍钴硫化物矿床地质分布

东昆仑夏日哈木超大型岩浆铜镍钴硫化物矿床于2011年青海省地质矿产勘查开发局通过查证地球化学异常被发现。之前，在柴北缘南祁连造山带中就已经发现有拉水峡、裕龙沟、亚曲等中小型岩浆铜镍钴硫化物矿床（Zhang et al.，2014），并未引起广泛重视。随着夏日哈木超大型矿床的发现，沿东昆仑–阿尔金造山带中陆续发现了一批岩浆铜镍钴硫化物矿床（点）（图1-1）。夏日哈木岩浆铜镍钴硫化物矿床位于青海省格尔木市，地质上属于东昆仑造山带昆北构造带，围岩为元古宙金水口（岩）群变质基底。以前没有报道

过有岩浆铜镍钴硫化物矿床发现，而是作为重要的岩浆弧被重视。夏日哈木超大型矿床的发现，拉开了东昆仑寻找岩浆铜镍钴硫化物矿床的序幕（李世金等，2012；王冠等，2014；李文渊等，2015；张照伟等，2015a），也引起了对造山带中幔源镁铁-超镁铁质岩的广泛重视（Li et al.，2015a；Song et al.，2016；张照伟等，2016；Liu et al.，2018；李文渊等，2020）。

东昆仑地区位于青海省中西部，行政隶属于海西州管辖，西起青新交界，东以温泉一线为界，北邻柴达木盆地，南止于北巴颜喀拉山，东西长约700km，南北宽150km，总面积为105000km²。地理坐标为90°30′E～99°00′E，35°30′N～38°00′N。东昆仑是青海省境内重要成矿带之一，发现有众多金、铁、铜、铅锌、钴、钒、钼等矿床。2011年，夏日哈木超大型岩浆铜镍钴硫化物矿床的发现，拓展了该地区地质找矿的类型。近年来陆续又发现了冰沟南、阿克楚克塞、拉陵高里沟脑、石头坑德、呼德生、浪木日、希望沟等一批含铜镍钴矿化镁铁-超镁铁质岩体，向西延在阿尔金地区发现了牛鼻子梁岩浆铜镍钴硫化物小型矿床，连同在南祁连化隆地区拉水峡、裕龙沟等已知岩浆铜镍钴硫化物矿床（点），东昆仑及南祁连和阿尔金地区，已成为中国新的岩浆铜镍钴硫化物矿床的重要找矿基地（张照伟等，2015b）。

（一）形成时代

研究表明，以夏日哈木矿床为代表的东昆仑及邻区发现的岩浆铜镍钴硫化物矿床、矿点含矿镁铁-超镁铁质岩体，主要形成于晚志留世—早泥盆世（427～393Ma），以早泥盆世410Ma±2Ma为主（表1-6）。在南祁连化隆地区，拉水峡岩浆Cu-Ni-Co硫化物矿床由于全岩矿化，未找到合适测年的样品，对邻近亚曲、下什堂镁铁-超镁铁质岩体辉长岩中锆石进行ID-TIMS方法U-Pb测年，分别获得440.74±0.33Ma和449.8±2.4Ma年龄（Zhang et al.，2018），裕龙沟获得了443Ma年龄（Zhang et al.，2014），整体上时代要稍早于东昆仑地区的岩体。阿尔金地区发现的牛鼻子梁小型铜镍钴硫化物矿床年龄为378～443Ma（Yu et al.，2019），有较大区间。整体趋向于志留纪末与泥盆纪初时段产出，但向更古老或更年轻时段也有分布，反映了东昆仑及其邻区造山带中镁铁-超镁铁质岩的产出，可能形成于不同的构造背景。

除此之外，东昆仑造山带中还发现有一组晚二叠世—中三叠世的镁铁-超镁铁质岩（263～221Ma）（熊富浩等，2011；姚磊等，2015；孔会磊等，2018），未发现工业硫化物矿体。

（二）空间分布

区域内镁铁-超镁铁质侵入岩浆活动可以大致分为两期（表1-6），一期是早古生代末至晚古生代早期，认为与古特提斯洋初期裂解作用有关（李文渊等，2015），以夏日哈木含矿岩体为代表（411Ma），还发现了石头坑德岩体（334Ma）、冰沟南岩体（377Ma）等含矿岩体。本书重点介绍的是这一期镁铁-超镁铁质侵入岩体及其相关的岩浆铜镍钴硫化物矿床。由于夏日哈木含矿岩体所赋存的超大型岩浆铜镍钴硫化物矿床的工业价值，该期含矿镁铁-超镁铁质岩体的成矿物质来源和形成环境被强烈关注。目前，普遍认为该期镁

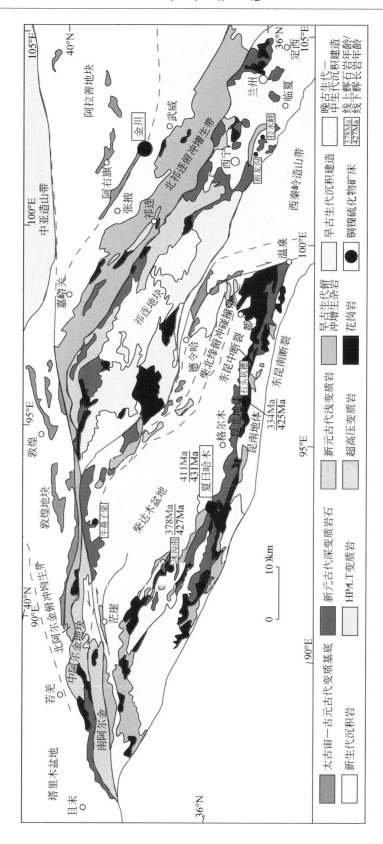

图 1-1 东昆仑及邻区岩浆铜镍硫化物矿床地质分布图(张照伟等，2018)

表 1-6　东昆仑镁铁-超镁铁质岩及岩浆铜镍钴硫化物成矿特征

序号	岩体名称	面积/km²	形状	岩相	含矿岩相	围岩	岩体时代	矿石特征	m/f	资料来源
1	夏日哈木 I 号	0.7	向西倾伏状的岩床	辉石岩、辉长岩、二辉岩、纯橄榄岩	辉长岩、二辉岩、橄榄岩、纯橄岩	金水口(岩)群片麻状花岗岩(含星点状硫化物)和大理岩(含星点状硫化物)	辉长岩年龄为 393.5±3.4Ma(李世金等, 2012);辉石岩 U-Pb 年龄为 406.1±2.7Ma(Song et al., 2016);辉石岩 U-Pb 年龄为 411.6±2.4Ma(Li et al., 2015)	海绵陨铁状矿石、稠密浸染状、稀疏浸染状、星点状、脉状矿石	2.06～6.3	凌锦兰, 2014; Li et al., 2015; Song et al., 2016; Liu et al., 2018
2	冰沟南	0.35	近正方形	辉石岩、辉长岩	辉石岩	中元古代狼牙山组片麻岩夹大理岩	辉长岩 U-Pb 年龄为 427.4±7.3Ma	辉石岩	2.5～2.9	王冠等, 2014; 阎佳铭等, 2016; 张照伟等, 2017a; 何书跃等, 2017
3	石头坑德 I 号	5.8	岩床状	辉长岩相包含辉长岩、暗色橄榄岩;辉石岩相包含单辉辉石岩、二辉云单辉辉石岩和方辉辉长岩;橄榄岩相包括单辉橄榄岩、方辉橄榄岩和纯橄岩	二辉岩、辉石岩	主要为金水口(岩)群白沙河岩组的黑云斜长片麻岩(含星点状硫化物),局部与大理岩接触(未见硫化物)	辉长岩 U-Pb 年龄为 423.5±3.2Ma(周伟等, 2016);辉长岩 U-Pb 年龄为 424.7±3.2Ma(Zhang et al., 2018);辉长岩 U-Pb 年龄为 402.8±2.5Ma	硫化物呈星点状构造、稠密浸染状、团块状构造、稀疏浸染状构造、准块状构造、脉状构造产出	3.61～5.55	周伟等, 2016; Zhang et al., 2018
4	阿克楚克塞 I 号	0.0076	近圆形	辉石岩、辉长岩	辉石岩	祁漫塔格群大理岩	辉石岩 U-Pb 年龄 422±1Ma(阎佳铭, 2017)	辉石岩普遍发育硫化物,呈细粒浸染状产出,以黄铜矿、磁黄铁矿和黄铁矿为主,并出现海绵陨铁状富矿石	3.57～6.80	阎佳铭, 2017
5	怒牙合东沟	0.03	近圆形	辉长岩、辉橄岩	辉橄岩	金水口(岩)群片麻岩夹大理岩	辉石橄榄岩 U-Pb 年龄为 420.0Ma	部分辉橄岩孔雀石、褐铁矿和镍黄铁矿等呈浸染状产出	2.84～3.75	

续表

序号	岩体名称	面积/km²	形状	岩相	含矿岩相	围岩	岩体时代	矿石特征	m/f	资料来源
6	浪木日	0.012	近圆形	辉长岩、辉绿岩、辉石岩	辉绿岩、辉石岩	主要为金水口（岩）群片麻岩和斜长角闪岩，其次为大理岩、黑云石英片岩	辉石橄榄岩 U-Pb 年龄为 419.9Ma	硫化物星星点点状、浸染状、稠密浸染状、团块状、海绵陨铁状、脉状产出	6.88~7.73	
7	分水岭	0.012	透镜状	透闪石化橄辉岩	无	金水口（岩）群片麻岩	透闪石化橄辉岩 U-Pb 年龄为 422.3±5.5Ma	无	6.6	
8	卡而却卡		小岩株状	辉长岩	无		辉长岩 U-Pb 年龄为 257±2.4Ma（姚磊等，2015）	无		姚磊等，2015
9	雪山峰	0.06	岩株	辉长岩	无	早志留世闪长岩	辉长岩锆石 U-Pb 年龄为 263.3±2.0Ma（吴守智等，2019）	无	0.75	
10	宗加南	1.2	岩株	辉长岩	无	早泥盆世花岗闪长岩	辉长岩 U-Pb 年龄为 253Ma［中国地质大学（武汉），2003］	无	0.72~1.12	
11	希望沟	2.1	不规则状、脉状	辉长岩、橄榄辉长岩、二辉橄榄岩	橄榄辉长岩、辉石橄榄岩	金水口（岩）群片麻岩	辉长岩锆石 U-Pb 年龄为 271.3Ma，含矿橄榄辉长岩锆石 U-Pb 年龄为 264.9Ma，含长二辉橄榄岩锆石 U-Pb 年龄为 262.4Ma（孔会磊等，2021）	硫化物星星点点状、稀疏浸染状产出	3.38~6.18	
12	开木琪	2.01	近圆形	辉石岩、辉长岩、少量辉石橄榄岩	辉石岩	早石炭世黑云母二长花岗岩、早二叠世中-粗粒黑云母花岗闪长岩	二辉岩锆石 U-Pb 年龄为 221.0±2.1Ma	星点状构造		许寻会和王海岗，2014；Liu et al., 2019b

续表

序号	岩体名称	面积/km²	形状	岩相	含矿岩相	围岩	岩体时代	矿石特征	m/f	资料来源
13	小尖山	1.5	正方形	中心为橄榄辉长岩，边部为辉长岩	无	晚三叠世中细粒二长花岗岩、晚三叠世中粒石英闪长岩	辉长岩锆石U-Pb年龄为227.8±0.9Ma	无	1.5~2.9	奥琮等，2015
14	拉陵高里沟脑二号岩体			粗粒辉长岩、小范围出露的细粒辉石岩	辉石岩	古元古代金水口（岩）群	辉长岩锆石U-Pb年龄为244.9±1.6Ma	辉石岩中见零星磁黄铁矿化		王亚磊等，2017
15	拉陵高里沟脑三号岩体			粗粒辉长岩、细粒辉石岩、角闪辉石岩	辉石岩	中三叠世中酸性花岗岩	辉长岩锆石U-Pb年龄为238.4±4.1Ma	辉石岩中见零星磁黄铁矿化		王亚磊等，2017
16	白日其利	20	不规则状	角闪辉长岩	无	金水口（岩）群片麻岩	角闪辉长岩U-Pb年龄248.9Ma	无	0.45~0.97	熊富浩等，2011

铁–超镁铁质岩体与原特提斯洋壳的俯冲消减有关，具体成岩成矿环境存在争议。前面已提及有俯冲岛弧环境（Li et al.，2015a）、拉张型岛弧环境（姜常义等，2015）、碰撞后伸展环境（王冠等，2014；Song et al.，2016；Liu et al.，2018）和古特提斯洋初期裂解环境（李文渊，2018）等认识。事实上，这期镁铁–超镁铁质岩就目前的定年研究，形成时代还是比较宽泛的，从晚志留世到早泥盆世（427～393Ma）均有产出。

我们认为这期镁铁–超镁铁质岩体至少存在两种背景：一种是我们前面提出的形成于古特提斯裂解的背景，是原特提斯洋闭合陆陆碰撞造山后，已形成新的陆壳，由于地幔柱或地幔上涌，软流圈大规模部分熔融形成的岩浆上升，伴随原特提斯缝合带薄弱环境而减薄拉张破裂，幔源的镁铁质岩浆上侵形成镁铁–超镁铁质岩体，其中岩浆上侵的中心可能形成大规模的铜镍钴硫化物富集成矿的重要镁铁–超镁铁质岩体；另一种可能是目前流行的原特提斯洋闭合陆陆碰撞造山后的伸展环境背景，是受原特提斯洋壳俯冲消减在地幔楔脱水作用控制的部分熔融，形成的镁铁质岩浆上侵而成，由于挥发分的加入，地幔楔橄榄岩熔融的熔点降低，产生的岩浆量有限，不易形成大规模铜镍钴硫化物的富集成矿。它们之间最大的区别可能是能否形成大规模铜镍钴硫化物的富集成矿条件。但要完全辨别这两类镁铁–超镁铁质岩并非易事，是一项值得研究的工作。

另一期镁铁–超镁铁质岩形成于中–晚三叠世，可能是古特提斯洋俯冲消减闭合后，碰撞造山伸展环境的产物，已发现有小尖山（247Ma）、拉陵高里河沟脑（244～238Ma）等岩体（王亚磊等，2017）。该期镁铁–超镁铁质岩目前尚未发现有价值的矿化。

二、岩浆铜镍钴硫化物矿床主要形成特点

东昆仑及邻区岩浆铜镍钴硫化物矿床以夏日哈木矿床为典型代表，但已有其他矿床（点）发现也具有自己显著的特点。在全面介绍夏日哈木矿床之前，先对其他典型矿床（点）做简单介绍，以便于总结整个东昆仑及邻区岩浆铜镍钴硫化物矿床的主要形成特点。

（一）石头坑德矿床

石头坑德矿床位于夏日哈木矿床东部，是近几年夏日哈木矿床外围发现的规模最大的铜镍矿床，目前已控制镍资源量达12万t，矿石品位相对较低，未发现深部厚大矿体，但依据地球物理及岩相学特征，该岩体深部仍有较大的找矿潜力（张照伟等，2019）。

石头坑德含矿镁铁–超镁铁质侵入岩主要由Ⅰ号、Ⅱ号和Ⅲ号岩体组成，岩性为辉石岩、橄辉岩、橄榄岩、辉长岩等（图版Ⅲ-1），岩体整体侵位于金水口（岩）群白沙河岩组及万保沟大理岩凝灰岩中。区内岩浆构造活动发育，闪长岩、花岗岩及后期脉岩均有不同程度出露（图1-2）。岩浆铜镍矿体主要赋存于Ⅰ号岩体的辉石岩及橄榄岩中（图版Ⅲ-2）。

Ⅰ号岩体出露面积为5.7km²，超镁铁质岩体呈不规则状分布于辉长岩体中，出露面积0.2～1.36km²，地表主要出露四个规模较大的超镁铁质岩株。岩体整体呈南–南东倾向，倾角变化较大。镁铁质、超镁铁质岩相均有发育，表明岩浆分异较充分，野外观察各岩相间的侵位先后顺序为辉长岩→超镁铁岩（多期次侵位）→中酸性岩脉（图版Ⅲ-3），

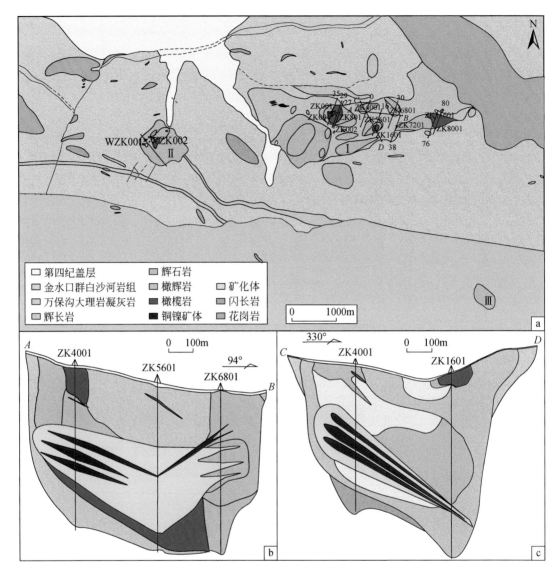

图1-2 东昆仑石头坑德镁铁-超镁铁质岩分布略图（张照伟等，2018）

岩石多为块状构造，具有明显的堆晶结构和包橄结构，辉石和斜长石多呈填隙相（图1-3）。

辉长岩新鲜面呈灰色，中-细粒结构，辉长结构，块状构造。主要由斜长石（50%~60%）、单斜辉石（30%~45%）、斜方辉石（10%~15%）及少量不透明矿物（1%）组成（图版Ⅲ-4）。斜长石为半自形-自形板条状，一般在1.5~2.0mm，聚片双晶发育，绝大部分斜长石较新鲜，只有少数斜长石颗粒见有钠黝帘石化。单斜辉石为半自形短柱状，粒径多在1.5mm，发育不同程度的次闪石化，有的完全蚀变为次闪石，次闪石为纤维状、针状集合体，主要为透闪石，以此推测单斜辉石多为透辉石，个别辉石也见绿泥石化。斜方辉石亦为半自形-他形短柱状，以蛇纹石化为主。岩石总体为辉长结构，局部见斜长石包裹辉石的现象。不透明矿物主要为磁黄铁矿、镍黄铁矿等，它们常生长于造岩矿物的粒

图 1-3　石头坑德岩体显微照片

Ol-橄榄石；Opx-斜方辉石；Cpx-单斜辉石；Pl-斜长石

间（张照伟等，2020）。

辉石岩主要呈深灰色，中-细粒结构，堆晶结构，块状构造。主要由斜方辉石（40%~50%）、单斜辉石（30%~40%）、斜长石（5%~10%）及少量不透明矿物（3%~5%）组成（图版Ⅲ-7）。斜方辉石多为自形-半自形短柱状，粒径多在1.5~2.0mm，单斜辉石为半自形短柱状，粒径以1.5mm左右居多。岩石中局部可见堆晶结构，斜方辉石和大部分单斜辉石为堆晶相，斜长石和少量单斜辉石为填隙相。各矿物均较新鲜，在斜长石较集中部位可见大颗粒斜长石包裹斜方辉石。不透明矿物主要为磁黄铁矿、镍黄铁矿等。橄辉岩多呈深灰色，中-细粒结构，包橄结构，堆晶结构，块状构造。主要由斜方辉石（45%~50%）、橄榄石（15%~10%）、单斜辉石（30%~25%）和斜长石（2%~5%）组成。斜方辉石呈半自形-自形短柱状，粒径平均为1.0mm，最大者达1.5mm，四方形切面明显。只有极个别斜方辉石表面见蚀变的蛇纹石脉，脉宽不足0.02mm，大部分斜方辉石较新鲜。单斜辉石呈半自形短柱状，也见他形粒状，粒径一般在1.5mm（图版Ⅲ-6），较新鲜。斜长石为他形粒状，充填于辉石颗粒所组成的空隙中。橄榄石呈他形浑圆粒状，粒径为1.5~2.0mm，裂理发育，较新鲜，可见小颗粒橄榄石被颗粒较大的斜方辉石所包裹，形成包橄结构。

橄榄岩呈深灰色–黑色，中–细粒结构、堆晶结构、包橄结构，块状构造。由橄榄石（约95%）、辉石（约5%）组成（图版Ⅲ-4）。橄榄石为主要的堆晶相，其他矿物呈填隙相，局部范围斜方辉石较多且集中。橄榄石呈他形浑圆粒状，粒径为1.0～1.5mm，橄榄石内部可见四方形尖晶石，大部分橄榄石蛇纹石化强烈，并伴有微–细粒磁铁矿脉析出。个别橄榄石颗粒被大颗粒的单斜辉石包裹，形成包橄结构（图版Ⅲ-5）。辉石呈半自形–他形短柱状，粒径为1.5mm左右，单斜辉石较新鲜，斜方辉石次闪石化强烈。

石头坑德铜镍矿体主要赋存于中–粗粒辉石岩和含长橄辉岩及橄榄岩中，其中最大矿体为Ⅰ号矿体，该矿体位于Ⅰ号岩体北西部，两侧围岩为中–细粒橄辉岩。该矿体长约1150m，宽4.06～30m，走向约25°，倾向约115°，倾角约75°，地表镍平均品位为1.17%，深部钻孔控制，镍品位为0.31%～1.91%变化较大。深部工程验证表明Ⅰ号矿体具有典型的贯入式矿体特征（图1-4）。

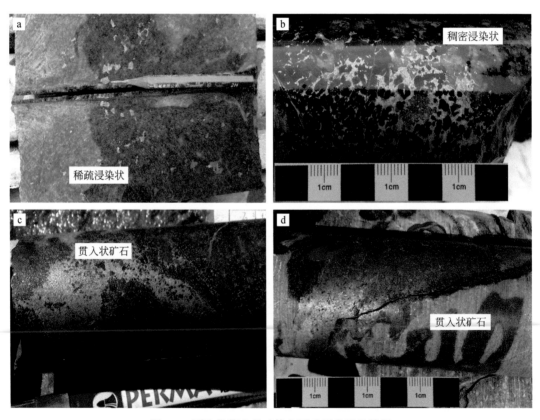

图1-4 石头坑德Ⅰ号矿体主要矿石类型及特征

ZK3701号钻孔在91.80～94.70m见2.9m镍矿体，镍品位为0.29%～0.31%，硫化物主要为黄铁矿、磁黄铁矿，另含少量镍黄铁矿。矿石类型主要为稀疏浸染状，局部为海绵陨铁状（图1-4b、c，图版Ⅲ-8）。③号贫矿体位于岩体中上部，岩体中部以辉长岩残块以及辉石岩为主，两端为橄榄岩，且两端见细小贯入式矿体，推测在贫矿体底部可能存在熔离型厚大富矿体,由于埋深较深致使磁异常显示较弱,而重力异常较高。

矿石类型主要为团块状、斑杂状以及海绵陨铁状,矿体与围岩接触界线具有典型的贯入式矿体特征(图版Ⅲ-3)。磁黄铁矿多呈细粒状、粒状集合体分布,粒径为0.05~0.70mm;镍黄铁矿在偏光镜下呈淡黄色和乳黄色,无多色性,无内反射,正交偏光镜下呈均质性。黄铜矿呈古铜色,多为细粒状颗粒,零星分布于磁黄铁矿中或沿裂隙浸染状分布,粒径为0.03~0.10mm。镍黄铁矿、磁黄铁矿、黄铜矿多为共生关系(图1-4d)。

(二)冰沟南矿点

冰沟南矿点位于东昆仑西段祁漫塔格山,属于早古生代祁漫塔格岩浆岩带。含矿镁铁-超镁铁质岩体,主要由斜长橄榄辉石岩、辉长岩、辉长辉绿岩脉等构成,整体侵位于狼牙山组大理岩及石英片岩中。区内岩浆构造活动发育,闪长岩、花岗闪长岩及后期脉岩均有不同程度出露(图1-5a)。铜镍矿体赋存于含长橄榄辉石岩中,是一条脉状体,该岩脉整体分布呈北西向,侵入到辉长岩中,侵入界线不清晰,脉长约800m,厚度为17~30m,倾向北,倾角35°~45°。目前已知的主要岩石类型为辉长岩、斜长辉石岩和含长橄榄辉石岩(图1-5b)。

辉长岩呈深灰色,中细粒结构、辉长结构,块状构造。主要矿物为斜长石(60%~65%)、单斜辉石(20%~25%)、斜方辉石(5%~10%)和角闪石(约5%)。斜长石通常呈自形-半自形长柱状,聚片双晶发育。单斜辉石粒径多为1.2~1.8mm,半自形短柱状,偶见双晶发育。斜长石发育明显的钠黝帘石化,单斜辉石具纤闪石化(图1-6a)。

含长橄榄辉石岩呈脉状,北西向展布,侵入到辉长岩中(图1-6c),是主要的含矿岩相。岩石呈深灰绿色,细粒结构,块状构造,岩石主要由单斜辉石、橄榄石及少量角闪石、斜长石组成(图1-6b)。浅绿色橄榄石半自形粒状,大小一般为0.5~1.0mm,部分为0.2~0.5mm,少部分为1~2mm,极少为2~5mm,杂乱分布,橄榄石被滑石、蛇纹石交代,部分残留橄榄石假象。岩石具绢云母化和黄铁矿化、磁黄铁矿化等。辉长辉绿岩呈条带状产出,出露面积较小。岩石呈灰绿色,具残余辉长辉绿结构、少量具斑状-基质辉长辉绿结构,块状构造。岩石蚀变较强,具绿泥石化和褐铁矿化、黄铁矿化。

铜镍矿体赋存于含长橄榄辉石岩中,呈岩脉产出,该岩脉呈北西向展布,侵入到辉长岩中(图1-6c),侵入界线不清晰,该岩相长约800m,厚度为17~30m,倾向北,倾角35°。经钻探验证,在岩脉内圈定一条铜镍矿体(图1-6d),矿体长约300m,厚3.47~5.47m,平均为4.2m。Ni品位为0.26%~0.53%,平均为0.36%;Cu品位为0.19%~0.36%,平均为0.28%。铜镍矿化主要为磁黄铁矿化、镍黄铁矿化、黄铜矿化等,硫化物在透射光下中为黑色(图1-6c、d),呈浸染状或稀疏浸染状分布。

经钻探验证,在岩脉内圈定出一条铜镍矿体(图1-6d),矿体长约300m,厚3.57~5.47m,平均为4.20m。Ni品位为0.26%~0.53%,平均为0.36%;Cu品位为0.19%~0.36%,平均为0.28%。铜镍矿化主要为磁黄铁矿、镍黄铁矿、黄铜矿等。

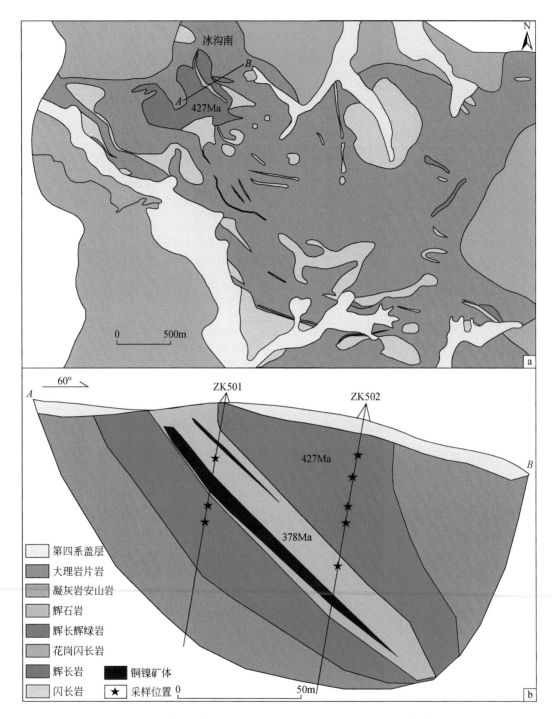

图 1-5　冰沟南铜镍钴矿点地质平面（a）及剖面图（b）（据张照伟等，2017a）

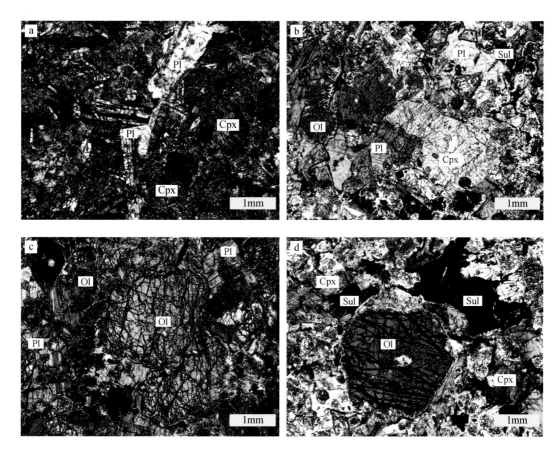

图1-6 东昆仑冰沟南岩体岩石显微照片（据张照伟等，2017a）

a-辉长岩；b 斜长辉石岩，c-含长橄榄辉石岩（少硫化物）；d-含长橄榄辉石
岩（多硫化物）。Cpx-单斜辉石；Ol-橄榄石；Pl-斜长石；Sul-硫化物

（三）浪木日矿点

浪木日矿点位于东昆仑东段，昆中断裂以北，距都兰县南东方向约30km处。含矿岩体侵位于古元古代金水口（岩）群白沙河岩组中，通过1：5万地质填图、1：5万综合物探和化探异常检查发现。目前在地表和钻孔内均发现了典型的镍钴矿化岩体。已发现镁铁-超镁铁质岩体八个和一些小的透镜体或岩脉（图1-7）。总体以产状较陡的岩墙状侵入于古元古代金水口（岩）群白沙河组地层中，岩石类型主要为辉橄岩、辉石岩和辉长岩。

Σ1岩体位于矿区北部，地表露头明显，长约2.3km，宽约500m，岩体出露面积约1.1km²，岩体呈长条状近北东向展布，北侧与花岗岩侵入接触，南侧受断层F2影响，二长花岗岩体推覆于Σ1岩体上部，根据钻孔深部验证，岩性以辉长岩、辉石岩为主，辉长岩产出规模较大，岩体南倾，倾角为30°～40°。深部辉石岩中以中粒为主，岩石普遍具磁铁矿化、黄铁矿化。

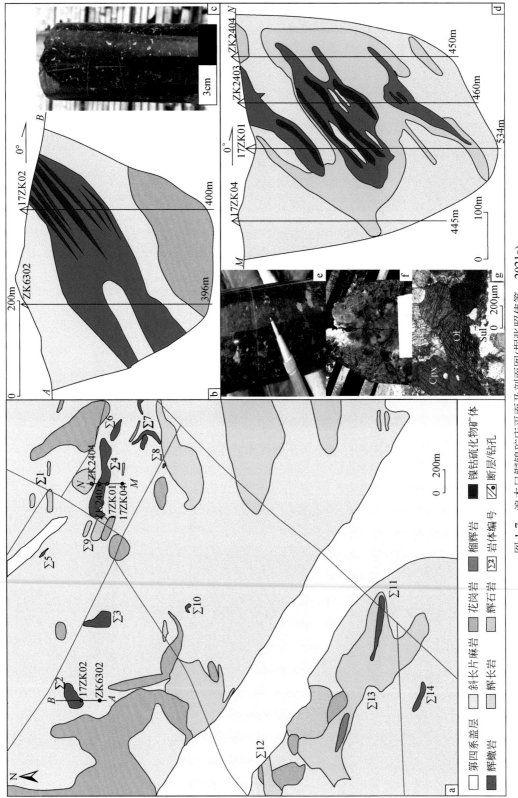

图 1-7　浪木日铜镍矿矿床平面及剖面图(据张照伟等，2021a)

Cpx-单斜辉石；Ol-橄榄石；Sul-硫化物

Σ2 岩体位于矿区中北部，地表覆盖较厚，露头不明显，仅出露长约 150m，宽约 110m，岩体呈椭圆状，近东西向展布，隐伏于白沙河岩组片麻岩中，岩体深部厚度 150m，岩体南倾，倾角为 45°~50°。Σ2 岩体地表为辉橄岩，中粒结构，岩石颗粒较大，矿物粒径一般在 3~5mm，岩石结晶分异程度较好，岩石具强的金云母化、蛇纹石化、磁黄铁矿化、镍黄铁矿化。通过探槽揭露岩体宽 110m，圈定矿体 5 条，矿体厚 1.75~12m，Ni 品位为 0.23%~0.49%，Co 品位为 0.01%，Cu 品位为 0.1%。

Σ3 岩体位于矿区中北部，地表覆盖较厚，露头不明显，仅有零星出露不成规模，岩性为辉橄岩，岩体隐伏于白沙河岩组片麻岩中，岩体深部经钻孔验证，埋深保存完好，厚度达到 200m，深部 Σ3 岩体为辉石岩相中间包容辉橄岩相，中间橄榄岩相分异较好，呈中粒结构，岩石颗粒较大，结晶分异程度较好，矿物粒径一般为 3~5mm，岩石普遍具有金云母化、蛇纹石化、磁黄铁矿化、镍铁矿化。围岩中多见有热液角砾大量分布，表明岩浆活动迹象强烈。

Σ4 岩体位于矿区中北部，地表露头局部明显，岩性为辉橄岩，多处第四系覆盖较厚，长约 850km，宽 30~100m，岩体呈长条状，近北西向展布，整体隐伏于白沙河岩组片麻岩中，岩体向南东倾斜，产状为 40°~50°。Σ4 岩体边部为辉石岩相，中心部位分异为橄榄岩相，中–粗粒结构，岩石颗粒较大，矿物粒径一般为 5~10mm，岩石普遍具有孔雀石化、金云母化、蛇纹石化、磁黄铁矿化、镍铁矿化。

Σ5 岩体位于矿区中西部，地表露头明显，长约 500m，宽约 150m，岩体呈长条状，近东西向展布，北侧与花岗岩侵入接触，南段隐伏于白沙河岩组片麻岩中，岩体南倾，Σ5 岩体边部为辉长岩相，中心少量位置有分异较好的辉石岩相及橄榄岩相，推测深部更有利于分异结晶，岩石普遍具有金云母化、蛇纹石化、磁黄铁矿化、褐铁矿化。

Σ6 岩体位于矿区中西部，Σ2、Σ4 中间，地表露头明显，长约 100m，宽约 70m，岩体呈长条状，近北西向展布，隐伏于白沙河岩组片麻岩中，Σ6 岩体为橄榄岩相，岩石普遍具有金云母化、蛇纹石化、磁黄铁矿化、褐铁矿化。

Σ7 岩体位于矿区中部，地表露头较明显，长约 1km，宽 20~150m，岩体呈长条状，近东西向展布，隐伏于白沙河岩组片麻岩中，岩体南倾，Σ7 岩体为辉长岩相，中心位置有少量分异较好的辉石岩相及橄榄岩相，岩石普遍具有金云母化、蛇纹石化、磁黄铁矿化、褐铁矿化，通过钻孔深部验证，岩性以辉橄岩为主出露规模较大，且深部圈定镍矿体 2 条。

Σ8 岩体位于矿区中东部，地表露头较明显，长约 400m，宽 50~20m，岩体呈长条状，近东西向展布，隐伏于白沙河岩组片麻岩中，岩体南倾，Σ8 岩体边部为辉长岩相，中心位置有分异较好的橄榄岩相，岩石普遍具有金云母化、蛇纹石化、磁黄铁矿化。

岩石类型主要有辉橄岩、辉石岩、辉长岩等。辉橄岩颜色为灰黑色，粒状结构，块状构造，岩石主要由橄榄石（40%~50%）、辉石（20%~30%）、铬云母（8%~10%）、金属矿物（5%~10%）组成。辉石岩颜色为灰色–辉绿色，粒状结构，块状构造。岩石主要由辉石（85%）、黑云母（10%）、橄榄石（5%）及少量副矿物组成。辉石呈半自形–自形晶，橄榄石呈他形晶。岩石普遍具有绿泥石化、蛇纹石化、碳酸盐化。辉长岩颜色为灰白色，辉长结构，块状构造。岩石主要由基性斜长石（35%~55%）、辉石（50%~55%）、云母和金属矿物（3%~5%）组成，含有少量角闪石和黑云母。斜长石、辉石自形程度相近，均呈半自形–他形。岩石裂隙较为发育，见有镍华、镍黄铁矿沿岩石裂隙分布。

（四）拉水峡矿床

拉水峡矿床位于南祁连造山带化隆隆起南缘，该矿床早在明朝时期就有采冶炼铜的记录，20世纪70年代初期青海省地质矿产勘查局第四地质队进行了勘探评价。拉水峡铜镍钴矿累计查明资源储量为镍18987t、铜2832t、钴465t，镍品位为4.47%、铜品位为0.59%、钴品位为0.11%。

区内出露主要地层为古元古界化隆岩群，为黑云斜长片麻岩、黑云石英片岩、黑云角闪片麻岩、片岩、条带状大理岩等组成的变质岩系。含矿镁铁–超镁铁质岩为角闪石岩、辉石角闪石岩，岩体出露长100余米，宽5~12m。

矿体主要呈透镜状、板柱状，南东东–北西西向展布。矿体主要赋存于辉石角闪石岩体及与化隆岩群变质岩的外接触带中。已查明有Ⅰ、Ⅱ号含铂铜镍矿体及一些零星小矿体。其中，Ⅰ号矿体规模较大，主要产于超基性岩体与片麻岩接触带的岩体一侧，部分矿体进入片麻岩。Ⅱ号矿体规模次之，产于古元古界片麻岩中的石英角闪片岩层间。Ⅰ号矿体走向长150m，倾向延深200m，厚14.17~23.37m，镍平均品位为4.2%，铜平均品位为0.65%，呈不规则透镜状，贯入角闪石岩和片麻岩的断裂或裂隙中，呈北西西向展布；Ⅱ号矿体产于北西向和北东向断裂交汇处，长30m，宽38.21m，延深23m，镍平均品位为1.05%，铜平均品位为0.45%，为一近南北向产出的上宽下窄的楔形体（图1-8）。

矿石矿物主要有黄铁矿、紫硫镍铁矿、黄铜矿和辉铁镍矿，少量镍磁黄铁矿、闪锌矿、辉钼矿、硫铁镍矿和磁铁矿等。脉石矿物有长石、角闪石、黑云母、橄榄石、磷灰石和绿泥石等。次生矿物有镍绿泥石、含镍高岭土、水云母、蓝铜矿、孔雀石、玉髓、高岭土及少量长石、石英。矿石结构主要有他形粒状结构、溶蚀结构、交代结构、变余海绵陨铁结构；矿石构造主要为块状、浸染状、角砾状、环状、细脉状等构造。氧化矿石具土状结构、块状、多孔状构造。矿石自然类型为硫化矿矿石，工业类型为高镁硫化镍矿石。围岩蚀变为硅化、绿泥石化、滑石化、碳酸盐化、次闪石化、黑云母化、叶蜡石化，其中较强的绿泥石化、蛇纹石化、次闪石化与成矿关系密切。蚀变特征为岩体比围岩蚀变强烈，岩体边缘比岩体内部蚀变强烈。

拉水峡含矿岩体几乎全岩矿化，且岩石蚀变强烈，未能获得有效的定年。根据附近亚曲、下什堂辉长岩体中锆石ID-TIMS方法U-Pb定年研究，分别获得440.74±0.33Ma和449.8±2.4Ma年龄数据（张照伟等，2012，2015a），推断拉水峡含矿岩体可能形成于早古生代晚期志留纪。认为该矿床主要为岩浆熔离成矿，但存在显著的热液交代成矿。含矿岩体已蛇纹石化、闪石化、滑石化。硫同位素特征显示，不同矿床矿石的$\delta^{34}S$值为0.8‰~4.32‰（个别样品达到5.31‰），集中分布于0~3‰，平均为2.12‰，表明矿石中的硫主要来自地幔。但也存在较高正值的硫同位素数据（4.32‰、3.20‰、3.06‰及2.91‰等）（高永宝等，2012），表现了地壳硫的混染作用（张照伟等，2015a）。

（五）牛鼻子梁矿点

牛鼻子梁矿点位于阿尔金造山带南缘断裂带与柴达木微地块交接处，于2009年被青

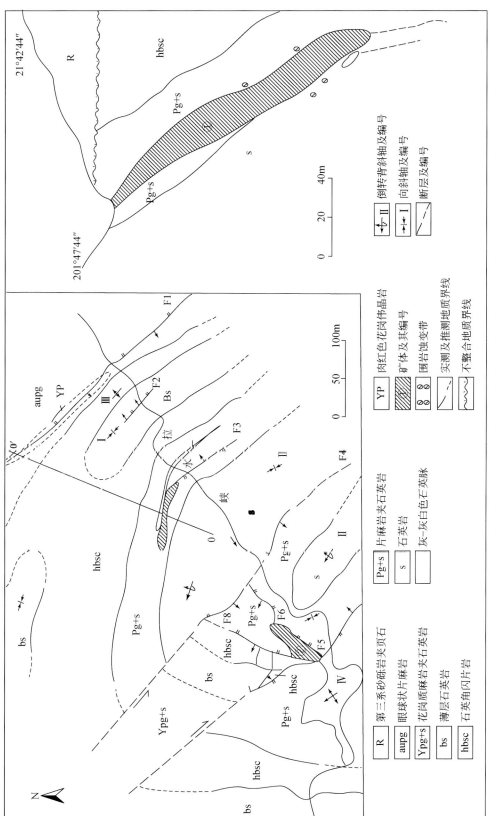

图 1-8　拉水峡铜镍钴矿平面及剖面图(据张照伟等，2012修改)

海省核工业地质局发现。含矿岩体的直接围岩为古元古代达肯达坂岩群片麻岩岩组的斜长片麻岩、透闪石大理岩等。已发现三个镁铁-超镁铁质岩体。其中Ⅰ号岩体规模最大，长约6km，最大宽度约1.5km，出露面积近8km²，近东西向分布（图1-9），主要岩石为闪长岩等。获得辉长岩中锆石U-Pb年龄为367.0Ma。Ⅱ、Ⅲ号岩体位于Ⅰ号岩体南缘。其中Ⅱ号岩体地表出露长680m，宽20~250m，主要为斜长二辉橄榄岩、斜长单辉橄榄岩、角闪二辉橄榄岩、角闪橄榄岩、角闪橄榄二辉岩、角闪橄榄辉长岩等，获得斜长二辉橄榄岩中锆石U-Pb年龄为402.2±2.8Ma；Ⅲ号岩体地表出露长1000m，宽20~250m，主要为斜长二辉橄榄岩、角闪单辉橄榄岩、角闪橄榄辉长岩、橄榄辉长岩、辉长岩、淡色辉长岩等。牛鼻子梁含矿镁铁-超镁铁质岩应形成于早泥盆世。

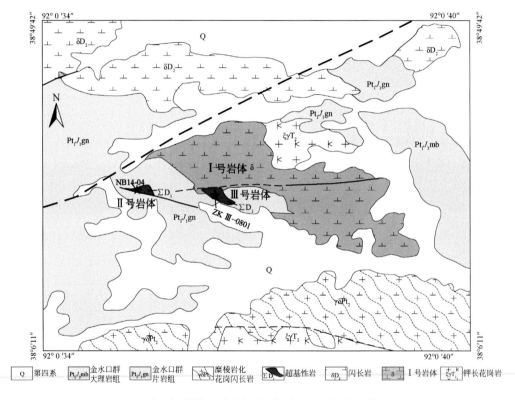

图1-9　牛鼻子梁镁铁-超镁铁质岩体平面图（据钱兵等，2015）

仅Ⅱ、Ⅲ号岩体中发现铜镍矿体，矿区内共发现铜镍矿（化）体12条，矿体主要赋存于辉石岩相和橄榄岩相的底部（图1-10）。Ⅱ号岩体已发现的矿体中以M1矿体规模最大，长160m，厚度为2.88~22m，镍品位为0.2%~1.57%，平均品位为0.50%；铜品位为0.03%~0.79%，平均品位为0.29%；钴品位为0.01%~0.097%，平均品位为0.03%。并有铂、钯显示。矿石矿物主要有黄铁矿、磁黄铁矿、镍黄铁矿、黄铜矿、钛铁矿、磁铁矿、斑铜矿、硫铁镍矿、辰砂、雄黄；非金属矿物主要为橄榄石和角闪石，其次为少量蛇纹石、绿帘石、辉石和石墨。初步认为为岩浆熔离作用成矿，并有热液成矿作用叠加。含矿岩体蛇纹石化、黑云母化、纤闪石化和绿泥石化普遍。

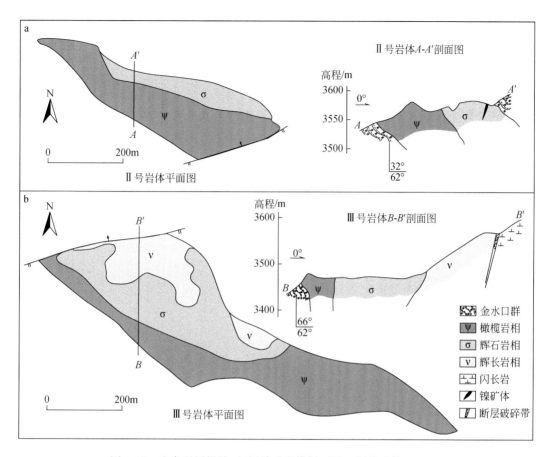

图 1-10 牛鼻子梁镁铁-超镁铁质岩体剖面图（据钱兵等，2015）

第二章 东昆仑及邻区地质背景

第一节 大地构造单元划分

夏日哈木矿床位于青藏高原北部、柴达木盆地南缘的东昆仑造山带中，大地构造位置处于古特提斯洋盆北部大陆边缘。区域地质构造演化和成矿作用是特提斯洋与古陆块群相互作用的结果。大地构造的基本特征是由一系列不同时代、不同造山机制的结合带及其被卷入的和经过强烈改造的地块（基底残块）镶嵌而成的复杂造山带。东昆仑地区构造线总体呈近东西向展布，由北向南发育昆北、昆中和昆南三条近东西向的区域性深大断裂带。

一、大地构造单元划分认识

从东昆仑及邻区已有的岩浆铜镍钴硫化物矿床（点）分布看，其产出并不受东昆仑及相邻地区早古生代构造单元划分的限制（图 2-1）。目前对东昆仑的构造单元划分方案存在不同意见。新的《中国区域地质志》认为以昆南断裂为界，两侧分属柴达木–华北板块和羌塘–扬子–华南板块两个大的 I 级构造单元。南部为巴颜喀拉中生代造山带和北部东昆仑古生代造山带两个 II 级构造单元。很显然，此处的东昆仑古生代造山带 II 级构造单元，就是传统认识上的昆南构造带，并不包括昆北构造带。昆北构造带划归柴达木微陆块 II 级构造单元下属的祁漫塔格早古生代岩浆弧（刘训和游国庆，2015）。但新的《青海省区域地质志》和《青海地质矿产志》对青海省地质构造单元的划分，提出了地壳对接带认识（祁生胜，2015；潘彤，2019），将昆南构造带定义为康西瓦–磨子潭地壳对接带，该地壳对接带北面为昆南俯冲增生杂岩带，南面是阿尼玛卿–布青山俯冲增生杂岩带，而将昆北构造带归属于秦祁昆造山系，亦命名为东昆仑造山带，并进一步划分为若干岩浆弧和蛇绿混杂岩带，但主体是昆北复合岩浆弧。由此可见，不论如何划分，以布青山南缘（昆南）断裂为边界，其南总体上可划分为昆北和昆南两个构造带。

本书为了讨论方便，将昆南和昆北构造带合称为东昆仑造山带（图 2-1）。即以昆中断裂为界，以北为柴达木–华北板块或者秦祁昆造山系的东昆仑造山带昆北复合岩浆弧，以南为羌塘–扬子–华南板块或者地壳对接带的昆南俯冲增生杂岩带和阿尼玛卿–布青山俯冲增生杂岩带。现在将传统上所称的东昆仑造山带划分为分属两个大的大地构造单元的昆北和昆南，并将昆北列为早古生代到晚古生代—早中生代的岩浆弧，而将昆南自北而南列为以早古生代纳赤台蛇绿混杂岩带为代表的昆南俯冲增生杂岩带和以晚古生代—早三叠世马尔争蛇绿混杂岩带为代表的阿尼玛卿–布青山俯冲增生杂岩带。这种图面上看似清楚的构造单元划分，实际反映了不同时代原特提斯洋和古特提斯洋构造演化至不同空间构造部位最终的拼贴镶嵌，平面上详尽的划分是难以实现的，只能代表一种大概的主体建造的分布。特别是早古生代的原特提斯洋闭合碰撞造山后，与新生陆壳再次裂解有关的含铜镍钴硫化物矿（化）体的镁铁–超镁铁质岩的分布，肯定是不受早古生代所谓构造单元限制的，更何况晚古生代古特提斯洋的扩张、消减和闭合碰撞造山，又会对已有含矿岩体的空间位置产生新的配置。

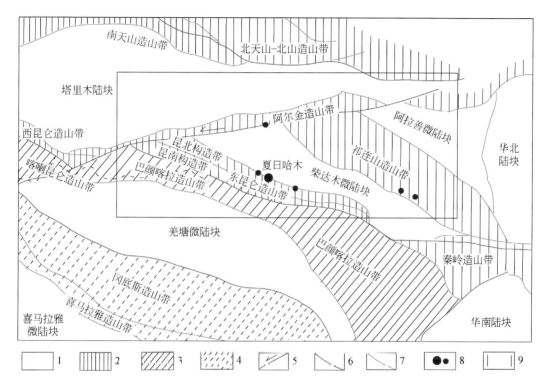

图 2-1　东昆仑及邻区岩浆铜镍钴硫化物矿床大地构造位置

（据刘训和游国庆，2015；祁生胜，2015；潘彤，2019 修改）

1-陆块/微陆块；2-古生代造山带；3-中生代造山带；4-中–新生代造山带；5-断裂构造；6-Ⅰ级大地构造单元界线；
7-Ⅱ级大地构造单元界线；8-岩浆铜镍钴硫化物矿床（点）；9-图 1-1 位置

二、东昆仑造山带

（一）昆北构造带

昆北构造带呈近东西向展布于东昆仑北坡–鄂拉山一带，北部以昆北断裂为界与柴达木地块相接，南部以昆中断裂为界与康西瓦–磨子潭地壳对接带昆北构造带为邻。带内出露最老的地层单位为古元古界金水口（岩）群，可划分为片麻岩岩组、大理岩岩组及片岩岩组，变质程度以角闪岩相为主，原始构造古地理可能为被动陆缘火山–沉积岩系。除古元古界外，广泛发育长城系小庙岩组，岩石组合为一套石英岩、（含石榴）云母片岩、大理岩夹斜长角闪岩组合，原始构造古地理为一套基本稳定的被动陆缘沉积岩系，与金水口（岩）群一起组成造山带结晶基底。在天台山一带发育一套高级变质岩，呈透镜状分布于东昆仑北坡的天台山、跃进山、清水泉一带。主要为麻粒岩、变粒岩，其次为大理岩，麻粒岩的峰期压力为 $0.8 \sim 1.2$ GPa，温度为 $760 \sim 880$ ℃，其变质变形年龄为 508 ± 8 Ma（李怀坤等，2006）。原岩为基性火山岩夹含钙质碎屑岩，变质程度为紫苏辉石带麻粒岩相，原始构造古地理可能为被动陆缘火山-沉积岩系。

昆北构造带是经历了原特提斯和古特提斯两期洋陆转化的叠加形成的动力学体系，主要与原特提斯和古特提斯洋的发展演化密切相关。受原特提斯洋向北俯冲，在祁漫塔格地区形成了早古生代十字沟蛇绿混杂岩带，其中蛇绿岩分布于阿达滩沟脑、十字沟、玉古萨依等地，岩石组合为蛇纹石化纯橄岩、蛇纹石化橄辉岩、辉长岩和非席状基性岩墙群等，在盖依尔堆晶杂岩获得全岩 Sm-Nd 同位素年龄为 466 ± 3.3 Ma，形成于弧后盆地环境，形成时代为寒武纪—奥陶纪。在十字沟洋盆向北俯冲作用下，形成了祁漫塔格-夏日哈岩浆弧，奥陶系祁漫塔格群是该岩浆弧的主体，岩石组合为安山岩、英安岩、流纹岩、（英安质）流纹质凝灰岩夹玄武岩组合（杨金中等，2000），全岩 Sm-Nd 同位素年龄为 466 ± 33 Ma，为碱性-亚碱性系列，具有岛弧特征。受古特提斯洋向北俯冲，在构造带东部形成了晚古生代苦海-赛什塘蛇绿混杂岩带，呈北东向向南东向凸出的弧形，后期哇洪山-温泉右行走滑断裂和昆中断裂的切错，使其错位成明显的北东和南西两段。其中蛇绿岩组合主要由全蛇纹石化纯橄岩、全蛇纹石化方辉橄榄岩、辉长岩、玄武岩、辉绿岩等组成（王秉璋等，2000），雪穷地区辉长岩年龄为 $316 \sim 360$ Ma，形成时代为石炭纪—中二叠世，形成环境为与俯冲有关的小洋盆（弧后盆地、边缘海）。

受古特提斯洋向北俯冲，在昆北构造带发育大范围晚古生代—早中生代弧岩浆，主体为二叠纪和三叠纪。二叠纪侵入岩主要在祁漫塔格、鲁木切等地区，年龄为 $270 \sim 284$ Ma、$252 \sim 260$ Ma，为准铝质钙碱性系列，具有弧花岗岩特征（祁生胜，2015）。二叠纪火山岩为切吉组，呈残留体或断片形式零星分布于哇玉滩和切吉水库等地，为以中酸性火山熔岩、火山碎屑岩为主的安山岩-英安岩-流纹岩组合，具有陆缘弧特征。三叠纪侵入岩主要在祁漫塔格北坡、鲁木切以及英德尔羊场出露，年龄在 $208 \sim 255$ Ma，地球化学特征显示形成于与俯冲作用有关的岛弧环境。三叠纪火山岩为鄂拉山组，岩石组合为安山岩、玄武安山岩及安山质凝灰熔岩（李永祥等，2011），年龄为 231 ± 8 Ma，属高钾钙碱性系列，具有陆缘弧特征。

近年来在昆北构造带中发现断续出露长约 600km 的高压变质带，主要分布在苏海图、尕日当、温泉等地，岩石组合主要为榴辉岩、榴闪岩、角闪石榴辉石岩、纤闪石化榴辉岩。榴辉岩全岩地球化学特征、锆石微量元素和同位素特征，尤其是榴辉岩锆石中得到 934Ma 的原岩年龄，有力说明了榴闪岩/榴辉岩原岩是响应罗迪尼亚超大陆汇聚事件的产物，因此东昆仑榴辉岩原岩更可能为大陆环境的中-基性侵入岩或喷出岩，而非来自地球化学特征与之具有相似的富集型洋中脊玄武岩（E-MORB）、亏损型洋中脊玄武岩（N-MORB）、洋岛玄武岩（OIB）。由于榴辉岩的峰期变质时代为 425.5 ± 2.2 Ma $\sim 428 \pm 2$ Ma，角闪岩相退变质年龄为 410Ma，暗示了在 $428 \sim 425$ Ma 时，原特提斯洋已经闭合，正在发生陆壳的深俯冲-碰撞过程，深俯冲榴辉岩在 410Ma 已折返回地表，对应于碰撞后伸展背景。

以夏日哈木矿床为代表含铜镍钴镁铁-超镁铁质岩带即产于昆北构造带中，主要分布在拉陵灶火、五龙沟、喀雅克登、夏日哈木、浪木日等地区。

(二) 昆南构造带

康西瓦-磨子潭地壳对接带以昆中断裂和布青山南缘断裂为界，与巴颜喀拉中生代造山带接壤。向西延与西昆仑造山带的康西瓦-苏巴什蛇绿混杂岩带连接，向东延与秦岭造山带的勉略蛇绿混杂岩带连通，是青藏高原北部一条重要的巨型结合带，被定义为北中国板块群与南中国板块群之间的一条重要的板块对接带。该构造带自南而北进一步划分为昆南俯冲增生杂岩带和布青山俯冲增生杂岩带。

昆南俯冲增生杂岩带呈近东西向夹持于昆中断裂与昆南断裂之间，是晋宁、加里东期两次板块裂离及俯冲碰撞过程中形成的一个近东西延伸的复合型俯冲增生杂岩带。晋宁期中新元古代有限洋盆的闭合所发生的变质-构造-岩浆事件可能是全球范围内罗迪尼亚超大陆形成在东昆仑地区的反映。加里东期可能属塔里木板块活动陆缘。带内物质组成极端复杂，构造变形十分强烈，不同类型的岩石构造组合体、构造地层体多以不同规模、形态各异的岩片以不同构造组合样式拼贴或堆垛在一起，主要由没草沟-塔妥蛇绿岩、沙松乌拉-黑海增生杂岩、水泥厂南-驼路沟沟脑海山、雪水河东-大干沟火山弧、雪鞍山洋岛-海山、万保沟洋岛-海山、清水泉蛇绿岩等组成。没草沟-塔妥蛇绿岩分布在没草沟、万保沟、诺木洪、清水泉、长石山及得力斯坦沟一带，呈大小不等的块体产于剪切变形中，主要岩石类型有二辉橄榄岩、蛇纹岩、绿泥石化辉石岩、尖晶石斜方辉石橄榄岩、辉长岩、辉石岩、辉长辉绿岩、辉绿岩、玄武岩。老道沟、塔妥、长石山、得利斯坦地区辉长岩年龄为495～537Ma，形成了寒武纪—奥陶纪。其中塔妥、乌妥、长石山蛇绿岩为超俯冲带型 (suprs-subduction zone，SSZ 型)；没草沟-万保沟、诺木洪、得力斯坦蛇绿岩为洋中脊 (mid-oceanridge，MOR) 型，代表的古洋盆应属原特提斯洋的组成部分，向南延伸与三江地区的原特提斯洋是相连沟通的，部分区域出现了与俯冲有关的 SSZ 型。沙松乌拉组和纳赤台群碎屑岩具浊积岩特征，属深海-半深海浊积扇相，古地理环境为俯冲增生杂岩楔。纳赤台群中酸性火山岩分布在雪水河东、水泥厂东、大干沟南，呈断块分布，有灰绿色蚀变安山岩、流纹英安岩、英安质火山角砾熔岩夹安山质凝灰熔岩、流纹质熔结凝灰岩、晶屑凝灰岩，具弧火山岩特征。中元古代万保沟群温泉沟组和青办食宿站组总体反映了洋岛 (或海山) 的"双层型"结构，即下部为洋岛 (或海山) 玄武岩，上部为洋岛 (或海山) 碳酸盐岩。

布青山俯冲增生杂岩带呈北西西向或近东西向沿布喀达坂峰、东西大滩、布青山一带分布。夹持于昆南断裂和布青山南缘断裂之间，向西与木孜塔格带相接，向东与勉略带相连。空间上与北侧的昆南坡俯冲增生杂岩带相伴生，南侧与巴颜喀拉中生代造山带相邻。带中广泛分布晚古生代蛇绿岩，表明该带主要是古特提斯大洋岩石圈板块消减位置。带中金水口 (岩) 群以基底残块呈断块状分布，主要发育秀沟-布青山蛇绿岩、东大滩-布青山增生杂岩、布青山主脊-冬给措纳湖洋岛-海山及东曲西-布青山南坡火山弧。石炭纪—二叠纪中期，整个马尔争大洋盆地处于裂解扩张期，洋盆中开始出现洋壳物质，马尔争、察汗热格–哈尔郭勒、玛积雪山、德尔尼最为发育，岩石组合包括蛇纹岩、蛇纹石化橄榄岩、辉石岩、辉长岩、变辉绿岩、玄武岩等，由于遭受到后期多次构造活动的破坏，蛇绿岩组合保存不完整，多呈被肢解的构造岩块产出，岩块之间断层构造接触。诺尔扎尕玛地区辉绿岩墙、洪水川地区辉长岩年龄为 259～400Ma，硅质岩中含放射虫，蛇绿岩形成时代为石炭纪—二叠纪中期。布青山蛇绿岩形成于大洋中脊的构造环境，其地幔为亏损强烈的 "N" 型地幔，部分熔融形成的玄武岩多为正常大洋中脊玄武岩成分相当的 N-MORB，也有少量反映大洋板块内部洋岛环境下的 E-MORB。树维门科组呈构造岩片或推覆体断续分布于树维门科–喀塞南–布青山–野马滩一带，多呈大透镜状、断块状出露，近东西向长条状展布，构造环境为弧前构造高地。马尔争组中酸性火山岩为一套安山岩、英安岩组合，以绿片岩相变质为主，地球化学显示具有火山弧特征。侏罗纪开始进入陆内演化阶段。

三、阿尔金造山带

阿尔金造山带为塔里木板块南缘活动带，属于秦祁昆多岛洋的主要组成部分，西北以隐伏的车尔臣河断裂与塔里木陆块为邻，东南与阿尔金断裂为界与东昆仑造山带、柴达木地块相接，总体呈走向北东–南西的楔形地体。自北而南依次为阿北地块、红柳沟–拉配泉蛇绿构造混杂岩带、阿中地块、阿帕–茫崖蛇绿构造混杂岩带（校培喜，2003）。蛇绿岩主要发育在约马克奇一带，岩石组合有蛇纹岩、辉长岩、玄武岩，橄榄岩大都已发生强烈蚀变成为蛇纹岩，部分经强烈变质而成为富镁片岩，形成时代可能为寒武纪—奥陶纪，地球化学特征显示形成于弧后扩张盆地，具有 SSZ 型蛇绿岩特征。碎屑岩星散分布在茫崖镇、平顶山南坡一带，岩石组合为千枚状碳质板岩、绿泥千枚岩、（长石、绢云）石英片岩等，具复理石建造，属浅海–半深海俯冲增生杂岩楔沉积环境。碳酸盐岩分布在阿尔金山主脊、阿卡吐·塔格周围及平顶山白石头沟，岩石组合为条带状含云母石英大理岩、（白云质）灰岩、白云岩夹蚀变玄武岩和石膏，局部夹泥质板岩，属浅海沉积环境碳酸盐岩。火山岩分布在阿卡吐·塔格南坡、平顶山西段，岩石组合以玄武岩为主，主要发育有蚀变玄武岩、绿帘斜长角闪岩、基性凝灰熔岩及基性岩屑凝灰岩等，与岛弧火山岩的地球化学特征相似，形成于弧后扩张环境。

四、南祁连造山带

南祁连造山带是由地块与岩浆弧叠置的单元，发育寒武纪—奥陶纪、志留纪、泥盆纪三期侵入岩。寒武纪—奥陶纪侵入岩分布在伊克拉、拉脊山、屠洪居地区，年龄在501Ma、454～471Ma 和 444～456Ma，为与俯冲有关的弧花岗岩。志留纪侵入岩主要分布在塔塔楞河和野牛脊山–日月山口两个地区，属于过铝质高钾（钙碱性）–钾玄岩系列岩石，形成于汇聚重组构造阶段，碰撞构造期。泥盆纪侵入岩分布于塔塔楞河、巴音山及菜挤河一带，年龄为 396～405Ma，属高钾钙碱性花岗岩组合，形成于汇聚、碰撞构造期。

南祁连火山岩出露两期，分别为新元古代和奥陶纪。新元古代为天峻组，分布在塔塔棱河、伊克拉、天峻县以北等地，岩石组合以流纹质凝灰岩为主，夹玄武岩-安山岩-英安岩-流纹岩，东部天峻地区以火山碎屑岩为主，夹正常碎屑岩，向西火山碎屑岩渐少，砂岩、粉砂岩比重增加，到德令哈北山变为凝灰岩和砂板岩互层。岩石总体为钙碱性岩系列，稀土总量较低，轻稀土富集，重稀土平坦，大离子亲石元素 Rb、Ba、Sr 富集，高场强元素 Nb、P、Y、Yb 亏损，形成环境为大陆裂谷。夏日哈河东岸夏日哈、达尔拉一带巴龙贡嘎尔组的变质英安岩中获得 740±14Ma 的年龄，八音山地区安山岩中获得 856~881Ma 的年龄，时代为新元古代。奥陶纪火山岩主要分布在达肯达坂鱼卡河上游和多索曲一带，涉及的地层单位为吾力沟组和多索曲组，总体年龄为 449~458Ma，时代为奥陶纪，微量元素中 Rb、Ba、Th 等元素富集明显，La、Ce、Nd 等元素略显富集，而 Nb、Sr、Ti 等元素亏损明显，具陆缘弧火山岩特征。

该造山带中发育党河南山-拉脊山蛇绿混杂岩带，主体自党河南山向东沿乌兰布拉克、盐池湾、木里到拉脊山一带，呈北西-南东向的狭长带状断续出露展布。混杂岩带中物质组成由党河南山-拉脊山蛇绿岩、药水泉弧前增生杂岩、哈拉湖-青羊沟火山弧及哈拉湖-峡门一带岩浆弧组成。其中蛇绿岩主要分布于苏里-哈拉湖、木里、刚察、湟源、平安元石山、民和等地，由蛇纹石化辉橄岩、橄榄岩、橄榄辉石岩、角闪石岩、辉长岩、辉绿岩、（块状、枕状）玄武岩、硅质岩等组成，年龄主要集中在 476~524Ma，形成于寒武纪—早奥陶世，具有与弧盆系相关的 SSZ 型蛇绿岩特征。

石炭纪—三叠纪发育一系列海相和海陆交互相陆表海沉积建造组合，是陆内发展（盆山转换）阶段的产物，形成了一系列不同规模、不同成因的盆地。地层有臭牛沟组台盆陆源碎屑-碳酸盐岩组合、羊虎沟组沼泽含煤粉砂岩-泥岩夹砂砾岩组合、草地沟组缓坡碎屑岩-碳酸盐岩组合、勒门沟组缓坡陆源碎屑-碳酸盐岩组合、哈吉尔-忠什公组杂色砂岩-泥岩组合、大加连组台地潮坪相碳酸盐岩组合、下环仓-江河组潮汐三角洲砂岩-泥岩组合、切尔玛沟组潮汐三角洲砂岩-泥岩组合、阿塔寺组三角洲砂泥岩夹砾岩建造组合、尕勒得寺组潟湖砂泥岩建造组合。侏罗纪开始形成系列断陷（压陷）盆地，地层有窑街组沼泽环境的含煤碎屑岩组合，享堂组湖相环境的砂砾岩、粉砂岩、泥岩组合，河口组河流相环境的砂砾岩、粉砂岩、泥岩组合，民和组河湖相环境的砂砾岩、泥岩组合，西宁组河湖相环境的砂砾岩、粉砂岩、泥岩组合，临夏组湖泊三角洲环境的砂砾岩、粉砂岩、泥岩组合等。

第二节 原特提斯-古特提斯构造转换

一、原特提斯洋蛇绿岩及其俯冲消减

随着对秦岭、祁连、昆仑等造山带中大量早古生代、晚古生代蛇绿岩和志留纪末、中三叠世高压-超高压变质带的深入研究，秦祁昆蛇绿岩在新特提斯之前存在原特提斯和古特提斯两期古老特提斯构造演化阶段的认识逐渐已成为共识（李文渊，2018；吴福元等，2020），但原特提斯和古特提斯构造演化是一个新老相互交替的关系，时间上延续不一，或存在并存的阶段（吴福元等，2020），已成为学界十分关心的问题。同时，基于东昆仑夏日哈木超大型岩浆铜镍钴硫化物矿床发现和研究，产生了该矿床形成于原特提斯岛弧（Li et al.，2015a）、碰撞后伸展环境（李世金等，2012；王冠等，2014；Song et al.，2016），以及古特提斯裂谷背景等不同的认识（李文渊等，2015；张照伟等，2015b；Liu et al.，2018），引起了研究学者的广泛关注。因此，原特提斯和古特提斯构造演化与夏日哈木超大型镍钴硫化物矿床关系的研究，既是重要的科学问题，又对进一步指导找矿部署具有重要的现实意义。

缝合带是地质历史上消失洋盆的残余洋壳，是判定造山带中洋陆转化的重要标志。对青藏高原及东北周缘秦岭、祁连和昆仑的长期研究，已经判别出重要的早古生代原特提斯蛇绿岩缝合带三条：①北祁连-宽坪缝合带；②柴北缘-商丹缝合带；③库地-中昆仑缝合带（李文渊等，2022）。它们代表了罗迪尼亚超大陆裂解形成的南华纪—早古生代原特提斯大洋，南面的块体不断向北移动，与塔里木-华北之间的原特提斯洋在志留纪（440~420Ma）期间关闭，发生影响广泛的"原特提斯造山作用"，泥盆纪发育了大量的磨拉石建造。

原特提斯洋的闭合是自北而南发生的，北祁连洋于420Ma左右关闭（夏林圻等，2016），南祁连洋则稍早于435Ma之前关闭（宋述光等，2013），宽坪洋的俯冲极向还有争议（吴元保和郑永飞，2013；Dong et al.，2014；Li et al.，2018b），蛇绿混杂岩的时代为490~440Ma，故闭合的时代应该与南、北祁连洋相近，南、北祁连洋闭合后，发育广泛分布的以老君山祖命名的泥盆纪磨拉石建造（老君山砾岩），这是北祁连-宽坪缝合带的特点。

柴北缘-商丹缝合带440~423Ma的鱼卡-锡铁山-都兰榴辉岩代表了大陆深俯冲的超高压变质作用（宋述光等，2013），也反映了柴北缘洋的消亡，向东秦岭的商丹洋，以关子镇蛇绿岩为代表，以前被认定为蛇绿岩组成的松树沟杂岩现已被认定为造山带中的橄榄岩（Nie et al.，2017），现依据北秦岭早古生代花岗岩的时代，认定为420Ma左右关闭（王晓霞等，2015），形成了泥盆系刘岭群磨拉石建造。

而在库地-中昆仑缝合带，西昆仑南、北昆仑地体之间著名的526~494Ma库地蛇绿岩，反映了原特提斯洋的遗迹（肖文交等，1998；张传林等，2019），依据北昆仑地体南部发育的440Ma俯冲型花岗岩和410Ma碰撞型花岗岩，而认定库地洋于440~410Ma闭合，库地洋向东至东昆仑与中昆仑洋（昆中缝合带）相连，昆中缝合带北侧是昆北地体，夏日哈木超大型岩浆铜镍钴硫化物矿床即参与其中，为柴达木地块的南缘，西南缘即为祁漫塔格构造带，金水口（岩）群为其变质基底。南侧昆南地体以大规模的岩浆弧为特征，变质基底为苦海岩群。昆中蛇绿岩以西段的纳赤台群蛇绿混杂岩和东段的清水泉蛇绿岩为代表，吴福元等（2020）总结该洋盆于580~520Ma打开、于510~450Ma俯冲、于440Ma左右关闭。由于昆北金水口（岩）群和昆南苦海岩群具有相同的碎屑锆石年龄，昆中洋并不被认为是非常重要的洋，由此这个小洋盆的俯冲消减会造成夏日哈木超大型矿床可能存在能量交换上的不对称。这是三条原特提斯缝合带在秦祁昆中央造山带的分布及目前的认识状况，再向西特别是境外的分布情况并不十分清楚。

判定出晚古生代古特提斯蛇绿岩缝合带三条：①康西瓦-阿尼玛卿-勉略缝合带；②西

金乌兰-金沙江-甘孜-理塘-哀牢山缝合带；③龙木错-双湖-昌宁-孟连缝合带（李文渊等，2022）。它们代表了南华纪—早古生代原特提斯大洋闭合后，冈瓦纳超大陆裂解形成的晚古生代大洋，然后又自北而南于三叠纪关闭。或者不是新裂解的洋，而是西面非洲和欧洲之间的瑞克洋（Rheic）闭合后的残留洋，在原特提斯洋闭合前就已存在。可见，古特提斯洋是裂解新打开的洋还是与原特提斯洋并存继续演化的洋，目前的研究并没有明确的结论。但大家都承认早古生代和晚古生代两套蛇绿岩的存在，而且承认原特提斯洋闭合后存在广泛的"原特提斯造山作用"，广泛发育泥盆纪磨拉石建造。因此，即使有所谓古特提斯残留洋存在，也并不妨碍古特提斯新的大洋裂解形成。针对夏日哈木矿床，我们重点考察与之有关的康西瓦-阿尼玛卿-勉略古特提斯洋缝合带西金乌兰-金沙江-甘孜-理塘-哀牢山缝合带和龙木错-双湖-昌宁-孟连缝合带，目前还未见相关岩浆镍钴硫化物矿床的报道，故仅作简单介绍。

康西瓦-阿尼玛卿缝合带在西昆仑表现为南昆仑地体与巴颜喀拉（甜水海）地体之间的康西瓦缝合带，南昆仑与北昆仑地体之间是原特提斯的库地缝合带。由于南昆仑地体组成复杂，原特提斯和古特提斯构造形迹交织，认识上存在诸多争议。康西瓦缝合带向东与东昆仑的阿尼玛卿缝合带相连，也表现为昆南地体南缘的缝合带，昆南和昆北地体之间的昆中缝合带以早古生代的清水泉蛇绿岩为代表，属于原特提斯的缝合带，于440Ma左右关闭。但昆南的阿尼玛卿古特提斯洋缝合带出露的一系列蛇绿岩也表现为早古生代和晚古生代两期，与昆南地体发育的510～400Ma和240～210Ma的花岗岩相对应，并发育有泥盆纪和三叠纪两期磨拉石建造，反映了原特提斯洋和古特提斯洋的两期俯冲和碰撞造山事件。特别值得提及的是A型花岗岩的时代为400Ma，少部分为370Ma，被认为是原特提斯库地洋向南俯冲碰撞造山后的产物（Zhang et al.，2019；张传林等，2019）。其实，可以有另一种思考，有没有可能是古特提斯康西瓦洋开裂裂谷的产物，颇值得研究。向东至东昆仑一带，历来被认为以晚古生代古特提斯大洋演化为主，除了前面介绍的与西昆仑库地缝合带相连的昆中原特提斯缝合带外，就以布青山混杂岩为代表的西大滩-阿尼玛卿古特提斯缝合带最为著名，洋盆于250～240Ma前后的早三叠世关闭。这个洋盆显然并不是与原特提斯洋并存的洋，它是昆中洋闭合后再次拉开的产物。因为金水口（岩）群中已经发现多处高压-超高压变质的榴辉岩，变质年龄主要在430～410Ma（Meng et al.，2013）。事实上，在夏日哈木矿区，除了含矿的镁铁-超镁铁质岩外，就出露有残留的蛇绿岩和榴辉岩。康西瓦-阿尼玛卿缝合带向东与南秦岭和扬子克拉通之间的勉略带相连。不过勉略带至今没有发现古生代蛇绿岩，而且两者之间的关系由于大面积三叠系覆盖并未有充足的研究。或许康西瓦-阿尼玛卿古特提斯缝合带向东南方向延伸，与甘孜-理塘缝合带相接，构成了一个自西北向东南的康西瓦-阿尼玛卿-甘孜-理塘古特提斯缝合带，从而造就了条形分布的巴颜喀拉-松潘-甘孜造山带。但问题是已有的构造单元研究认定甘孜-理塘缝合带归属于西金乌兰-金沙江缝合带，而与康西瓦-阿尼玛卿缝合带无关。

西金乌兰-金沙江缝合带位于羌塘地块的北缘，向南与哀牢山缝合带相连，再向南进入越南境内的松马缝合带，然后向东南经过我国海南岛南部二叠纪蛇绿岩，转向太平洋体系。目前多认为在二叠纪末期闭合，但俯冲极向存在争论。发现的蛇绿岩主要形成于泥盆纪—石炭纪，少数为二叠纪。西金乌兰–金沙江–哀牢山缝合带之北，存在前面提到的甘孜–理塘缝合带，两者之间是义敦岛弧，且蛇绿岩主要限定在二叠纪—早三叠世，因此其形成演化存在诸多疑问。西金乌兰–金沙江–甘孜–理塘–哀牢山缝合带之北的巴颜喀拉–松潘–甘孜地体主体为三叠纪复理石覆盖，东部的松潘–甘孜地体与扬子克拉通相近，而西部的巴颜喀拉与冈瓦纳大陆具有相似的特征（Liu et al.，2019b）。因此，甘孜–理塘缝合带归属于西金乌兰–金沙江缝合带，还是独立的一个洋盆或者与康西瓦–阿尼玛卿缝合带相连，颇值得构造学家研究。

龙木错–双湖缝合带地处羌塘地块中间，青藏专项 1∶25 万区调发现（李才，1987）。其蓝片岩、榴辉岩测年表明其变质年龄集中于 240～220Ma，但麻粒岩却为427～422Ma（李才等，2016），可见既有早古生代末原特提斯的变质产物，也有早中生代古特提斯构造闭合的遗迹。被认为是南、北羌塘地体的分割，是北方劳亚大陆和南方冈瓦纳大陆的重要界限，但吴福元等（2020）则认为南、北羌塘均属于冈瓦纳大陆，北羌塘大约在 330Ma 从冈瓦纳大陆裂解，又于晚三叠世闭合。龙木错–双湖缝合带向东延伸至云南的昌宁–孟连缝合带，再向南进入缅甸东部、泰国和马来西亚境内，可能延伸至印度尼西亚的清迈–本洞–劳勿缝合带，所以将其古特提斯缝合带总称为龙木错–双湖–昌宁–孟连缝合带。

二、古特提斯洋的开裂及其鉴别讨论

前人对秦祁昆蛇绿岩的大量研究认为，古特提斯是整个东昆仑特提斯的主体，但古特提斯洋何时形成，并不十分清楚。从以往的特提斯演化研究得知，古特提斯洋似乎与原特提斯洋是并存的。当早奥陶世原特提斯洋发育时，秦祁昆蛇绿岩代表的原特提斯洋与劳伦（Laurentia）和波罗的（Baltica）、冈瓦纳之间的安皮达斯洋（Iapetus）是同时代的，这是传统意义上的原特提斯洋。但其南部还有一个波罗的、爱维劳尼亚（Avalonia）和冈瓦纳之间的瑞克洋（Rheic）（Robb，2008；李文渊，2012，2013；Torsvik，2019；吴福元等，2020）。瑞克洋向东与亚洲的古特提斯洋相连，在早古生代时是很狭窄的。瑞克洋所在的海西造山带的研究表明（Franke et al.，2017），残存两个时代的蛇绿岩是明确的，一个是集中于早古生代 500～470Ma 的蛇绿岩，它代表了瑞克洋初始裂解–扩张的产物（Nance et al.，2010），是原特提斯洋同期的产物；另一个是晚古生代 420～370Ma、340～320Ma的蛇绿岩，与前者被 410Ma 的高压–低温变质作用所分割，故有学者认为它是瑞克洋闭合后重新裂解–扩张的产物（Arenas and Martínez，2015）。但也有人认为是瑞克洋向南俯冲产生的弧后扩张洋（Ribeiro et al.，2007；Shaw and Johnston，2016），是古特提斯洋。因此，就有了早古生代原特提斯洋–瑞克洋闭合后，又重新裂解形成晚古生代古特提斯洋前后两个旋回和并存的两种认识。可见，古特提斯洋究竟何时形成，与原特提斯洋的成生联系，是一个悬而未解的问题。

我国境内东昆仑造山带、康西瓦–阿尼玛卿缝合带在昆南也表现为早古生代和晚古生代两个时代蛇绿岩的出露（裴先治等，2018）。两套不同时代的蛇绿岩在同一缝合带内出现，应该代表了两个独立演化的大洋。因为两个大洋之间存在高压–超高压变质事件的造山作用。例如，在夏日哈木矿区大比例尺精细填图中发现，仅Ⅰ号岩体是含镍钴岩体，主要由橄榄岩、辉石岩和辉长岩组成，其余Ⅱ、Ⅲ、Ⅳ、Ⅴ号岩体主要为蛇绿岩残块和榴辉岩。蛇绿岩残块和榴辉岩中锆石 U-Pb 年龄分别为 436Ma、408Ma。榴辉岩经历了两期变质作用，第一期（436Ma）代表了前寒武纪陆壳深俯冲发生的榴辉岩相变质作用；第二期（409Ma）代表了榴辉岩折返过程中发生的角闪岩相退变质作用（张照伟等，2017a）；其次，如果是单一大洋的演化，应该有连续的增生杂岩和岩浆弧发育，但却表现为早古生代晚期和晚古生代晚期—三叠纪两个大的演化阶段，中间缺失岩浆作用发育。同时，两套不同时代的蛇绿岩相伴出现了两套磨拉石建造，分别是泥盆系的牦牛山组（423~400Ma）和三叠系的鄂拉山组（约 220Ma）。更值得重视的是，存在两套表征拉张作用的后造山或非造山岩浆作用的记录，晚志留世到中泥盆世的 A 型花岗岩（Chen et al.，2020），显然反映了原特提斯洋闭合后的新的裂解作用的发生。

最近，东昆仑东段红水河–波洛斯太地区新发现了双峰式火山岩，锆石 U-Pb 年代学研究表明其形成于晚志留世到早泥盆世（420~409Ma）（Li et al.，2020b）。其玄武岩表现为拉斑玄武岩的特点，SiO_2、MgO 含量和 K_2O/Na_2O 值低，TiO_2 含量高，LREE 富集（LREE/HREE = 3.68~6.09），Eu 具有轻微异常，具有 OIB 的特点，LILE 和 HFSE 富集，显示玄武岩派生于少量 SCLM 混染的软流圈地幔，而流纹岩表现为高的 SiO_2、Na_2O+K_2O 含量和 K_2O/Na_2O 值，低的 MgO、Ni、Cr 含量，LILE 和 LREE 富集，HFSE 亏损和负 Eu 异常，表明其地幔源区为未发生过交代作用的软流圈地幔。由此进一步证明，原特提斯洋闭合后，晚志留世—早泥盆世东昆仑地区已进入了一个新的软流圈地幔上涌和大陆裂解的过程（图 2-2）。并非原特提斯洋演化的后碰撞伸展环境，而是进入了新构造体制下的古特提斯旋回的陆内裂解背景阶段。也就是说，除了昆北与昆南地体之间是原特提斯昆中缝合带外，在昆南地体南缘的布青山–阿尼玛卿古特提斯缝合带中，也有早古生代蛇绿岩产出（裴先治等，2018），反映了传统上认为的古特提斯康西瓦–阿尼玛卿缝合带，其实是在原特提斯缝合带基础上再次开裂、扩张和闭合的结果。这个原特提斯缝合带不是以往认为的库地–中昆仑原特提斯缝合带，而是在其南面的昆南地体南缘与巴颜喀拉地体之间。现在看来，尽管东昆仑地区的原特提斯缝合带和古特提斯缝合带在空间上具有交织性特征，但它们具有明确的时间先后顺序，先前原特提斯的缝合带往往是古特提斯再次开裂的薄弱带（Pirajno，2012）。这就为我们思考原特提斯洋的闭合和古特提斯的开裂提供了一种新的视角：原特提斯洋的闭合除了在北秦岭、祁连和昆仑早古生代缝合带的表现外，在昆仑古特提斯缝合带上也存在过早古生代原特提斯洋的闭合，这个洋可能是原特提斯洋弧后盆地的扩张洋，稍晚于主洋的闭合。原特提斯洋闭合碰撞造山带后，开启了新一轮古特提斯洋的开裂、扩张和消减、碰撞闭合的构造演化过程，而早古生代末—晚古生代初是原特提斯与古特提斯两种新老构造体制转换的时期。

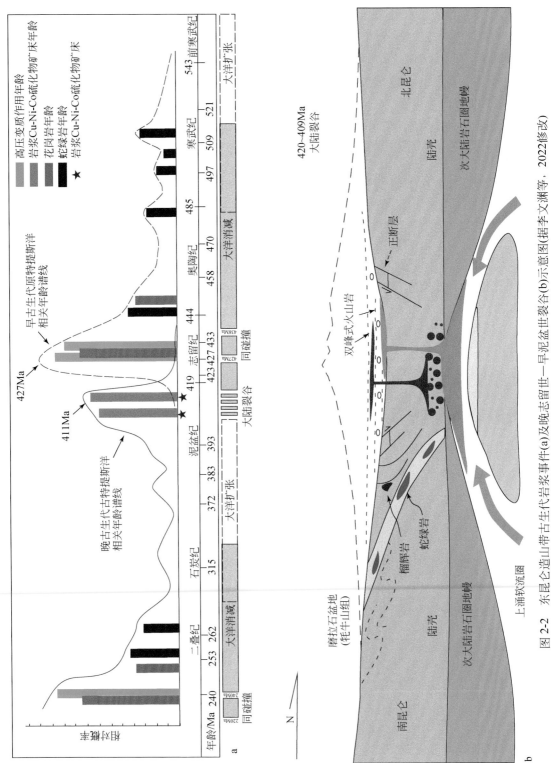

图 2-2　东昆仑造山带古生代岩浆事件(a)及晚志留世—早泥盆世裂谷(b)示意图(据李文渊等，2022修改)

第三节　区域构造演化与成矿

东昆仑及邻区如今的构造格局至少经历了前南华纪超大陆形成、南华纪—晚三叠世罗迪尼亚超大陆裂解形成特提斯洋及大陆边缘多岛弧盆系、晚三叠世晚期陆内演化、古近纪青藏高原迅速隆起等不同阶段。不同的演化阶段对应着不同的大地构造格局，超大陆裂解及洋陆演化阶段对应着洋陆格局，陆内造山演化阶段对应着陆内盆山格局，属陆内构造体制。其中，南华纪—晚三叠世罗迪尼亚超大陆裂解形成特提斯洋及大陆边缘多岛弧盆系演化阶段，是本研究关注的重点。

一、前南华纪超大陆形成

前南华纪是青海大陆地壳形成的主要时期，1.8Ga 的哥伦比亚超大陆聚合与 0.8Ga 的罗迪尼亚超大陆聚合基本形成了青海大陆地壳的主体，后期的地质演化虽然复杂漫长，但其基本特征并无明显变化。沉积变质型铁（锰）矿、石墨矿床和石英岩矿床是该时期最重要的矿产资源。

二、南华纪—早古生代原特提斯洋陆转换

随着南华纪罗迪尼亚超大陆裂解，原特提斯洋开启，原特提斯祁连洋、昆仑洋与秦岭洋合并简称为原特提斯秦祁昆洋，柴达木、东昆仑、中祁连、南祁连-全吉等地块是秦祁昆洋内相对稳定的地块。中寒武世开始，大洋板块向北俯冲，青海北部演化成为活动大陆边缘，形成规模巨大的沟-弧-盆系（图 2-3a），这一阶段成矿作用与活动大陆边缘内的岛弧、陆缘弧和弧后盆地相关，大多属于海底热水沉积矿床，少量为大洋中脊，形成了锡铁山铅锌矿、驼路沟钴矿等矿床。该阶段，青海南部处于原特提斯大洋区。志留纪—泥盆纪北部的柴达木等诸陆块汇聚，陆块碰撞（图 2-3b），形成柴北缘、东昆仑超高压变质带及其与之相伴的金红石型钛矿床和以滩间山金矿为代表的造山型金矿。碰撞晚期地壳伸展拉张（图 2-3c），幔源岩浆上涌，形成环柴达木周缘的志留纪—泥盆纪岩浆岩带与铜镍硫化物成矿带，形成了以夏日哈木为代表的岩浆铜镍钴硫化物矿床。

三、晚古生代—早中生代古特提斯洋陆转换

石炭纪—二叠纪，青海北部除宗务隆山裂谷外，整体处于柴达木-华北板块稳定的大陆边缘，缺乏火山活动，但碳酸盐岩为主的滨-浅海相地层分布十分广泛，变形微弱，是优良的生烃层系。青海南部以阿尼玛卿洋和金沙江洋为代表的古特提斯洋处于鼎盛时期，大洋中脊形成了与洋底热水沉积相关的德尔尼铜钴矿床。

二叠纪晚期至晚三叠世早期，古特提斯大洋岩石圈板块向北、南两侧的大陆地壳之下俯冲，北方东昆仑地区形成了规模巨大的晚二叠世—晚三叠世岩浆弧，南侧形成了开心

岭–杂多陆缘弧。在东昆仑，洋壳俯冲作用形成的壳幔混合型岩浆岩带来了大量的金属，形成了我国十分重要的多金属成矿带，目前在这一成矿带发现了一大批大型多金属矿床。在三江北段治多县多彩地区也形成了具有潜力的铜铅锌矿集区。

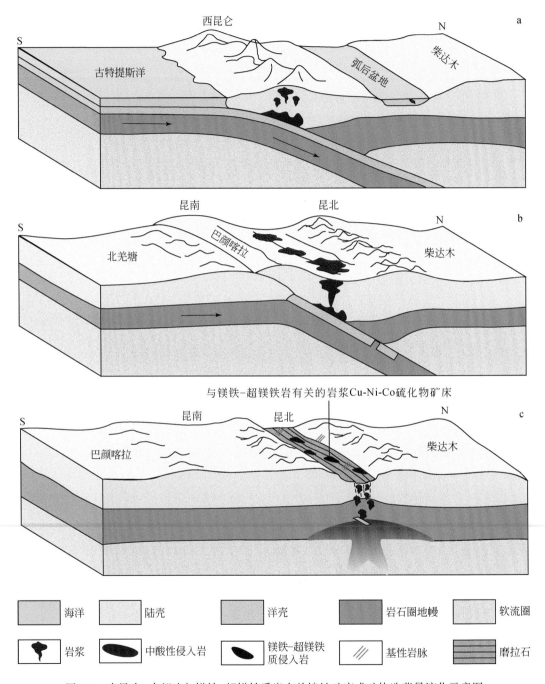

图 2-3　东昆仑–南祁连与镁铁–超镁铁质岩有关镍钴矿床成矿构造背景演化示意图

(据李文渊等，2022)

a-俯冲消减（500~440Ma）；b-碰撞伸展（440~420Ma）；c-陆内裂谷（420~390Ma）

晚三叠世，北方的柴达木-华北板块与南方的羌塘-扬子板块碰撞，古特提斯大洋消失，海水退至唐古拉山脉及以南广大区域。板块碰撞及后碰撞造山过程中，在东昆仑和巴颜喀拉山脉北部地区形成了五龙沟、沟里和大场等金矿矿集区。

四、中新生代陆内构造演化

侏罗纪主要为特提斯洋演化阶段。在古特提斯残留洋收缩、消亡、造山的同时，新特提斯多岛洋打开，特提斯洋主域已移至青藏高原南部班公湖-怒江洋及雅鲁藏布江一带。其中峨眉山火山岩的发育可能是特提斯洋打开的先声，青海南部为广阔的滨浅海，而青海北部为中低纬度温暖湿润的低海拔丘陵-平原，河湖发育，植被茂盛，成为青海省最重要的聚煤期，青海省最主要的煤炭资源即形成于该时期。

白垩纪新特提斯洋壳向北俯冲，青藏高原开始有限地隆升，在65~55Ma，新特提斯大洋闭合，印度板块与亚洲板块发生碰撞，青藏高原迅速崛起，并发生大规模的岩石圈拆沉和减薄，引发了大规模火山喷发，在唐古拉山口、龙亚拉、木乃及昂普玛等地同时伴有碰撞环境下的高钾-钾玄质花岗岩组合（79.5~66.1Ma/U-Pb），与该侵入岩体有关的矿产主要有铁、铅锌、重晶石等，成矿类型为接触交代型、岩浆热液型，代表性矿产地有囊谦县冶金山铁矿床等。

古近纪开始，印度板块与欧亚板块初始碰撞，青海省南部受碰撞作用局部处于伸展阶段，于三江地区广泛发育高钾花岗岩组合-过碱性花岗岩组合的侵位，如各拉丹冬-纳日贡玛高钾花岗岩组合（62~61Ma/U-Pb），与该侵入岩体有关的矿产主要有钼、铜、铅锌、银等，成矿类型为斑岩型、接触交代型，成矿时代为古近纪，代表性矿产地有杂多县纳日贡玛钼铜矿床等。56~45Ma印度板块与欧亚板块碰撞进入高峰期，随着全面碰撞的发生，高原北缘形成一系列盆地，同时青海省南部也有岩浆活动发生，如赛多浦岗日高钾花岗岩组合（48Ma/U-Pb）。渐新世—中新世（34~25Ma）青海省主要表现为随高原差异隆升，形成一系列走滑断裂活动与拉分盆地，随之也进入了盆地充填活跃期，如柴达木盆地的上、下油沙山组等，形成了青海省重要的产油层系。中新世中期—上新世青藏高原由缓慢隆升逐渐变为急剧隆升，出现了活动类型火山沉积盆地（查保马组、湖东梁组）。青藏高原受南北向挤压，在阿多、藏玛西孔出露白榴石霓辉石石英二长岩、霓辉石正长岩等组成的A型花岗岩（10.71~10.26Ma/^{39}Ar-^{40}Ar），代表青海省进入板内活动期。

第四纪以来，青藏高原快速隆升，2.6Ma青藏运动B幕发生，临夏东山古湖形成，高原升到海拔约2000m的高度，我国西北地区广泛堆积的黄土地层便是有力的佐证。青藏运动C幕（1.7Ma），临夏东山古湖消失，黄河干流形成。昆仑-黄河运动（1.2~0.6Ma），昆仑山抬升，黄河切穿积石峡，黄河中阶地形成；共和运动0.15Ma以来，黄河切穿龙羊峡，黄河低阶地形成，三次明显的隆升过程，青藏高原达到现今高度，现今地貌格局被称为"世界屋脊"。这一时期形成了丰富的砂矿、盐类、泥炭、石膏等资源。

第三章 夏日哈木矿区地质特征

第一节 矿区地质概况

夏日哈木矿区行政区划隶属青海省格尔木市乌图美仁乡管辖，位于东昆仑山脉西段，柴达木盆地南缘。矿区位置为 93°15′00″E ~ 93°28′00″E，36°25′00″N ~ 36°29′00″N。

一、地层

夏日哈木矿区内出露地层为古元古界金水口（岩）群白沙河组、第四系。

古元古界金水口（岩）群白沙河岩组出露面积约占 60%，为一套中深变质岩系。岩性为黑云母斜长片麻岩、黑云母二长片麻岩、黑云母片岩、石英片岩及大理岩等，原岩建造为泥砂质沉积碎屑岩–基性火山岩–碳酸盐岩建造，具有海相陆源碎屑岩为主的活动性沉积建造特点，变质程度达角闪岩相，区域上有 1927±34Ma 和 2234±160Ma（Sm-Nd 等时线）的地质年龄。依据地层分布、岩石组合特征等，将白沙河组进一步划分为三个非正式段级单位，即片麻岩段（Pt_1b^1）、片岩段（Pt_1b^2）和大理岩段（Pt_1b^3）。区内白沙河组片岩、片麻岩段和大理岩均有出露。片麻理构造线总方向为北西西–南东东向，在区内组成一复式向斜。该地层多被后期花岗岩体所侵蚀，呈断块或侵入岩中残留体展布。由于极发育的海西期及印支—燕山期各岩体侵入吞蚀，这套变质岩系分布支离破碎，多处呈岩体中的残留顶盖产出，同时发生与之有成因关系的接触变质作用，并伴随有相应矿产的成矿作用。

二、构造

区内主要有两组断裂（图 3-1）。近东西向断层推测是近东西向展布、具区域规模的黑山–那陵格勒断裂带北侧的次级断层，同时也为区内的主断裂，形成年代较早，控制着区内地层及岩浆岩的分布，与成矿关系密切。北东向、北北东向、南北向的断裂形成时期较成矿期晚，为一组右行走滑的逆断层，常切断近东西向或北西西向断裂。

（一）构造演化对矿体形态的影响

夏日哈木岩浆铜镍钴硫化物矿床所在的东昆仑造山带位于青藏高原北部、古亚洲构造域与特提斯构造域结合部位，地处塔里木、扬子与印度三大陆块之间，区域构造应力以近南北向的挤压为主，区内构造线总体呈近东西向展布，由北向南发育昆北、昆中和昆南三条近东西向区域性深大断裂带。

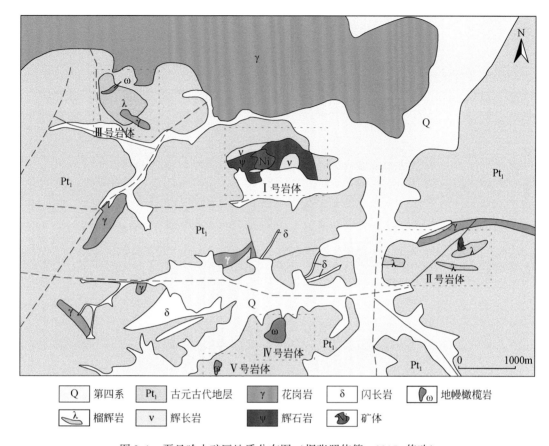

图3-1　夏日哈木矿区地质分布图（据张照伟等，2015a修改）

夏日哈木铜镍硫化物矿床赋存于Ⅰ号镁铁–超镁铁质岩体中，区域存在两个时期的构造，早期近东西向的构造可能为导矿构造，晚期北东向的构造可能是破矿构造。

（二）岩体初始产状及与构造变化的关系

夏日哈木矿体的形态产状严格受镁铁–超镁铁杂岩体的控制，矿体产状与岩体基本一致。夏日哈木岩浆铜镍钴硫化物矿床Ⅰ号岩体呈北东东向展布，走向约70°，4～7线南倾，到9线北部南倾、南部北倾，11～19线基本为水平，21～35线间北倾，倾角在0°～35°；矿体形态为似层状、透镜状；走向上从东到西具有向东侧伏的趋势，侧伏角约为20°。

区域构造线总体方向为近东西向，断裂构造展布可分为近南北向、近东西向和北东向三组。

F1：该断裂为一推测的性质不明断层，呈北北西向展布，走向约320°，其特点是规模小，地貌上多显示为沟谷、山垭等负地形，断层带及其附近产状较乱，岩石破碎，该断裂可能为成岩成矿前断裂，对矿体没有破坏。

F2：该断裂位于HS26号异常区的东北侧，为一实测性质不明断层，呈北西–南东向展布，走向约 100°，其特点为地貌上多显示为负地形，在断裂两侧岩石破碎、蚀变强，偶见有断层角砾石，辉石岩和辉长岩主要蚀变有透闪石化、绿泥石化、泥化等。

F3：该断裂为一推测的性质不明断层，近南北向展布，走向约 355°，其特点是规模小，沿断裂负地形发育，形成规模很小的破碎带，该断裂形成期次晚于近东西组的断裂。

F4：该断裂为一实测性质不明断层，北东向展布，走向约 20°，长约 300m，其特点是岩石产状较乱，岩石破碎。

F5：该断裂为一推测性质不明断层，北东向展布，走向约 20°，长约 300m，其特点是地形呈连续的负地形，岩石破碎，地表形成规模很小的破碎带，破碎带两侧绿泥石化、褐铁矿化较为发育。

对夏日哈木 I 号岩体节理做了初步走向统计，岩体不同方向的节理 12 组，根据节理走向玫瑰花图（图 3-2）判断应力方向，主要受 300°方向的应力影响。

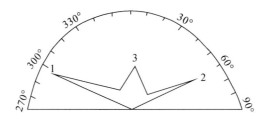

图 3-2　节理走向玫瑰花图

夏日哈木地区镁铁-超镁铁质岩体初始产状走向约 70°，受控于黑山-那棱格勒断裂北侧的次级断裂，与第二组应力方向一致。

三、岩浆岩

矿区内岩浆活动强烈，出露的岩浆岩面积约占矿区面积的 15%~20%，主要为中酸性岩体和镁铁-超镁铁质岩体。

正长花岗岩在矿区北部呈岩株状产出，形成年代距今 391.1±1.4Ma，属加里东造山晚期产物，南部闪长岩呈岩株或岩脉状产出，形成年代为 243±1Ma，属印支早期产物（王冠，2014）。

夏日哈木矿区目前已发现四个岩体，总体自北向南根据化探异常查证为 HS25 号异常、HS26 号异常、HS27 号异常和 HS28 号异常，对应Ⅲ号、Ⅰ号、Ⅱ号和Ⅳ号岩体。Ⅰ号、Ⅱ号岩体为含矿镁铁-超镁铁质岩体，形成时代为晚志留世—早泥盆世。

第二节　含矿岩体特征

矿区出露的镁铁-超镁铁质岩体两个，岩体编号为 I ~ II。Ⅰ号岩体为含矿镁铁-超镁铁质岩体，Ⅱ号岩体为镍矿化岩体，岩体特征如下。

一、Ⅰ号岩体

Ⅰ号岩体分布于矿区中北部（图3-1），呈近东西向展布，由橄榄岩、辉石岩和辉长岩组成，西端有榴辉岩分布，夏日哈木矿床中发现的镍铜钴等金属均位于该岩体中。岩体围岩为古元古界金水口（岩）群花岗片麻岩、片岩和大理岩等（图3-3）。

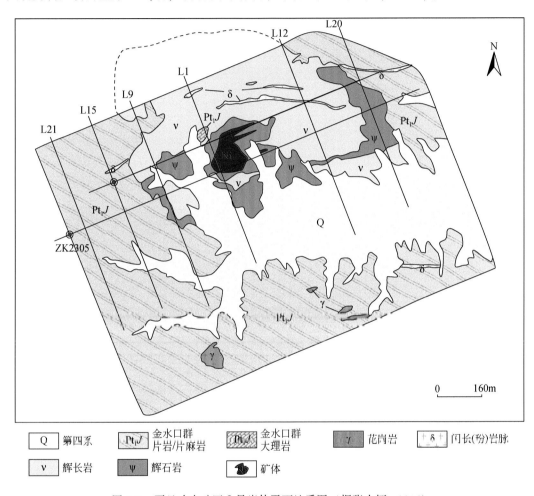

图3-3　夏日哈木矿区Ⅰ号岩体平面地质图（据张志炳，2016）

（一）岩体形态

岩体侵位于金水口（岩）群中，地表出露部分长约1.5km，宽约0.8km，长轴方向为近东西向（图版Ⅰ-1）。探槽及钻孔揭露显示，Ⅰ号岩体顶板北东高南西低，东段出露地表，厚度较大，向西埋藏加深，厚度变薄，总体形态为向西倾伏的楔形侵入体，倾伏角为20°～30°；从近南北向的勘探线剖面来看，岩体呈平缓的岩盆状（图3-4）。

岩体地表露头中部为方辉橄榄岩（图版Ⅰ-2），东部为方辉岩和二辉岩，北部为辉长

图 3-4　Ⅰ号岩体全貌及地表露头

a-Ⅰ号岩体全貌；b-地表辉长岩露头；c-探槽内方辉辉石岩表面的镍华

岩（图 3-5）。氧化矿在二辉岩中，主要分布在 2 号勘探线（L2）~ 5 号勘探线（L5）之间。Li 等（2015a）和 Song 等（2016）测试得到的二辉岩的年龄分别为 411.6±2.4Ma 和 406.1±2.7Ma，2 号勘探线和 5 号勘探线之间的 SHRIMP 锆石 U-Pb 年龄为 405.5±2.7Ma（Song et al., 2016），而 ZK1905 深部 430m 处的辉长岩 LA-ICP-MS 锆石 U-Pb 年龄为 431.3±2.7Ma。所以辉长岩可能分为两期（Liu et al., 2018），超基性岩体（如 406 ~ 411Ma 的二辉岩）比老的辉长岩（431.3±2.7Ma）晚 20Ma。

从图 3-6 可以看出夏日哈木镁铁–超镁铁岩体具有西部窄、东部膨大的特征。基性–超基性岩体的上部围岩为元古宙花岗片麻岩，在西部下部围岩为大理岩，在东部下部为元古宙片麻岩。

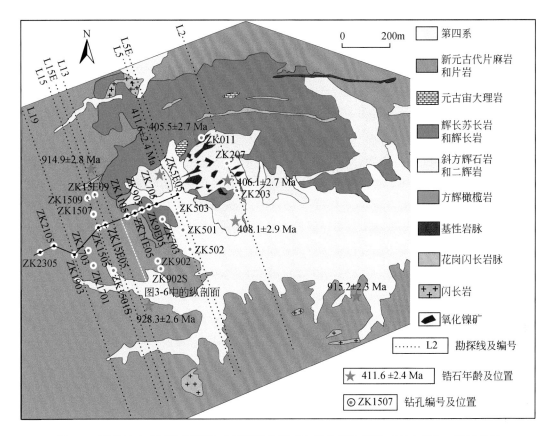

图 3-5 夏日哈木矿区地质简图（据青海省第五地质矿产勘查院，2014 修改；新元古代年龄来自甘彩红，2014；工冠，2014；基性-超基性岩体年龄来自 Li et al.，2015a；Song et al.，2016）

大理岩和花岗片麻岩中偶见硫化物，如 ZK2709 大理岩硫化物含量小于 0.1%，硫化物种类为黄铁矿，黄铁矿颗粒粒径为 10~30μm；ZK2105 的 216m 处的花岗片麻岩中硫化物含量小于 0.1%，硫化物为黄铁矿，粒径为 50~100μm。

纵剖面上夏日哈木的岩相主要有纯橄岩、方辉橄榄岩和单辉橄榄岩、二辉岩和辉长岩。我们将纵剖面分为两部分：西部和东部。西部包括 ZK2305、ZK2105 和 ZK1903；东部包括 ZK1505、ZK15E05、ZK1105、ZK11E05、ZK905、ZK9E05、ZK705 和 ZK5E05（图 3-6）。

在 ZK11E05、ZK9E05、ZK705 的底部和 ZK9E05 和 ZK905 的顶部分别有 43~80m、50~80m 不等的辉长岩。

（二）主要岩石类型

采用 IUGS（1979）推荐的分类方案，I 号岩体主要岩性如下。

纯橄榄岩：主要位于 21 号勘探线以西，岩石呈黑色，具自形-半自形粒状结构和堆晶结构，块状构造（图 3-7）。主要由橄榄石（>90%）、斜方辉石（约 6%）、少量单斜辉石

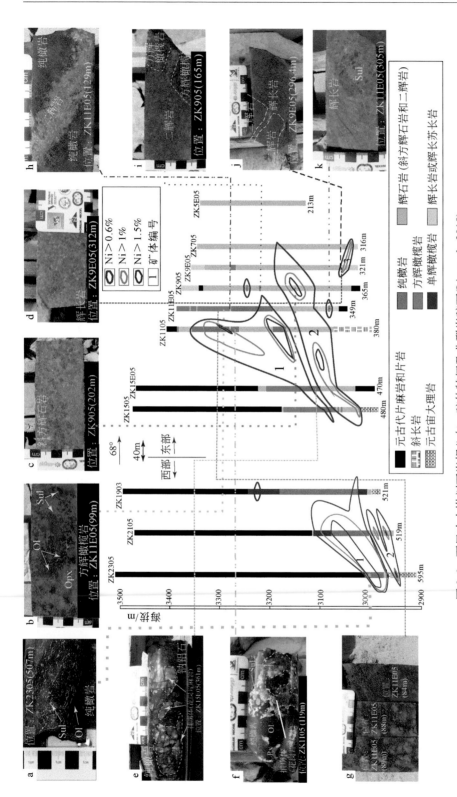

图 3-6　夏日哈木纵剖面岩相分布、矿体特征及典型岩矿石(Liu et al., 2018)

a-海绵陨铁状纯橄岩, ZK2305, 507m; b-浸染状硫化物结构的方辉橄榄岩, ZK11E05, 99m; c-具备块状硫化物的二辉岩, ZK905, 202m; d-辉长岩浸染状硫化物, ZK9E05, 312m; e-纯橄岩中混染了花岗质片麻岩, ZK15E05, 361m; f-纯橄岩混染花岗岩围岩, 橄榄岩与围岩的界线处出现, ZK15E05, 119m; g-ZK11E05方辉橄榄岩, 橄榄石颗粒由上到下逐渐变大, 辉石含量由上到下逐渐变多; h-二辉岩穿插到纯橄岩, ZK11E05, 129m; i-二辉岩穿插到方辉橄榄岩, ZK905, 165m; j-辉长岩穿插二辉岩, ZK9E05, 296.4m; k-块状硫化物穿插辉长岩, ZK11E05, 305m; Sul-硫化物, Ol-橄榄石, Opx-斜方辉石; Px-辉石

（约2%）、尖晶石（约1%）和金属硫化物（约1%）组成（图版Ⅱ-1）。橄榄石以贵橄榄石为主，镁橄榄石次之，多呈自形–半自形粒状或浑圆溶蚀形态以堆晶矿物形式产出，粒径一般为1~2mm，大者可达5~8mm，裂理十分发育，常沿裂理及边缘发生强烈蛇纹石化蚀变，同时析出粉尘状铁质而成网状结构（图版Ⅱ-2）。矿化类型主要为浸染状，局部有块状硫化物；另外可见金属硫化物分布于橄榄石颗粒间，构成海绵陨铁结构。

图3-7　夏日哈木矿床纯橄榄岩照片

Ol-橄榄石；Srp-蛇纹石；（+）-正交偏光

　　方辉橄榄岩：主要分布于13号勘探线以西。岩石呈灰黑色，自形–半自形粒状结构、包橄结构、堆晶结构和海绵陨铁结构等，块状构造（图3-8）。主要由橄榄石（60%~80%）、斜方辉石（10%~15%）、少量单斜辉石（约5%）、角闪石（约2%）、金云母（约3%）、尖晶石（约2%）及金属硫化物（约2%）组成（图版Ⅱ-3）。橄榄石多呈半自形–自形粒状，为堆晶矿物，粒径一般为1~1.5mm，个别可达2~3.5mm，蚀变强烈者仅保留其外形呈橄榄石假象。斜方辉石以古铜辉石为主，紫苏辉石次之，多充填于橄榄石晶间包裹橄榄石构成"包橄结构"或呈自形短柱状以堆晶矿物形式产出，粒径一般为3~5mm，可见"巨型"斜方辉石（约20mm）包裹数颗粒度较小的橄榄石，常发生蛇纹石化、纤闪石化、伊丁石化和滑石化蚀变，在手标木中可见新鲜的古铜辉石（图版Ⅱ-4）。矿化类型为浸染状、稠密浸染状。

　　二辉橄榄岩：主要分布于13号勘探线以西。岩石呈灰黑色，自形–半自形粒状结构，块状构造。主要由橄榄石（60%~70%）、斜方辉石（约15%）、单斜辉石（约12%）组成，另含有少量金云母、铬尖晶石及金属硫化物（约4%）。橄榄石多为自形–半自形粒状圆粒状，粒径为0.5~2.0mm，裂理十分发育，蛇纹石化强烈。在橄榄石和斜长石接触边缘可见橄榄石具有斜方辉石的反应边。单斜辉石和斜方辉石多呈他形充填于橄榄石间隙，粒度较大者包裹橄榄石，辉石可见席勒结构。铬尖晶石多呈自形立方体粒状被橄榄石或辉石包裹。

　　橄榄二辉岩：主要分布于13号勘探线以东，向东蚀变较弱。岩石呈深灰色，自形–半自形粒状结构、包橄结构，块状构造。主要由橄榄石（20%~30%）、斜方辉石（40%~

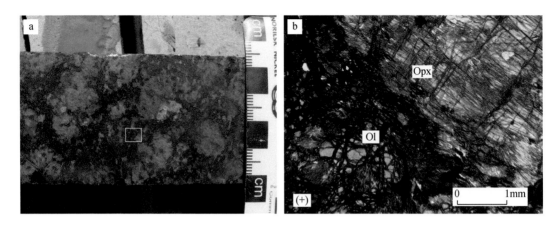

图 3-8　方辉橄榄岩照片

Ol-橄榄石；Opx-斜方辉石；（+）-正交偏光

45%）、单斜辉石（15%~20%）组成，另外含有少量斜长石、角闪石、金云母及金属硫化物（约5%）。橄榄石粒径为0.8~1.8mm，辉石粒径为1.2~2.0mm，其形态和蚀变与二辉橄榄岩中橄榄石类似。岩石常见稀疏浸染状矿化。

斜方辉石岩：主要分布于岩体2号勘探线附近。岩石呈灰色，中粗粒结构、堆晶结构，块状构造。主要矿物为斜方辉石（65%~80%），其次为单斜辉石（5%~12%），另外含少量斜长石、角闪石和金云母（约5%）。斜方辉石的粒度以中细粒（粒径0.8~1.5mm）为主，个别可达2~3mm，呈自形短柱状构成堆晶相矿物，少量斜长石充填其间，为填隙矿物。常见斜方辉石蚀变为蛇纹石、伊丁石及透闪石等。岩石矿化不均匀，多见稀疏浸染状矿化，局部发育稠密浸染状矿化或块状矿化。

二辉岩：在岩体中均匀分布。岩石呈灰色，中粗粒结构，块状构造（图3-9）。主要矿物为斜方辉石（20%~60%）、单斜辉石（35%~60%），另外含有少量的斜长石、角闪石和金云母等（约5%）。辉石多数蚀变为阳起石、透闪石、纤闪石和黑云母等，但蚀变后总体保持原有矿物晶形。多见稀疏浸染状矿化，局部发育稠密浸染状矿化和块状矿化。

辉长岩：主要分布于11号勘探线以东的辉石岩相下部与围岩接触，少量分布于13号勘探线以西岩体中；岩石呈浅灰色，中粒自形粒状结构，辉长结构，块状构造（图3-10）。主要矿物为斜长石（40%~45%）、斜方辉石（20%~25%）、单斜辉石（15%~20%），另含少量透闪石、黑云母（5%~10%）。斜长石粒径为2~2.5mm，自形板柱状，主要为拉长石和中长石，发育聚片双晶、卡纳联合双晶，蚀变较弱，可见其发生钠黝帘石化蚀变。辉石粒径为1.5~2.5mm，半自形短柱状，与斜长石相间分布，自形程度相近的辉石和斜长石常构成"辉长结构"。金属硫化物呈星点状分布。

根据各岩相矿物之间的包裹关系，确定矿物结晶的顺序为铬尖晶石→橄榄石→斜方辉石→单斜辉石→斜长石（图3-10）。

（三）岩浆期次

根据岩相间的穿插关系，夏日哈木岩体可以划分为两期侵入岩相。第一期为少量辉长

图 3-9　夏日哈木矿床蚀变二辉岩照片

Cpx-单斜辉石；Hbl-角闪石；Bi-黑云母

图 3-10　夏日哈木矿床辉长苏长岩照片（图中所示为成分变化的相界面）

Opx-斜方辉石；Cpx-单斜辉石；Pl-斜长石；（+）-正交偏光

岩相（苏长岩及辉长苏长岩）侵入，分布于岩体上部，总体呈岩枝状随岩体向西倾伏。第二期为含矿辉石岩相（橄榄二辉岩、方辉辉石岩及二辉岩）-橄榄岩相（纯橄榄岩、方辉橄榄岩及二辉橄榄岩）-辉长岩相（辉长苏长岩）侵入，构成岩体主体，是主含矿岩相。含矿岩相由北东向南西基性程度增高，出现纯橄榄岩。

其中第二期成矿岩浆的侵入相按其先后顺序及接触关系，又可进一步划分为不同阶段。含矿岩体不同岩相野外接触关系表明：纯橄岩与方辉橄榄岩或单辉橄榄岩之间没有穿插关系，说明是同一阶段岩浆演化的产物；二辉岩穿插纯橄榄岩及方辉橄榄岩，说明辉石岩稍晚于纯橄岩。辉长岩细脉插入二辉岩中，说明辉长岩略晚于二辉岩，在 ZK11E05 底部可见块状硫化物穿插辉长岩，说明辉长岩顶部的硫化物为后期贯入的硫化物。结合 Li 等（2015a）锆石测年证实存在一期早于二辉岩 20Ma 的辉长岩，故本书认为夏日哈木Ⅰ号岩体的岩浆侵入期次由早到晚为：早期辉长岩→纯橄榄岩+方辉橄榄岩+单辉橄榄岩→二辉岩→

晚期辉长岩。

二、Ⅱ号岩体

Ⅱ号岩体为矿化岩体，东昆仑夏日哈木矿区Ⅱ号岩体由地表出露的三个小露头组成（图3-1、图3-11），地表基本被十几厘米至几十厘米厚的黄土覆盖（图3-11a），三处岩体均呈透镜体状侵位于金水口（岩）群白沙河岩组地层中（图3-11b）。西侧岩体呈东西向展布，走向约为90°，长约400m，宽200～350m，主要由中细粒辉长岩和中粗粒辉长岩组成，在中细粒辉长岩中可见到零星呈斑杂状分布的镍黄铁矿。中部出露长100m左右、呈东西向展布的透镜体辉石岩，其北侧是钾长花岗岩及很小规模的榴辉岩（图3-11a），辉石岩中可见零星磁黄铁矿化。东侧岩体呈北东东向展布，走向约75°，长约550m，宽50～240m，主要由辉长岩、辉石岩组成，露头辉石岩中局部见少量的镍黄铁矿，尤其在钻孔ZK001位置矿化现象最为明显，且在钻孔ZK001深处见有少量辉石岩。在施工钻孔ZK1101中，岩心基本为古元古界金水口（岩）群和榴辉岩，并未见到辉石岩。

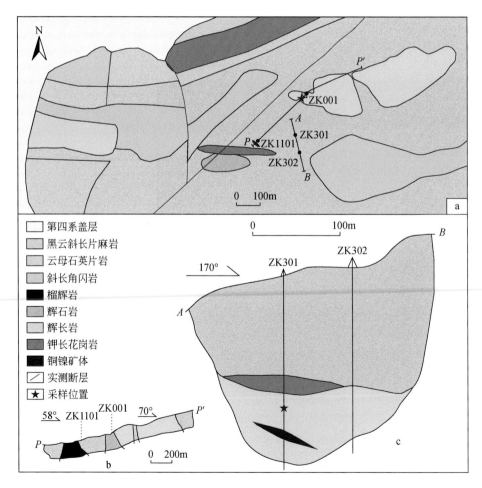

图3-11　夏日哈木矿区Ⅱ号岩体平面（a）及剖面（b、c）图（段建华等，2017）

东昆仑夏日哈木矿区Ⅱ号岩体铜镍矿化基本出现在辉石岩中，个别出现在辉长岩中。比如，钻孔 ZK001 位置附近的探槽中，单工程控制一矿体，矿体形态为透镜体，倾向约 245°，倾角约 60°，长为 40m，厚度为 5.05m，镍平均品位为 0.42%，多见镍的氧化物，如镍华，少量新鲜岩石含有星点状镍黄铁矿，含矿岩性为辉石岩，辉石岩具有蛇纹石化。在钻孔 ZK001 的岩心中，根据矿化情况可推测一透镜体状矿化体，长为 40m，厚度为 3.15m，镍平均品位为 0.34%，含矿岩性为辉石岩。在钻孔 ZK301 岩心中，同样根据矿化推测可圈定一透镜状矿化体，总厚度为 9.98m，该矿体镍平均品位为 0.41%，但含矿岩性为辉长岩，辉长岩具有弱透闪石化和蛇纹石化，未见到辉石岩。

第三节　蛇绿岩残留体及榴辉（闪）岩

一、蛇绿岩残留体

蛇绿岩残留体在矿区编号为Ⅲ、Ⅳ、Ⅴ号（图 3-12），其中Ⅲ号岩体规模最大，由纯橄岩和变质堆晶辉长岩组成，Ⅳ、Ⅴ号岩体主要由强变质辉长岩组成。

岩体以构造侵位方式赋存于金水口（岩）群变质岩系中，以强烈的塑性变形为主要特征（图 3-12）。岩石呈深灰绿色，变晶结构，块状构造，主要由蛇纹石（90%~95%）、磁铁矿（3%~5%）和少量铬尖晶石（1%~3%）组成。蛇纹石呈他形晶鳞片状结构，粒径为 0.01~0.05mm，为高镁橄榄石蚀变后形成的产物；磁铁矿呈微–细粒结构，粒径 < 0.05mm，为橄榄石蚀变成蛇纹石过程中析出的产物（图 3-12）。

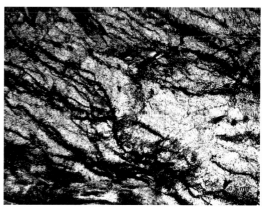

图 3-12　夏日哈木地幔橄榄岩手标本及镜下特征

铬尖晶石被认为是研究地幔橄榄岩岩石演化最敏感的特征性矿物之一（Dick and Bullen，1984；Arai，1994）。其 Cr# 值除了可以反映其寄主岩石的熔融程度外，还可以反映地幔橄榄岩的构造环境，即作为地幔橄榄岩的成因指示剂（Parkinson and Pearce，1998；Arai，1994）。在 Cr#-Mg# 图解中（图 3-13），铬尖晶石落入板块俯冲消减带（SSZ）型蛇绿岩附近，初步推测夏日哈木地幔橄榄岩可能形成于岛弧或弧后盆地、大陆边缘盆地等小洋盆环境。较高 Cr# 值表明与之平衡的岩浆是地幔橄榄岩高度熔融形成的。除 Cr# 值，铬尖晶石中的 TiO_2 也可以作为地幔橄榄岩形成的构造环境的有效指示剂（Ahmed et al., 2005）。在 Al_2O_3-TiO_2 图解及 Cr#-TiO_2 图解中（图 3-13），夏日哈木矿区地幔橄榄岩中的铬尖晶石落入岛弧玄武岩（ARC/IAB）区域。以上分析表明，夏日哈木矿区地幔橄榄岩形成于岛弧俯冲消减带环境。

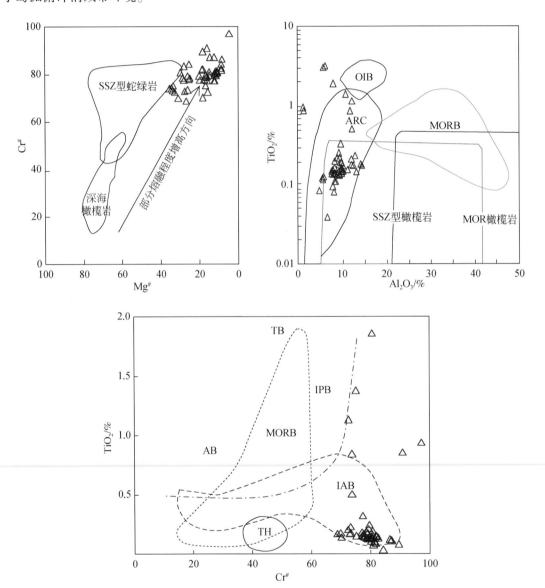

图 3-13　夏日哈木矿区地幔橄榄岩铬尖晶石成分图解

对蛇绿残留体中的堆晶辉长岩进行锆石 U-Pb 年代学定年工作，发现其形成时代为 449.2±3.0Ma，由此推测，夏日哈木矿区中的具有碎裂结构的蛇绿岩残留体是洋壳俯冲消减-构造侵位-变形变质的洋壳逆冲推覆的结果，是洋-陆俯冲转换为陆-陆俯冲的标志，约束区域早古生代大洋闭合时限为449Ma。

二、榴辉（闪）岩

榴辉（闪）岩呈透镜体状分布于金水口（岩）群岩层中，近东西向展布，在矿区以东的苏海图、以西的拉陵灶火一带，亦有一定规模的榴辉岩或榴闪岩分布。在夏日哈木矿区中主要分布在Ⅱ、Ⅲ岩体中。岩石多由榴闪岩组成，局部残留少量榴辉岩。岩石呈暗红灰色，变晶结构，块状构造（图3-14），主要由辉石（25%~40%）、石榴子石（20%~35%）和角闪石（10%~30%）组成。辉石呈半自形短柱状结构，粒径为 0.10~0.50mm，发生弱透闪石化；石榴子石为自形晶粒状结构，粒径 0.20~0.50mm，边部常发生黝帘石化和绿帘石化。矿物学研究表明，榴辉岩经历了两期变质作用过程：早期榴辉岩相变质，变质矿物组合为石榴子石（Grt）+金红石（Ru）+钛铁矿（Ti）；后期角闪石岩相变质，退变质矿物组合为普通角闪石（Hb）+斜长石（Pl）+透辉石（Di）。

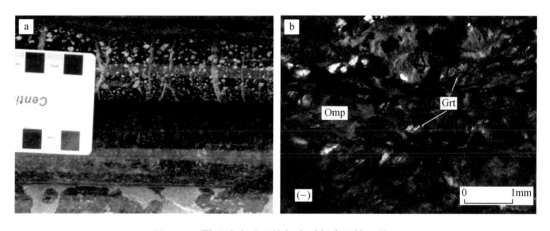

图 3-14 夏日哈木矿区榴辉岩手标本及镜下特征

Omp-绿辉石；Grt-石榴子石

在石榴子石成分图解中（图3-15），榴辉岩和榴闪岩中的石榴子石均落入 C 型榴辉岩区域，即相当于 Coleman 等（1965）的 C 类（蓝闪片岩相）榴辉岩；在榴辉岩的石榴子石 $Mg/(Mg+Fe^{2+}+Mn)$-Ca 图解中，榴辉岩中的石榴子石投在Ⅶ蓝闪石片岩相的榴辉岩区，为典型的变质榴辉岩。而榴闪岩中的石榴子石投在Ⅵ角闪岩相榴辉岩区，为退变质榴辉岩。

榴辉岩锆石特征及定年结果（图3-16）：①锆石中识别出三个较老的锆石年龄，分别为936Ma、853Ma 和845Ma，可能代表榴辉岩原岩的形成时代；②幔部具有石榴子石、辉石等包裹体的锆石，其16 个测点的加权平均年龄为435.8Ma，代表大陆碰撞过程中超高

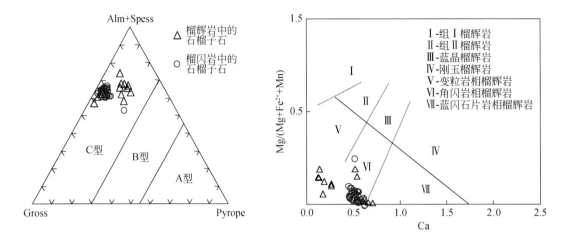

图 3-15　夏日哈木矿区榴辉岩中石榴子石成分图解

Alm-铁铝榴石；Spess-锰铝榴石；Gross-钙铝榴石；Pyrope-镁铝榴石

压变质作用形成的产物；③锆石边部 15 个测点的加权平均年龄为 408.8Ma，代表陆壳折返过程中蜕化变质年龄；④最外部的年龄分为两组，为 365～394Ma 和 260～270Ma，是后期流体改造而成，可解释为区域早古生代和晚古生代两期岩浆热事件叠加的结果。

矿物学及矿物晶体化学特征均表明，岩石经历了明显退变质反应过程，两期退变质矿物组合清楚，具有陆–陆碰撞型榴辉岩特征（邓晋福等，1996）。榴辉岩是造山条件下原岩为新元古代陆壳岩石发生深俯冲作用后及高温高压变质作用形成的产物，榴闪岩是早期榴辉岩折返过程中发生退变质作用的产物。约束区域早古生代造山过程中陆壳俯冲时限为435.8Ma，陆壳折返时限为 408.8Ma。

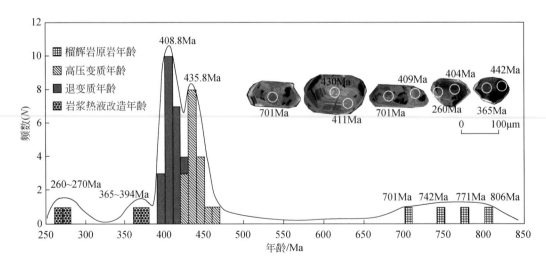

图 3-16　夏日哈木矿区榴辉岩锆石阴极发光及年龄图（张照伟等，2017a）

第四节　矿体特征

一、矿体基本情况

镍矿体主要赋存于夏日哈木矿区Ⅰ号岩体2号勘探线以西地表以下的区域，在9号、11号勘探线之间的位置厚度达到最大（>300m），再向西，岩体变薄、埋深增厚、橄榄石增多、镍矿体品位变富（图3-17）。

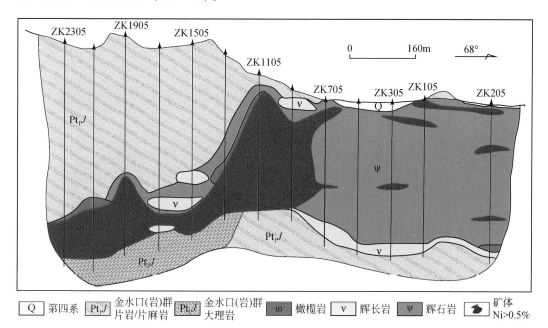

图3-17　夏日哈木矿区Ⅰ号岩体5号孔纵剖面图

钻探揭露显示（总计>4万m），Ⅰ号岩体中赋存主要镍–钴–铜矿体数条，以M1、M2镍钴矿体为主（占比>95%），M1镍–钴–铜矿体最大，长约960m，平均厚度为62.95m，最大厚度达290m（11号勘探线），倾向最大延伸520m（7、11号勘探线）；从走向上看，矿体中间厚、品位高，两侧趋于尖灭；从倾向上看，矿体中间较厚，两边较薄（图3-18）。经详查，Ⅰ号岩体已获得镍金属资源量118.30万t，平均品位为0.68%；铜金属资源量为23.83万t，平均品位为0.166%；钴资源量为4.29万t，平均品位为0.028%。

工业矿体主要分布于辉石岩相和橄榄岩相中（图3-18）。矿体多呈厚大的似层状，一般上部以浸染状（图3-19a，图版Ⅰ-3）、团斑状矿石（图3-19b，图版Ⅰ-4）为主，中下部及底部以稠密浸染状（图版Ⅰ-6）、致密块状矿石为主（图3-19d，图版Ⅰ-8）。少数矿体呈透镜状、漏斗状位于岩体上部呈上悬矿体或呈条带状分布于岩体中（图版Ⅰ-5、图版Ⅰ-7）。矿石矿物主要有镍黄铁矿、磁黄铁矿、黄铜矿、磁铁矿和后期形成的黄铁矿等

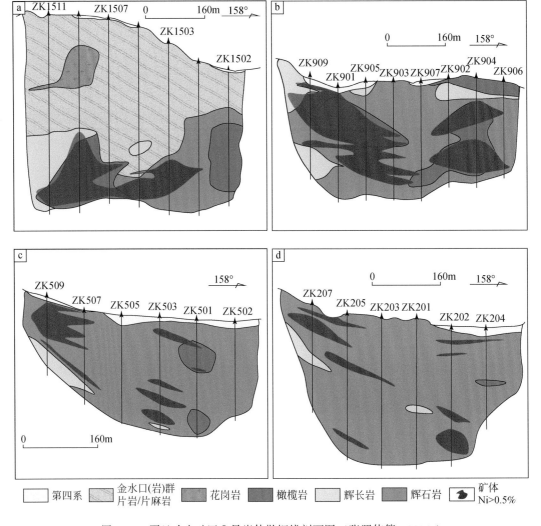

图3-18 夏日哈木矿区Ⅰ号岩体勘探线剖面图（张照伟等，2015a）

（图3-20a、b）。矿石结构主要为半自形-自形粒状结构、堆晶结构、固溶体分离结构（图3-20c）和海绵陨铁结构（图3-20c）；矿化类型主要为稀疏浸染状，其次为星点状、团斑状、稠密浸染状和致密块状。矿石中有益组分主要是镍、钴、铜，铂族元素（platinum group element，PGE）含量较低。

二、主要矿体特征

M1号矿体为矿区内主矿体，分布于8～23号勘探线，该矿体主要分布地段（2～21号勘探线）地表和深部达到了详查工程控制间距（图3-21），地表由17条探槽控制，深部由99个钻孔控制，矿体严格受镁铁-超镁铁杂岩体的控制，矿体产状与岩体基本一致，

图 3-19　夏日哈木矿床矿石矿化类型

a-稀疏浸染状矿石，岩性为辉石岩；b-具团斑状硫化物的矿石，岩性为辉石岩；
c-海绵陨铁状矿石，岩性为橄榄岩；d-块状矿石，岩性为辉石岩

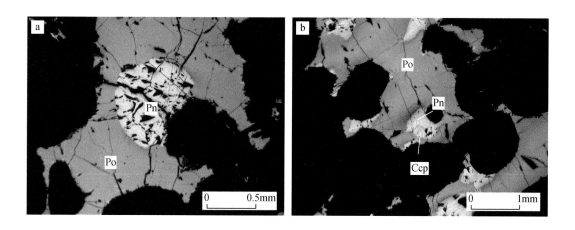

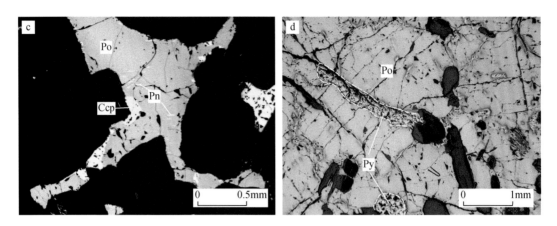

图 3-20　夏日哈木矿床矿石矿物显微镜下照片
a-磁黄铁矿与镍黄铁矿之间的关系；b-磁黄铁矿、镍黄铁矿及黄铜矿之间的关系；c-固溶体分离结构；
d-后期黄铁矿。Po-磁黄铁矿；Pn-镍黄铁矿；Ccp-黄铜矿；Py-黄铁矿

呈北东东向展布，走向约 70°，倾角在 0° ~ 35°；矿体具有明显的分支复合现象（图 3-21），该矿体共有 15 个分支，矿体形态为似层状、透镜状；目前已控制长度 1340m，最大延伸 940m（15 号勘探线），厚度在 2.95 ~ 295.66m，平均厚度为 77.13m，厚度变化系数为 83%，镍平均品位为 0.68%，铜平均品位为 0.162%，钴平均品位为 0.024%，镍品位变化系数为 53%，矿体走向上从东到西具有向东侧伏的趋势，侧伏角约 20°，具有分支明显、厚度小、品位低（5 ~ 8 号勘探线）–矿体完整、厚度大、品位高（7 ~ 13 号勘探线），矿体厚度变小、品位变低（15 ~ 23 号勘探线）的趋势；矿体倾向上从北到南具有矿体分支明显、厚度变小、品位变低的趋势；含矿岩性主要为橄榄岩、辉石岩，其次为辉长岩，矿体一般以浸染状、团块状为主，中下部及底部多为稠密浸染状，局部为致密块状；矿体顶板岩石主要为辉石岩、辉长岩、黑云母斜长片麻岩、石英片岩等，底板岩石主要为黑云母斜长片麻岩、花岗质片麻岩、大理岩、石英岩等，蚀变主要为滑石化、绿泥石化、透闪石化，矿化主要为磁黄铁矿化、镍黄铁矿化、黄铜矿化、磁铁矿化、镍华、孔雀石化等。

三、矿体与岩相之间的关系

夏日哈木铜镍矿体按照赋存位置分为三类（Liu et al.，2018）：①位于橄榄岩相的矿体；②位于辉石岩相的矿体；③位于辉长岩相的矿体。其中橄榄岩相的矿体富矿部分（Ni >0.8%）在纵剖面的北东部主要位于纯橄岩的底部，在纵剖面的南西部主要位于纯橄岩的上部；辉石岩相中的富矿主要位于辉石岩相的中部；辉长岩相中富矿（Ni>0.8%）的矿体位于辉长岩的上部。

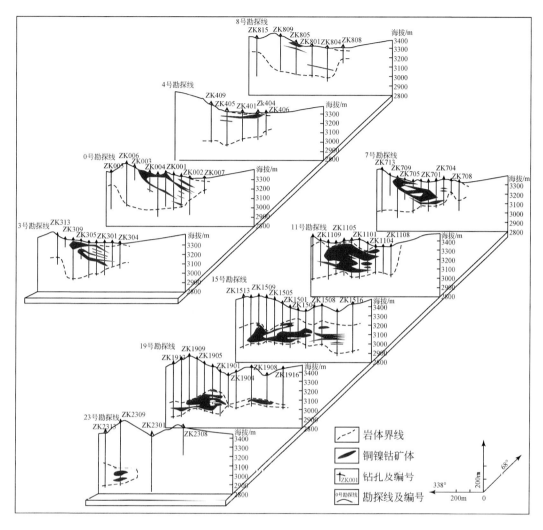

图3-21　夏日哈木矿区Ⅰ号岩体主矿体透视图（张照伟等，2021a）

四、矿石结构构造

（一）矿石构造

野外肉眼观察夏日哈木矿床主要的矿石构造如下。

星点状构造（图3-22a）：颗粒细小、数量众多的黄铜矿、黄铁矿、镍黄铁矿等金属硫化物呈星点状稀疏分布于脉石中。

浸染状构造（图3-22b）：磁黄铁矿、黄铜矿、磁铁矿等金属矿物及其集合体呈各种大小不一、形状各异、疏密不等的颗粒分布于脉石矿物中。

海绵陨铁构造（图3-22c）：堆晶相的橄榄岩中磁黄铁矿、镍黄铁矿、黄铜矿等金属矿物集合体沿橄榄石矿物颗粒间隙充填包围，形成海绵陨铁构造。

　　块状构造（图 3-22d）：黄铁矿、镍黄铁矿、黄铜矿等金属硫化物集合体呈块状，厚度不大，多出现在橄榄岩底部或穿插于辉石岩中。

　　脉状穿插构造（图 3-22e、f）：矿石脉状穿插构造主要是后期的黄铁矿、碳酸盐细脉穿插于矿石中。

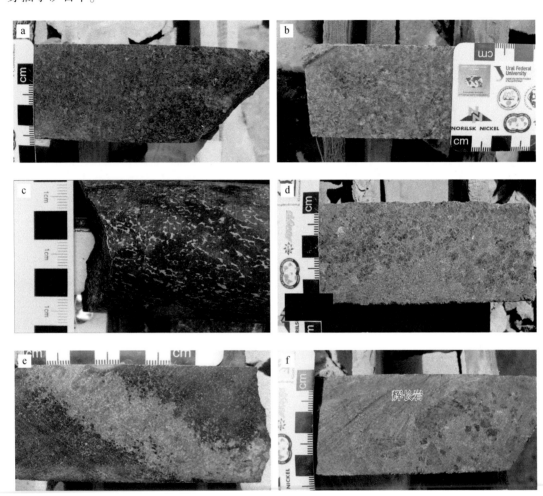

图 3-22　夏日哈木矿床矿石构造特征
a-星点状构造；b-稀疏浸染状构造；c-海绵陨铁状构造；d-块状构造；e 和 f-脉状穿插构造

（二）矿石结构

　　矿石结构主要为堆晶结构（图 3-23a）、海绵陨铁结构（图 3-23b）、交代结构（图 3-23c，图版 Ⅱ-8）和脉状穿插结构（图 3-23d）。

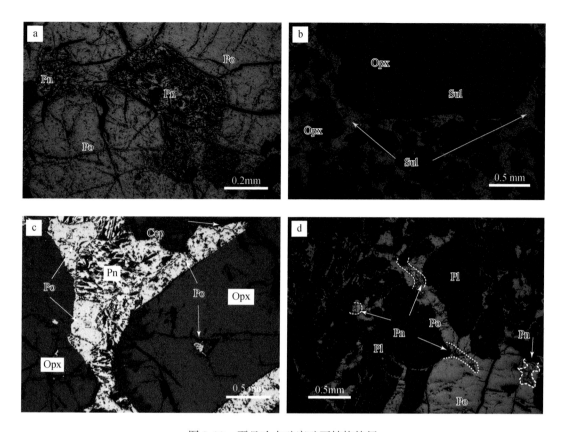

图 3-23　夏日哈木矿床矿石结构特征

a-堆晶结构；b-稠密浸染状；c-交代结构；d-穿插结构。Po-磁黄铁矿；Pn-镍黄铁矿；Ccp-黄铜矿；Sul-硫化物；
Opx-斜方辉石

五、主要金属矿物

（一）主要金属硫化物

矿区主要金属硫化物为磁黄铁矿和镍黄铁矿，少量的黄铜矿（图版Ⅱ-5）。

磁黄铁矿：该矿物是夏日哈木矿床中含量最多的金属硫化物，他形晶粒状结构，浸染状构造，少数呈斑杂状、块状构造（图版Ⅱ-6）。手标本下颜色为暗红的铜黄色，硬度较小，在野外可用小刀划动，弱磁性。主要赋存在辉石橄榄岩、辉石岩中，粒度在 0.05～1.50mm，一般与镍黄铁矿和黄铜矿共生。地表易风化成褐铁矿。

镍黄铁矿：该矿物是夏日哈木矿床中金属硫化物含量仅次于磁黄铁矿的金属矿物，他形–半自形晶粒状结构，稀疏浸染状构造（图版Ⅱ-7）。手标本下为淡黄的青铜色，脆性，硬度与磁黄铁矿相当，无磁性。主要赋存在辉石岩、纯橄岩和辉石橄榄岩中，粒度较细，多呈他形晶粒状结构分布于磁黄铁矿颗粒边缘或被磁黄铁矿、橄榄石包裹，部分呈半自形晶粒状结构孤立产出，少数可见溶于橄榄石解理面。

(二) 主要金属氧化物

磁铁矿：该矿物是夏日哈木矿床中分布较多的金属氧化物，中细粒他形晶不等粒结构，浸染状构造。手标本下为铁黑色，金属光泽或半金属光泽，无解理，强磁性。主要赋存在橄榄岩和辉石岩中或基性程度较高的岩石孔洞或者裂隙中，粒度较细，与蛇纹石密切共生，多呈弥散状分布在橄榄石边部或裂隙中。

(三) 重要副矿物

蛇纹石：该矿物是夏日哈木矿床中除了主要造岩矿物之外含量最多的副矿物，为橄榄石或斜方辉石退蚀变作用形成。手标本下呈叶片状、纤维状、浅灰色、绿色或无色，蜡状光泽，与磁铁矿密切共生，多分布于橄榄石或斜方辉石表面或者岩石裂隙面中。

透闪石：该矿物在单斜辉石岩或辉长岩中分布较多，为单斜辉石发生退蚀变作用形成。手标本下呈半自形细长柱状、针状集合体。颜色较淡，为浅灰色或浅绿色，玻璃光泽，硬度为 5.5 左右。

滑石：该矿物主要分布在蛇纹石化强烈的纯橄岩或橄榄岩中，为富镁矿物经热液蚀变作用形成，呈细小的鳞片状集合体杂乱分布，硬度小，具滑腻手感，野外常呈橄榄石、顽火辉石、角闪石、透闪石等矿物假象。

第四章　夏日哈木矿床矿物学与地球化学

第一节　成岩成矿年代学

一、含矿镁铁、超镁铁岩定年

夏日哈木矿区已开展了系统锆石 U-Pb 年代学研究。夏日哈木含矿Ⅰ号岩体镁铁质–超镁铁质岩石侵位于年代更老的辉长质岩石中，赋矿超镁铁质岩体的锆石 LA-MC-ICP-MS U-Pb 年龄为 411.6±2.4Ma（Li et al.，2015b），而寄主岩石辉长岩侵入体年龄为 431.3±2.1Ma（Li et al.，2015b）。镁铁质超镁铁质杂岩体与寄主辉长岩岩体相比晚大约 20Ma（Li et al.，2015b）。寄主辉长岩比超镁铁质岩体老 20Ma 左右，在阿拉斯加型镁铁超镁铁质杂岩体中比较常见，如美国的 Duke Island 杂岩体，但是在板内环境中如此大的年龄差距的层状侵入体并未报道过（Li et al.，2015b）。

夏日哈木矿床年代学研究表明，Ⅰ号镁铁质超镁铁质杂岩体与寄主辉长岩岩体报道的年代学数据略有差异，其形成时期介于晚志留—早泥盆世。二辉辉石岩锆石 SHRIMP U-Pb 年龄为 406.1±2.7Ma（Song et al.，2016），二辉辉石岩及含斜长石橄榄二辉岩 LA-ICP-MS 年龄为 411.6±2.4Ma（Li et al.，2015b）。矿体顶底板无矿化的橄辉岩钻孔岩心锆石 U-Pb 谐和年龄为 412.9±1.8Ma（MSWD=1.2）和 410.9±1.6Ma（MSWD=3.1）（张照伟等，2015b）。Ⅰ号岩体辉长苏长岩锆石 LA-MC-ICP-MS U-Pb 结晶年龄为 423±1Ma，MSWD=0.14，滑石化辉石岩结晶年龄为 422±1Ma，MSWD=0.07（王冠，2014）。

Ⅰ号岩体辉长质岩石锆石 U-Pb 年龄有 439.1±3Ma（姜常义等，2015）、431.3±2.1Ma（Li et al.，2015b）、393.5±3.4Ma（李世金等，2012）；辉长苏长岩锆石 U-Pb 年龄为 423±1Ma（王冠等，2014）和 405.5±2.7Ma（Song et al.，2016）。

Ⅱ号岩体中辉长岩锆石 U-Pb 年龄为 385.2Ma（段建华等，2017），比Ⅰ号岩体成岩成矿时代稍年轻，属于早泥盆世岩浆活动的产物。表明夏日哈木矿床不同岩体是不同期次岩浆作用的产物。

夏日哈木矿区还分布有不同时代的其他岩体，如东南部的闪长岩（243±1Ma）、北部的正长花岗岩（391.1±1.4Ma）、西北部的花岗片麻岩（915～928Ma）等（王冠，2014）。闪长质岩体呈岩株状和岩脉状出露于矿区南东部，岩性主要为石英闪长岩和闪长岩，石英闪长岩中岩浆锆石 LA-ICP-MS U-Pb 谐和年龄为 243±1.4Ma，MSWD=0.013，属早三叠世晚期（王冠，2014）。出露于矿区北部的闪长玢岩 LA-MC-ICP-MS 锆石 U-Pb 年龄为 381.7±1.9Ma（MSWD=0.20）（奥琼，2014），表明夏日哈木矿床的形成早于 381.7±1.9Ma；夏日哈木矿区闪长玢岩为下地壳部分熔融的产物，形成于造山后伸展向板内过渡的环境。夏日哈木矿区角闪闪长岩（GI-3）锆石 U-Pb 年龄为 260.2±0.98Ma（MSWD = 0.44），侵入于花岗岩体中（甘彩红，2014）。

在矿区北部呈岩株状产出的正长花岗岩锆石 LA-MC-ICP-MS U-Pb 年龄为 391.1 ± 1.4Ma（MSWD=0.06）（王冠等，2013）。贫镁（MgO = 0.03% ~ 0.09%）；稀土配分曲线呈现"海鸥式"分布特征，显示强烈的 Eu 负异常（δEu = 0.09 ~ 0.12）；明显的 Sr、Ba、P、Eu 和 Ti 的负异常，表明夏日哈木矿区正长花岗岩为铝质 A 型花岗岩，岩体形成于安第斯型活动大陆边缘的造山后伸展构造环境。早三叠世晚期东昆中隆起带整体处于俯冲晚期的安第斯型活动大陆边缘背景（王冠，2014）。

二、成矿年龄讨论

夏日哈木 I 号岩体 ZK1309、ZK1307 和 ZK0E09 的块状硫化物的 Re-Os 同位素等时线测年结果为 408±11Ma（Li et al.，2020a），上述年龄与含矿超基性岩相的锆石 U-Pb 测试年龄 405 ~ 411Ma 较为接近（Li et al.，2015b；Song et al.，2016），故有理由认为夏日哈木矿床的成矿年龄在 405 ~ 411Ma。部分辉长岩年龄比成矿年龄早 20Ma（Li et al.，2015b；姜常义等，2015），很可能为不同构造阶段的产物，与成矿无关。

第二节　成矿元素特征

夏日哈木 I 号岩体 ZK11E05 和 ZK1903 岩石的铂族元素 PGE（Ir、Ru、Rh、Pt、Pd）、Cu、Ni、S 含量（Liu et al.，2018）均列于表 4-1 中。

ZK11E05 中橄榄岩（包括纯橄榄岩和方辉橄榄岩）的全岩镍含量从顶部 14.3m 处的 0.11% 逐渐增加到底部 183m 处的 0.63%（图 4-1）。在二辉岩中，镍含量向下增加。顶部的最低镍含量为 0.2%，而在二辉岩相的底部（273m），镍含量达到最高 0.78%。辉长岩的镍含量迅速从 305m 处的 1.45% 降至底部 340m 处的 0.019% 和辉长岩顶部 285m 处的 0.2%（图 4-1）。

Liu 等（2018）从 ZK11E05 中选取了 14 个样品，从 ZK1903 中选取了 3 个样品，其中 S>0.65% 的样品用于 PGE、Cu 和 Ni 分析。在本书中，100% 硫化物中每种 PGE 的含量根据式（4-1）计算（Barnes and Ripley，2016）：

$$C_{100\% \, Sul} = \frac{C_{wr} \times 100}{2.527 \times S + 0.3408 \times Cu + 0.4715 \times (Ni - Ni_{Sil})} \tag{4-1}$$

其中，$C_{100\% \, Sul}$ 为 100% 硫化物中 PGE 的含量；C_{wr} 为整块岩石中 PGE 元素的含量，%；S、Cu 和 Ni 为整个岩石中这些元素的浓度；Ni_{Sil} 为硅酸盐和氧化物中的镍含量。在本书中，Ni_{Sil} 采用式（4-2）（Liu et al.，2018）来计算：

$$Ni_{Sil} = Ni_{Ol} \times 橄榄石质量分数 + Ni_{Sp} \times 尖晶石质量分数 + Ni_{Px} \times 辉石质量分数 \tag{4-2}$$

橄榄石–尖晶石–辉石中的镍含量是根据电子探针数据的平均值，不同矿物的质量分数通过薄片中矿物的体积分数来估计。

表4-1　夏日哈木I号岩体ZK11E05和ZK1903岩石的铂族元素PGE（Ir、Ru、Rh、Pt、Pd）、Cu、Ni、S含量（据Liu et al., 2018）

钻孔	深度/m	岩性	S/%	全岩镍含量/10^{-6}	硫化物中镍含量/10^{-6}	Ir/10^{-9}	Ru/10^{-9}	Rh/10^{-9}	Pt/10^{-9}	Pd/10^{-9}	Cu/10^{-9}	ΣPGE/10^{-9}	Pd/Ir	Cu/Pd	Ni$_{100\%}$/10^{-6}	Pd$_{100\%}$/10^{-9}	PGE$_{100\%}$/10^{-9}
ZK11E05	89	方辉橄榄岩	0.65	2600	1330	0.19	0.12	0.62	0.66	1.68	440	3.27	8.7	262133	7.73	94.3	184
ZK11E05	99	方辉橄榄岩	2.87	7900	6987	0.57	0.66	0.69	0.37	6.10	4150	8.39	10.7	680106	9.05	78.6	108
ZK11E05	114	纯橄岩	0.89	5800	3837	0.82	0.99	0.88	7.52	1.63	550	11.84	2.0	338135	15.67	64.0	466
ZK11E05	140	纯橄岩	0.65	3900	2125	0.58	0.94	1.05	6.81	1.98	540	11.37	3.4	272718	12.07	107.3	616
ZK11E05	171	纯橄岩	1.31	4900	2386	0.67	0.81	1.21	7.95	2.85	560	13.48	4.3	197000	6.93	80.0	379
ZK11E05	192	二辉岩	1.55	3300	2967	0.15	0.14	0.66	6.53	2.41	790	9.89	16.3	327791	7.27	59.0	241
ZK11E05	213	二辉岩	1.77	3100	2938	0.15	0.15	0.84	0.33	2.34	620	3.81	15.7	264691	6.34	50.5	82
ZK11E05	228	二辉岩	3.37	7500	7500	0.34	0.51	1.53	0.53	4.19	1120	7.10	12.3	267421	8.42	47.0	80
ZK11E05	238	二辉岩	2.16	5200	5200	0.23	0.33	2.98	0.59	3.09	680	7.22	13.5	219999	9.08	54.0	126
ZK11E05	259	二辉岩	2.89	5730	5511	0.28	0.39	1.01	1.35	3.92	1700	6.95	13.9	433543	7.23	51.4	91
ZK11E05	263	二辉岩	2.55	5800	5800	0.31	0.35	1.25	0.24	6.97	980	9.12	22.8	140632	8.59	103.2	135
ZK11E05	270	二辉岩	4.78	9300	9300	0.55	0.91	1.30	0.61	5.32	660	8.69	9.7	124132	7.42	42.4	69
ZK11E05	310	辉长岩	3.54	5200	5200	0.21	0.19	0.48	1.07	2.35	6300	4.31	11.0	2676285	5.53	25.0	46
ZK11E05	320	辉长岩	1.15	2500	2500	0.25	0.37	1.00	2.27	1.13	710	5.03	4.3	629963	8.20	37.0	165
ZK1903	266	单辉橄榄岩	1.07	6800	5460	0.05	0.03	0.40	2.64	4.10	1570	7.23	78.3	382568	18.11	133.3	235
ZK1903	461	纯橄岩	3.25	11900	9547	0.23	0.25	1.18	0.05	3.05	970	4.75	13.4	318074	10.98	34.6	54
ZK1903	465	纯橄岩	0.99	7000	4889	0.13	0.22	1.01	1.32	1.80	840	4.45	17.5	466158	17.71	63.0	156

注：1ppm=10^{-6}，1ppb=10^{-9}。

PGE$_{100\%}$是100%硫化物中PGE（Ir、Ru、Rh、Pt和Pd）的含量之和。ZK11E05中橄榄岩（包括纯橄榄岩和方辉橄榄岩）的全岩PGE含量和S含量从岩相顶部到底部逐渐降低（图4-1），除了一个99m的方辉橄榄岩样品的S含量为2.87%。PGE$_{100\%}$和Ni$_{100\%}$值在橄榄石Fo值最高的位置达到最高值。橄榄岩的Pd/Ir和Cu/Pd分别为2.0~10.7和19700~680106，且没有发现向上或向下的趋势（图4-1）。

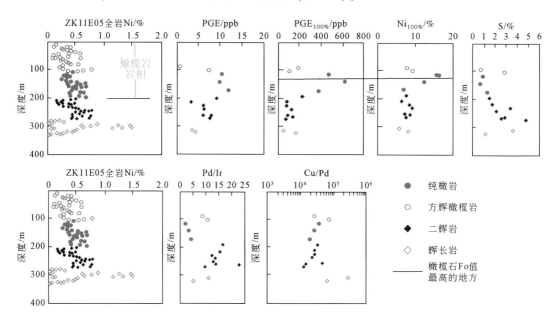

图4-1　夏日哈木ZK11E05全岩镍含量与PGE、全岩S含量的关系（Liu et al.，2018）

ZK11E05中的二辉岩的PGE、PGE$_{100\%}$和Ni$_{100\%}$值分别为3.81×10^{-9}~9.85×10^{-9}、69×10^{-9}~241×10^{-9}和6.34%~9.08%。ZK11E05中的二辉岩的S含量向下增加，从顶部的1.55%增加到底部的4.78%（图4-1）。Pd/Ir和Cu/Pd有向下降低的趋势（图4-1）。Pd/Ir从192m处的16.3逐渐减少到270m处的9.7，除了263m处的22.8，而Cu/Pd从顶部192m处的327791减少到底部270m处的124132，除了259m处的433543（图4-1）。

ZK11E05中的辉长岩的PGE、PGE$_{100\%}$和Ni$_{100\%}$分别为4.31×10^{-9}~5.01×10^{-9}、46×10^{-9}~165×10^{-9}和5.52%~8.20%（图4-1）。这些辉长岩的S、Pd/Ir和Cu/Pd值分别为1.15%~3.54%、4.4~11.0和629963~2676285（图4-1）。

ZK1903中的三个样品橄榄岩岩石的PGE、PGE$_{100\%}$和Ni$_{100\%}$分别为4.45×10^{-9}~7.23×10^{-9}、54×10^{-9}~235×10^{-9}和10.98%~18.11%。上述三个样品橄榄岩岩石的S、Pd/Ir和Cu/Pd值分别为0.99%~3.25%、13.4~78.3和318074~466158。

第三节　同位素地球化学

一、Sr-Nd-Hf-Pb-Re-Os-O-S 同位素基本特征

夏日哈木 I 号、II 号岩体为铁质超基性岩类。根据镁铁质和超镁铁质岩体的年龄（超镁铁质岩体年龄为 411.6±2.4Ma，辉长质岩体年龄为 431.3±2.1Ma）（Li et al., 2015b）。得到超镁铁质岩体 $(^{87}Sr/^{86}Sr)_i$ 和 ε_{Nd} 分别为 0.706426 ~ 0.710463 和 −1.97 ~ −5.74，镁铁质岩体的 $(^{87}Sr/^{86}Sr)_i$ 和 ε_{Nd} 分别为 0.709390 和 −5.65（王冠，2014；姜常义等，2015；Zhang et al., 2017b）（图 4-2）。I 号岩体斜方辉石岩的 $\varepsilon_{Nd}(t) = -3.1 \sim -1.7(t=422)$，$(^{87}Sr/^{86}Sr)_i = 0.703105 \sim 0.710932$，平均值为 0.705811；全岩氧同位素 $\delta^{18}O_{V-SMOW} = 5.2‰ \sim 7.0‰$。辉石单矿物的 $\varepsilon_{Nd}(t) = -0.2 \sim -1.6(t=422)$。

II 号岩体辉长岩的 $\varepsilon_{Nd}(t) = -2.1 \sim -0.7(t=424)$，$(^{87}Sr/^{86}Sr)_i = 0.708200 \sim 0.708614$，平均值为 0.708415（王冠，2014）。钕、锶同位素组成显示成矿岩浆源区为富集型地幔范畴，且有 EMII 型趋势，源区地幔物质低程度部分熔融形成高镁玄武质岩浆（王冠，2014；姜常义等，2015；Zhang et al., 2017b）。

夏日哈木侵入体 $(^{87}Sr/^{86}Sr)_i$ 与典型的裂谷环境形成的金川矿床的 $(^{87}Sr/^{86}Sr)_i$ 相比较低（图 4-2）。夏日哈木侵入体 ε_{Nd} 高于金川矿床的 ε_{Nd}。Sr-Nd 同位素数据表明夏日哈木侵入体的母岩浆没有金川矿床富集。

夏日哈木 I 号岩体 $^{206}Pb/^{204}Pb$ 变化于 17.774 ~ 18.346，$^{207}Pb/^{204}Pb$ 变化于 15.536 ~ 15.598，$^{208}Pb/^{204}Pb$ 变化于 37.529 ~ 38.209。II 号岩体 $^{206}Pb/^{204}Pb$ 变化于 17.906 ~ 18.153，$^{207}Pb/^{204}Pb$ 变化于 15.570 ~ 15.604，$^{208}Pb/^{204}Pb$ 变化于 37.865 ~ 38.359。硫化物铅同位素显示出地幔和造山带铅同位素特征（王冠，2014）。

夏日哈木矿床侵入体的 Hf、S、Os 同位素值显示，硫化物的 $\delta^{34}S$ 值为 +4.44‰ ~ +6.45‰（凌锦兰，2014），岩、矿石 $(^{187}Os/^{188}Os)_i$ 值为 0.1590 ~ 2.0097，γ_{Os} 值为 28 ~ 1520（凌锦兰，2014）。I 号岩体辉长苏长岩中锆石的 $^{176}Hf/^{177}Hf$ 值为 0.282628 ~ 0.282833，对应的 $\varepsilon_{Hf}(t) = 4.0 \sim 10.9$，$t_{DM1}$ 为 610 ~ 875Ma，平均值为 788Ma。II-1 号岩体辉长岩中锆石的 $^{176}Hf/^{177}Hf$ 值为 0.282721 ~ 0.282912，对应的 $\varepsilon_{Hf}(t) = 6.9 \sim 13.7$，$t_{DM1}$ 为 497 ~ 775Ma，平均值为 608Ma（王冠，2014）。Hf-Nd 同位素范围落入现代岛弧玄武岩的范围内，明显低于俯冲结束之后汇聚板块边缘的黄山东和黄山西 Ni-Cu 硫化物矿床，但是高于金川矿床。

夏日哈木矿床原位硫同位素的结果列于表 4-2 和表 4-3 中。金属硫化物的原位硫同位素在 2.5‰ ~ 7.7‰，均值为 4.5‰（表 4-2）（Liu et al., 2018）。本研究还分析了 ZK2106 位于 216m 的花岗质片麻岩中黄铁矿的原位硫同位素组成，其 $\delta^{34}S_{V-CDT}$ 值分别为 11.2‰、11.2‰ 和 11.1‰，平均为 11.2‰（表 4-3）（Liu et al., 2018）（图 4-3）。

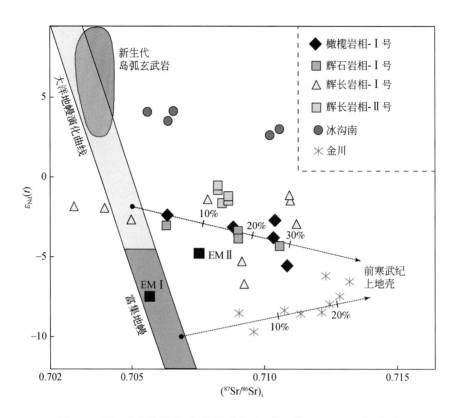

图 4-2　夏日哈木镁铁质–超镁铁质岩石（^{87}Sr/^{86}Sr）$_i$–$\varepsilon_{Nd}(t)$相关图

（据 Zhang et al.，2017b，2021）

表 4-2　夏日哈木 I 号岩体不同岩相硫化物的原位硫同位素（据 Liu et al.，2018）

钻孔	深度/m	岩性	矿物	$\delta^{34}S_{V\text{-}CDT}$/‰	均值
ZK11E05	30	方辉橄榄岩	磁黄铁矿	4.0	
ZK11E05	45	方辉橄榄岩	磁黄铁矿	3.5	
ZK11E05	89	方辉橄榄岩	磁黄铁矿	2.5	3.5
ZK11E05	105	方辉橄榄岩	磁黄铁矿	3.7	
ZK11E05	108	方辉橄榄岩	磁黄铁矿	3.6	
ZK11E05	120	纯橄岩	磁黄铁矿	3.0	
ZK11E05	129	纯橄岩	磁黄铁矿	6.1	
ZK11E05	15	纯橄岩	磁黄铁矿	5.4	4.4
ZK11E05	170	纯橄岩	磁黄铁矿	3.5	
ZK11E05	179	纯橄岩	磁黄铁矿	3.7	

续表

钻孔	深度/m	岩性	矿物	$\delta^{34}S_{V\text{-}CDT}/‰$	均值
ZK11E05	197	二辉岩	磁黄铁矿	5.1	
ZK1E05	197	二辉岩	磁黄铁矿	5.3	
ZK11E05	201	二辉岩	磁黄铁矿	5.9	
ZK11E05	201	二辉岩	磁黄铁矿	5.9	
ZK11E05	207	二辉岩	磁黄铁矿	4.5	
ZK11E05	223	二辉岩	磁黄铁矿	5.5	5.0
ZK1E05	22	二辉岩	磁黄铁矿	4.9	
ZK11E05	234	二辉岩	磁黄铁矿	4.5	
ZK11E05	254	二辉岩	磁黄铁矿	4.8	
ZK11E05	263	二辉岩	磁黄铁矿	4.5	
ZK11E05	270	二辉岩	磁黄铁矿	4.7	
ZK11E05	274	二辉岩	磁黄铁矿	4.1	
ZK11E05	301	辉长岩	磁黄铁矿	7.7	5.5
ZK11E05	324.5	辉长岩	磁铁	3.3	
ZK11E05	45	方辉橄榄岩	黄铜矿	3.8	3.8
ZK1105	89	方辉橄榄岩	黄铜矿	3.8	
ZK11E05	201	二辉岩	黄铜矿	5.9	
ZK11E05	207	二辉岩	黄铜矿	5.4	
ZK11E05	23	二辉岩	黄铜矿	5.9	5.4
Z11E05	254	二辉岩	黄铜矿	5.4	
ZK11E05	259	二辉岩	黄铜矿	5.3	
ZK11E05	283	二辉岩	黄铜矿	4.4	
ZK11E05	316	辉长岩	黄矿	4.5	4.6
ZK1903	266	单辉橄榄岩	磁黄铁矿	3.6	
ZK903	266	单辉橄榄岩	磁黄铁矿	3.3	
ZK1903	294	单辉橄榄岩	磁黄铁矿	2.5	2.9
ZK1903	305	单辉橄榄岩	磁黄铁矿	2.4	
ZK19	311	单辉橄榄岩	磁黄铁矿	2.6	
ZK1903	457	纯橄岩	磁黄铁矿	6.4	6.4
ZK1903	266	单辉橄榄岩	黄铜矿	3.7	3.7
ZK1903	266	单辉橄榄岩	黄铜矿	3.7	
ZK13	457	纯橄岩	黄铜矿	4.3	4.3
ZK1903	457	纯橄岩	黄铜矿	4.0	

表4-3　夏日哈木围岩中硫化物的原位硫同位素（据 Liu et al., 2018）

钻孔	深度/m	岩性	矿物	$\delta^{34}S_{V-CDT}$/‰	均值
ZK2105	216	花岗片麻岩	黄铁矿	11.2	
ZK2105	216	花岗片麻岩	黄铁矿	11.2	11.2
ZK2105	216	花岗片麻岩	黄铁矿	11.1	

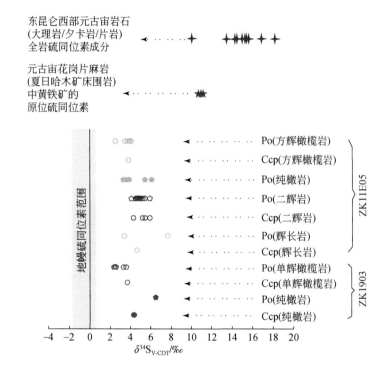

图 4-3　夏日哈木硫化物的原位硫同位素及围岩原位硫同位素（转引自 Liu et al., 2018）

二、锶-硫同位素空间变化规律

夏日哈木 ZK11E05 和 ZK1903 不同岩相的 Sr 同位素值列于表4-4 中。

ZK11E05 中纯橄榄岩的 $(^{87}Sr/^{86}Sr)_i$ 值为 0.71064，略高于方辉橄榄岩的 $(^{87}Sr/^{86}Sr)_i$ 值 0.70954（图4-4a）。两个二辉岩样品的 $(^{87}Sr/^{86}Sr)_i$ 值分别为 259m 处的 0.71037 和 283m 处的 0.71020（图4-4a）。

ZK1903 纯橄榄岩的 $(^{87}Sr/^{86}Sr)_i$ 值范围为 0.70574 ～ 0.71295，平均值为 0.70974。上部单辉橄榄岩的 $(^{87}Sr/^{86}Sr)_i$ 值在 258m 处为 0.70751，而在 294m 处为 0.70868（图4-4b），而底部单辉橄榄岩的 $(^{87}Sr/^{86}Sr)_i$ 值为 0.70920。ZK1903 中的高 Ni 含量明显对应于高 $(^{87}Sr/^{86}Sr)_i$ 值（图4-4b）。

表 4-4　夏日哈木 ZK11E05 和 ZK1903 不同岩相的 Sr 同位素值（据 Liu et al., 2018）

钻孔	深度	岩性	$^{87}Sr/^{86}Sr$	$\pm2\sigma$	$Rb/10^{-6}$	$Sr/10^{-6}$	年龄/Ma	$^{87}Rb/^{86}Sr$	$(^{87}Sr/^{86}Sr)_i$
ZK11E05	18m	方辉橄榄岩	0.715013	0.000004	10.3	31.9	411.0	0.93429	0.70954
ZK11E05	170m	纯橄岩	0.714807	0.000003	3.2	13.0	411.0	0.71227	0.71064
ZK11E05	259m	二辉岩	0.712439	0.000003	5.1	41.8	411.0	0.35305	0.71037
ZK11E05	283m	二辉岩	0.713046	0.000003	6.7	39.8	411.0	0.48711	0.71020
ZK1903	258m	单辉橄榄岩	0.708932	0.000003	9.6	114.5	411.0	0.24261	0.70751
ZK1903	294m	单辉橄榄岩	0.710053	0.000003	7.3	90.3	411.0	0.23392	0.70868
ZK1903	361m	纯橄岩	0.709044	0.000003	5.5	28.2	411.0	0.56435	0.70574
ZK1903	418m	纯橄岩	0.714966	0.000003	4.2	35.3	411.0	0.34428	0.71295
ZK1903	461m	纯橄岩	0.711593	0.000004	4.7	75.4	411.0	0.18037	0.71054
ZK1903	481m	单辉橄榄岩	0.711295	0.000003	9.2	78.0	411.0	0.34130	0.70930

注：411Ma 引自 Li 等（2015b）。

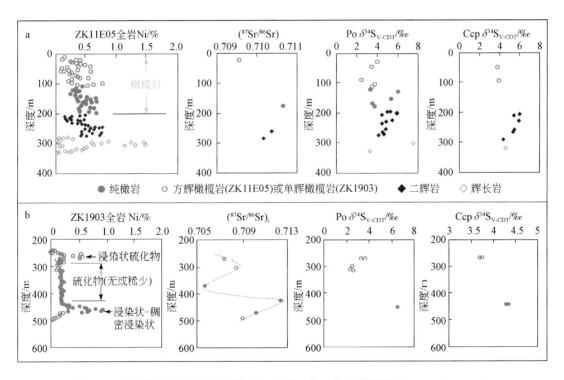

图 4-4　全岩镍含量与原位硫同位素、全岩 $(^{87}Sr/^{86}Sr)_i$ 关系图（Liu et al., 2018）

　　钻孔 ZK11E05 中方辉橄榄岩、纯橄榄岩、二辉岩和辉长岩中磁黄铁矿的 $\delta^{34}S_{V-CDT}$ 值分别为 2.5‰~4.0‰、3.3‰~6.1‰、4.5‰~5.9‰和 3.3‰~7.7‰（图 4-4a 和图 4-3）。方辉橄榄岩、纯橄榄岩、二辉岩、辉长岩中磁黄铁矿的平均 $\delta^{34}S_{V-CDT}$ 值分别为 3.5‰、4.4‰、5.0‰、5.5‰。因此，磁黄铁矿的 $\delta^{34}S_{V-CDT}$ 值从岩体的顶部到底部逐渐增加。二辉

岩中磁黄铁矿的 $\delta^{34}S_{V\text{-}CDT}$ 值随着深度的增加而趋于降低（图 4-4a）。

钻孔 ZK11E05 的方辉橄榄岩中两粒黄铜矿的 $\delta^{34}S_{V\text{-}CDT}$ 值分别为 3.8‰和 3.8‰，平均值为 3.8‰（图 4-4a 和图 4-3）。二辉岩中黄铜矿的 $\delta^{34}S_{V\text{-}CDT}$ 值分布范围为 4.4‰~5.9‰，平均为 5.4‰（图 4-4a 和图 4-3）。随着深度的增加，二辉岩中黄铜矿的 $\delta^{34}S_{V\text{-}CDT}$ 值逐渐降低（图 4-4a）。来自辉长岩的一粒黄铜矿的 $\delta^{34}S_{V\text{-}CDT}$ 值为 4.6‰（图 4-3）。

钻孔 ZK1903（<70μm）的硫化物颗粒尺寸较小，大多数硫化物不符合原位硫同位素分析的要求。因此，仅分析了具有足够硫化物的岩石。钻孔 ZK1903 磁黄铁矿的 $\delta^{34}S_{V\text{-}CDT}$ 值为 2.4‰~3.6‰，平均值为 2.9‰（图 4-4b）。高镍岩石的 $\delta^{34}S_{V\text{-}CDT}$ 值显著高于低镍岩石的 $\delta^{34}S_{V\text{-}CDT}$（图 4-4b）。高镍纯橄岩中磁黄铁矿的 $\delta^{34}S_{V\text{-}CDT}$ 值为 6.4‰，高镍纯橄岩中黄铜矿的 $\delta^{34}S_{V\text{-}CDT}$ 值为 3.7‰（图 4-4b）。此外，来自高镍纯橄榄岩的黄铜矿的 $\delta^{34}S_{V\text{-}CDT}$ 值为 4.3‰（图 4-4b）。

第四节　矿　物　学

一、橄榄石

橄榄石属岛状硅酸盐矿物，一般化学式为 $(Mg, Fe)_2SiO_4$，为镁铁类质同象系列，可含镍、钙、锰、铬等微量元素。Ni^{2+} 与 Mg^{2+} 具有相似的有效离子半径，尽管 Ni^{2+} 具有较大的电负性，但其八面体晶体场稳定能（122.2kJ）与四面体晶体场稳定能（36.0kJ）之间的能量差促使其作为 Mg^{2+} 的类质同象元素，从以四面体配位为主的硅酸盐岩浆中进入较早结晶八面体配位的橄榄石晶格（Henderson，1984）。镍在橄榄石与硅酸盐岩浆间的分配系数约为 7，远远小于它在硫化物熔体与硅酸盐熔体之间的分配系数（300~1000）（Barnes and Maier，1999），因此，在硫不饱和的岩浆中镍优先进入富含 Mg 的橄榄石中。此外，橄榄石矿物也是镁铁质–超镁铁质母岩浆主要的液相线矿物，橄榄石中镍含量不仅反映母岩浆成分的信息，还记录了母岩浆结晶分异、硫化物熔离以及后期物质交换等成矿信息。

（一）橄榄石特征

在夏日哈木矿床中，橄榄石作为主要的造岩矿物，其种属以贵橄榄石为主，镁橄榄石次之，主要分布于纯橄榄岩、方辉橄榄岩、二辉橄榄岩及橄榄二辉岩中。橄榄石多呈自形–半自形圆粒状或短柱状以堆晶形式产出，粒径一般为 1~2mm（图 4-5a），大者可达 5~8mm，裂理发育（图 4-5b），常沿裂理及边缘发生强烈蛇纹石化蚀变，同时析出粉尘状铁质而呈网状结构（图 4-5c、d）。蚀变强烈者蛇纹石与黑色铁质矿物构成橄榄石假象，只残留少量黄褐色橄榄石残块（图 4-5e）；另外可见橄榄石发生伊丁石化蚀变（图 4-5f）。他形的辉石包裹橄榄石形成包橄结构或包含结构。本次研究主要研究了纯橄榄岩、方辉橄榄岩、二辉橄榄岩及少量橄榄二辉岩中的橄榄石。

电子探针分析显示，纯橄榄岩中橄榄石成分如下所示。SiO_2 为 38.12%~41.86%，

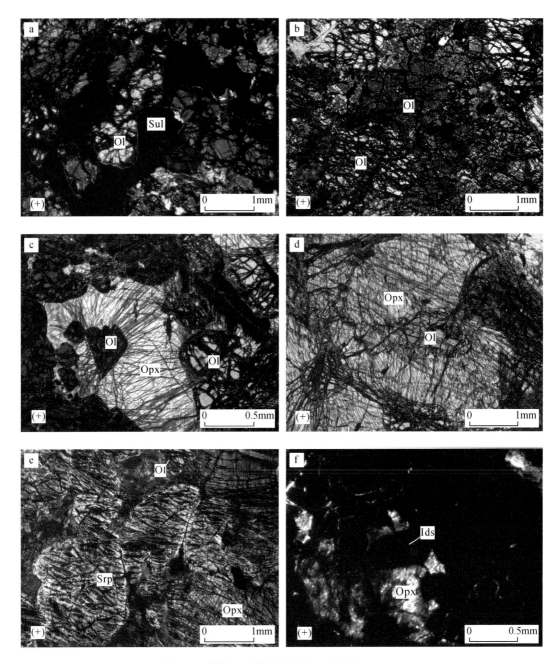

图 4-5 橄榄石显微镜下照片（张志炳，2016）

a-硫化物为填隙物的正堆晶橄榄石；b-增生堆晶的橄榄石；c-辉石包裹橄榄石形成"包橄结构"；d-斜方辉石"斑晶"内包裹橄榄石；e-蛇纹石化的中堆晶橄榄石；f-伊丁石化的橄榄石。Ol-橄榄石；Opx-斜方辉石；Sul-硫化物；Srp-蛇纹石；Ids-伊丁石；（+）-正交偏光

FeO_t 为 12.4%~14.38%，MgO 为 44.32%~46.78%，Ni 为 574×10^{-6}~2751×10^{-6}，Mn 为 1046×10^{-6}~2364×10^{-6}，Ca 大多数低于检测下限，含量相对较低，最大为 1299×10^{-6}，相

应的 Fo 值为 79.83 ~ 86.86。

在方辉橄榄岩中，SiO_2 为 36.49% ~ 42.03%，FeO_t 为 9.54% ~ 15.34%，MgO 为 44.00% ~ 49.71%；Ni 为 841×10^{-6} ~ 2885×10^{-6}，Mn 少量低于检测下限，为 $0 \sim 2596 \times 10^{-6}$，Ca 大多数低于检测下限，含量相对较低，最大为 350×10^{-6}，相应的 Fo 值为 83.63 ~ 90.12。

在二辉橄榄岩中，SiO_2 为 36.60% ~ 41.15%，FeO_t 为 11.15% ~ 16.51%，MgO 为 42.48% ~ 48.90%；Ni 为 676×10^{-6} ~ 3922×10^{-6}，Mn 少量低于检测下限，为 $0 \sim 2255 \times 10^{-6}$，Ca 大多数低于检测下限，含量相对较低，最大为 1163×10^{-6}，相应的 Fo 值为 82.10 ~ 88.36。

仅对一件橄榄二辉岩样品进行分析，得出其中 SiO_2 为 36.60% ~ 41.15%，FeO_t 为 15.97% ~ 18.80%，MgO 为 41.75% ~ 43.82%；Ni 为 684×10^{-6} ~ 2138×10^{-6}，Mn 为 1604×10^{-6} ~ 2364×10^{-6}，Ca 大多数低于检测下限，含量相对较低，最大为 86×10^{-6}，相应的 Fo 值为 79.82 ~ 83.01。与其他岩性比较，橄榄二辉岩具有 Fo 值较低的特征。

总体上，橄榄石具有低 Ca 的特征，其 Fo 值变化范围为 80 ~ 90，Ni 变化范围为 574×10^{-6} ~ 3922×10^{-6}（图 4-6）。

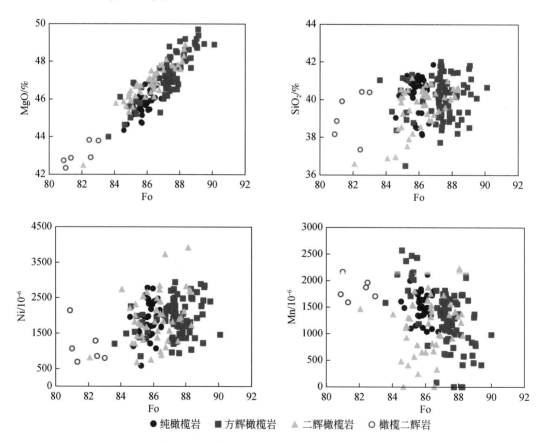

图 4-6　橄榄石 Fo 值与主量元素相关性图解（张志炳，2016）

（二）橄榄石指示意义

影响橄榄石成分的主要因素有：①母岩浆成分；②岩浆结晶分异和硫化物熔离；③橄榄石与后期的晶间硅酸盐岩浆、硫化物熔体发生反应（Li et al.，2007）；④新鲜岩浆的注入（Li and Naldrett，1999）。

若母岩浆中 MgO 及镍含量较高，则结晶形成的橄榄石中的 Fo 值及镍含量也相对较高。在硫不饱和条件下，随着岩浆的结晶分异，橄榄石中镍含量将随 Fo 值的减小而减小，呈正相关关系。在硫饱和条件下，硫化物熔离作用会导致岩浆中镍含量急剧亏损，进而结晶出镍亏损的橄榄石，橄榄石的镍亏损程度主要由岩浆中橄榄石和硫化物的质量比决定。当早期结晶的橄榄石与晶间硅酸盐岩浆发生物质交换时，橄榄石的 Fo 值与镍含量会降低（Barnes and Maier，1999；Li et al.，2007）；而在橄榄石晶体与硫化物熔体之间发生 Fe-Ni 交换的过程中，FeO 含量高的橄榄石将得到更多的镍，橄榄石中镍含量与 Fo 值呈负相关关系（Barnes and Naldrett，1985）。另外，新鲜岩浆的注入改变了母岩浆中 FeO、MgO 的比值及镍含量也会影响橄榄石中的 MgO 及镍的含量。

橄榄石在封闭稳定的系统中结晶时，从核部到边部 Fo 值会有减小或几乎不变的趋势，而夏日哈木矿床中被巨大斜方辉石"斑晶"包裹的橄榄石的 Fo 值和镍含量从核部到边部均升高（图 4-7）。橄榄石与晶间硅酸盐熔浆反应会使得橄榄石 Fo 值减小及镍含量降低；橄榄石与硫化物反应会使得橄榄石边部富集更多的镍，但并不会提高其 Fo 值。因此，被巨大斜方辉石"斑晶"包裹的橄榄石形成过程中很可能存在 MgO 及镍含量都相对较高的新鲜岩浆的加入。这可以从单矿物角度说明夏日哈木矿床含矿岩相侵入过程中至少存在两次岩浆活动。

Li 等（2015b）根据单个钻孔中空间上橄榄石 Fo-Ni 的变化关系也证明含矿岩相侵入过程中至少存在两次岩浆活动。

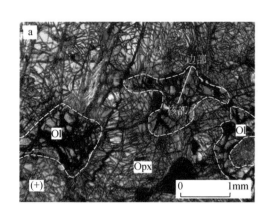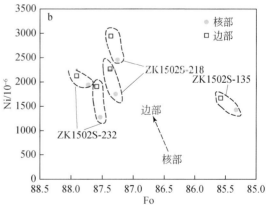

图 4-7　夏日哈木矿床钻孔 ZK1502S 被斜方辉石包裹的橄榄石及其成分变化图（张志炳，2016）

a- 被斜方辉石包裹的橄榄石；b- 被斜方辉石包裹的橄榄石核部–边部成分变化；图中虚线表示同一颗橄榄石的成分；Ol-橄榄石，Opx-斜方辉石；（+）-正交偏光

（三）橄榄石计算母岩浆成分

目前定量估算铜镍硫化物矿床的母岩浆成分的方法有以下几种：①利用岩体冷凝边的成分来近似代表母岩浆的成分；②由橄榄石–熔体平衡原理（Roeder and Emslie，1970）和质量平衡原理，利用橄榄石成分以及以橄榄石为主要堆晶矿物的岩石的 MgO 含量与其他氧化物含量的关系，进一步计算得出岩体的母岩浆成分（Chai and Naldrett，1992）；③根据矿石 Ni/Cu-Pd/Ir 图解可以定性推测母岩浆的性质（Barnes and Naldrett，1985）。

野外工作中未见夏日哈木岩体冷凝边，因此没有可以直接获得岩体母岩浆成分的证据。利用橄榄石–熔体平衡原理（$K_D^{Ol/Melt} = 0.3$）（Roeder and Emslie，1970）可以估算岩体母岩浆的基本成分特征。由分配系数定义可知：

$$K_D = (X_{FeOOl}/X_{MgOOl})/(X_{Melt}^{FeO}/X_{Melt}^{MgO}) \qquad (4\text{-}3)$$

式中，X_{FeOOl}、X_{MgOOl} 分别为 Fe、Mg 在橄榄石中的摩尔分数；X_{Melt}^{FeO}、X_{Melt}^{MgO} 分别为 Fe、Mg 在熔体中的摩尔分数。

由橄榄石中 Fo 值的定义可知：

$$Fo = X_{MgOOl}/(X_{FeOOl} + X_{MgOOl}) \qquad (4\text{-}4)$$

由式（4-3）和式（4-4）可得

$$(100 - Fo)/Fo = K_D \times (X_{FeOOl}/X_{MgOOl}) \qquad (4\text{-}5)$$

由 $X_{Melt}^{FeO} = W_{FeO}/71.84$，$X_{Melt}^{MgO} = W_{MgO}/40.30$，将摩尔分数换算成质量分数，其中 W_{FeO} 和 W_{MgO} 为质量分数。代入式（4-5）后有

$$W_{MgO}/W_{FeO} = 0.56095 \times K_D \times Fo/(100 - Fo) \qquad (4\text{-}6)$$

$$Mg^\# = X_{Melt}^{FeO}/(X_{FeOMelt} + X_{Melt}^{MgO}) = 100/[1 + (100 - Fo)/(K_D \times Fo)] \qquad (4\text{-}7)$$

结合前人研究，夏日哈木岩体中橄榄石 Fo 值最高为 90.12，由式（4-6）计算得出与其共存熔体的 W_{MgO}/W_{FeO} 为 1.53，而多数岩石中 W_{MgO}/W_{FeO} 大于 1.53（数据据 Li et al.，2015b），这表明各岩石中的成分均不能代表共存的熔体成分，进入浅部岩浆房的母岩浆中有过剩的堆晶橄榄石的加入，母岩浆可能是经过了深部橄榄石结晶的演化之后的岩浆。

由夏日哈木岩体中橄榄石 Fo 值及式（4-7）计算得到母岩浆中的 $Mg^\#$ 为 0.73，结合 Ni/Cu-Pd/Ir 图解，可以推测夏日哈木岩体的母岩浆为高镁玄武质岩浆。

（四）橄榄石与硫化物的初始质量比

橄榄石的分离结晶作用使得母岩浆成分较难准确得到，假设高镁玄武质母岩浆中的镍含量为 498×10^{-6}（Brügmann et al.，1993；Greenough and Fryer，1995），MgO 含量为 12.58%，FeO_t 含量为 8.00%［据 Yao 等（2012）测得的武夷山地区 435Ma 的高镁玄武岩数据计算］。再假设镍在橄榄石和玄武岩浆中分配系数为 7（Takahashi，1978），镍在硫化物熔体和硅酸盐岩浆之间的分配系数为 500（Barnes and Maier，1999）。

对夏日哈木橄榄石成分进行模拟计算，方法据李士彬等（2008），得到图 4-8。由图 4-8 可知，夏日哈木矿床的大部分橄榄石的成分落于无硫化物熔离演化曲线的上方，这可能是橄榄石与晶间硫化物熔体反应所导致的；部分橄榄石的成分落于无硫化物熔离演化曲线的下方，可能是深部岩浆房的橄榄石结晶过程中伴随着少量硫化物熔离导致的。

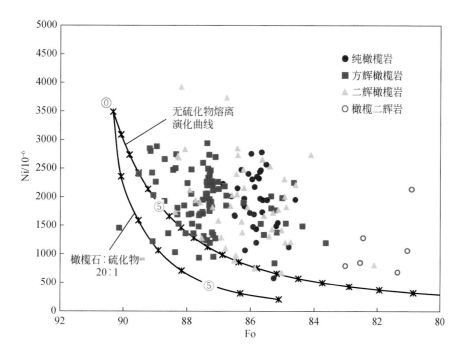

图4-8　夏日哈木岩体橄榄石分离结晶演化模拟图（张志炳，2016；
线上数字代表橄榄石分离结晶程度）

计算得出硫饱和母岩浆中的橄榄石结晶趋势线相对于无硫化物熔离的演化曲线具有明显向下偏移的趋势，再结合橄榄石成分变化，推测夏日哈木矿床深部岩浆房中橄榄石分离结晶小于3%时，硫化物发生熔离，橄榄石与硫化物熔体的质量比约为20:1。

母岩浆演化早期阶段少量橄榄石分离结晶使得母岩浆中的硫达到饱和，但硫化物熔离量较少，难以形成矿床中如此巨量的硫化物的聚集。较高的$\delta^{34}S$（3.5‰~6.8‰）说明外来硫的加入才是导致硫化物熔离的主要因素。

二、辉石

辉石属链状硅酸盐矿物，一般化学式为$XY[T_2O_6]$，其中X=Ca、Na、Mg、Fe^{2+}、Li；Y=Mg、Fe^{2+}、Al、Fe^{3+}、Cr、Mn；T代表Si和Al^{3+}，偶有Fe^{3+}、Cr^{3+}、Ti^{4+}等。在其结构中，硅氧四面体共两个角顶相连成单链，链间形成两种空隙：一种空隙为无畸变的八面体空隙（M1），另一种空隙是畸变的八面体或六面体空隙（M2）。辉石族矿物按晶系可分为斜方辉石亚族和单斜辉石亚族，两个亚族均有多个类质同象系列及矿物变种。

（一）斜方辉石特征

夏日哈木斜方辉石主要赋存于纯橄榄岩、方辉橄榄岩、二辉橄榄岩、二辉岩、方辉辉石岩及辉长苏长岩中（图4-9），岩体中总体含量约50%。其种属以古铜辉石为主，紫苏辉石次之，多充填于橄榄石晶间或呈自形短柱状以堆晶矿物形式产出，粒径一般为 3 ~ 5mm，可见"巨型"斜方辉石"斑晶"（粒度约 20mm）包裹数颗粒度较小的橄榄石。斜方辉石多发生蛇纹石化、滑石化、伊丁石化和纤闪石化蚀变，在手标本中可见新鲜的古铜辉石。发生蛇纹石化的斜方辉石具有类似橄榄石蚀变之后的镜下特征，但保留原有的短柱状晶形。

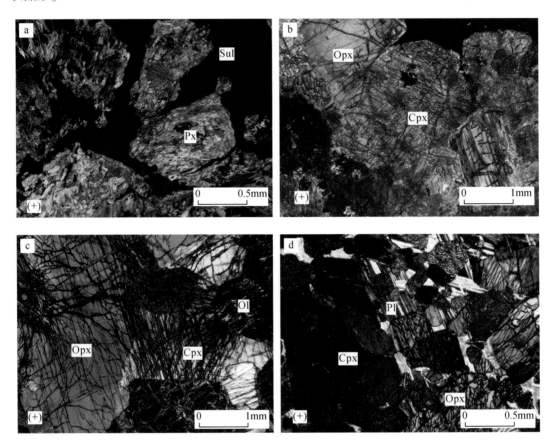

图 4-9   辉石显微镜下照片（张志炳，2016）

a- 硫化物为填隙物的正堆晶的辉石；b- 中堆晶的两类辉石；c- 辉石为填隙物分布于橄榄石晶间；d- 含斜长石二辉岩中的辉长结构。Ol- 橄榄石；Px- 辉石；Opx- 斜方辉石；Cpx- 单斜辉石；Pl- 斜长石；Sul- 金属硫化物；（+）- 正交偏光

斜方辉石主量元素相关关系如图 4-10 所示。总体上，斜方辉石中 MgO 和 MnO 呈负相关关系，这是 Mn^{2+} 常常类质同象替代斜方辉石晶格中的 Fe^{2+} 导致的。橄榄岩相中的斜方辉石 MgO 含量较高，这可能是其形成较早造成的，即从岩浆活动早期到晚期，其成分由富Mg 向富 Fe 端元演化。斜方辉石中的 Al_2O_3 含量为 0.27% ~ 5.77%，平均为 2.82%，这与地幔橄榄岩中的斜方辉石 Al_2O_3 含量接近（2.1% ~ 5.0%）（Dick and Natland，1996）。

斜方辉石种属均为古铜辉石，其 En（顽火辉石）分子为 76% ~ 88%，但不同岩相中En 分子含量存在较大的差异（图 4-11），这可能与较长时间的岩浆演化有关。

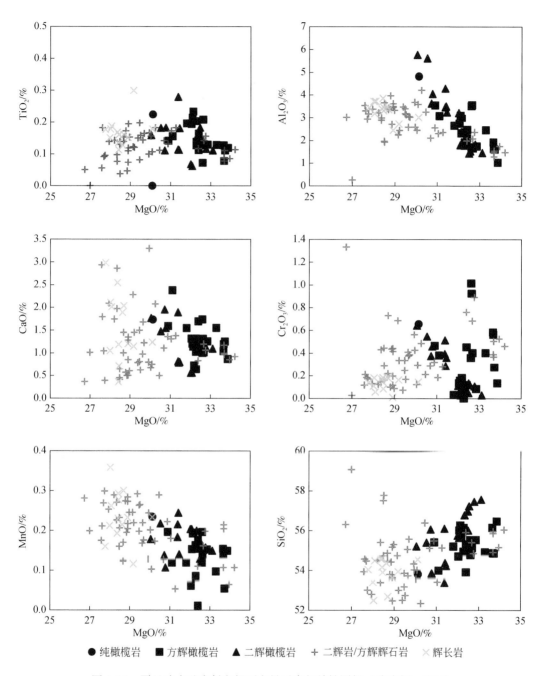

图 4-10　夏日哈木矿床斜方辉石主量元素相关性图解（张志炳，2016）

（二）单斜辉石特征

单斜辉石主要赋存于二辉橄榄岩、二辉岩及辉长苏长岩中，岩体中总体含量约 20%。以透辉石为主，含极少量的顽透辉石和普通辉石，多呈半自形-自形短柱状堆晶矿物或以

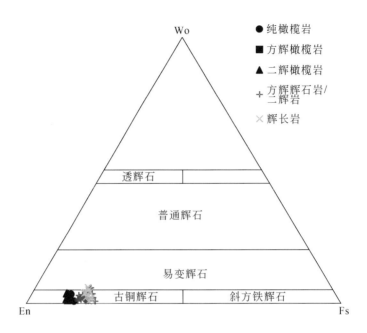

图 4-11　斜方辉石分类图解（张志炳，2016）

橄榄石晶间矿物的形式产出，粒径一般为 2～3mm。可见其与自形程度相近的斜长石构成 "辉长结构"。单斜辉石蚀变产物通常为阳起石、透闪石、纤闪石及黑云母等。

　　单斜辉石电子探针数据各成分之间的关系如图 4-12 所示。总体上，橄榄岩相中单斜辉石的 Cr_2O_3 含量较高，可能与其较早结晶有关；TiO_2 含量较低，与岛弧成因的单斜辉石具有一定的相似性；经计算，Fe^{3+} 离子也相对较低，这表明单斜辉石是在较低氧逸度环境下结晶的夏日哈木单斜辉石种属主要为透辉石（图 4-13），少量为次透辉石和普通辉石，其 Wo（硅灰石）为 22.00%～51.75%，En（镁斜方辉石）为 39.21%～70.19%，Fs（铁斜方辉石）为 3.89%～13.22%，从橄榄岩相至辉长岩相有向 Fs 演化的趋势。

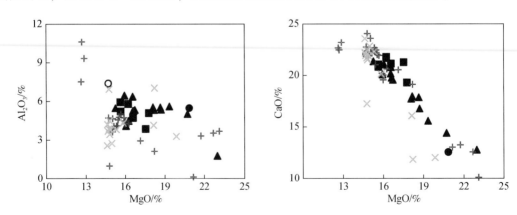

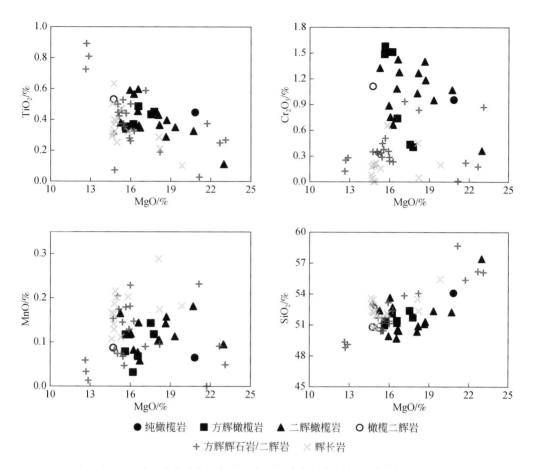

图 4-12　夏日哈木矿床单斜辉石主量元素相关性图解（张志炳，2016）

（三）单斜辉石元素置换关系

在自然体系中，辉石中类质同象的等价或不等价、完全或不完全的阳离子置换十分普遍和复杂（Vuorinen and Halenius，2005），通过分析辉石的类质同象置换，对深入理解辉石化学组分之间内在控制因素及成因含义有重要指示意义（Campbell and Borley，1974）。

Campbell 和 Borley（1974）提出岩浆体系中辉石中类质同象方式为

$$0.5Y_2O_3+0.5Al_2O_3+M_2Si_2O_6 =\!=\!= (MY)AlSiO_6+SiO_2+MO$$

$$ZO_2+Al_2O_3+2M_2Si_2O_6 =\!=\!= (M_3Z)Al_2Si_2O_{12}+2SiO_2+MO$$

式中，$Y=Al^{3+}$、Cr^{3+}、Fe^{3+}；$Z=Ti^{4+}$；$M=Fe^{2+}$、Mg^{2+}、Ca^{2+}。

Vuorinen 和 Hålenius（2005）通过研究阿伦群岛（Alnf Island）地区的单斜辉石成分，认为单斜辉石类质同象置换方式为

$$^{M2}Ca+^{M1}(MgFe)\longrightarrow ^{M2}Na+^{M1}Fe^{3+}$$

$$^{M1}Mg+2^TSi\longrightarrow ^{M1}Ti+2^TAl^{3+}$$

$$^{M1}Mg+2^TSi\longrightarrow ^{M1}Fe^{3+}+^TAl^{3+}Si$$

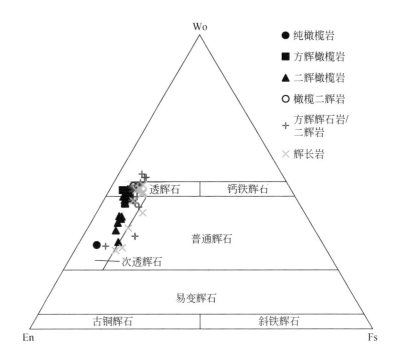

图 4-13 单斜辉石分类图解 (张志炳, 2016)

式中，上标 M1、M2、T 分别为各阳离子在辉石的晶格位置。上述方程说明辉石中阳离子的置换主要是由电价平衡控制。

辉石中少量的 Al 置换 Si-O 四面体中的 Si 要求+4 价或者+3 价阳离子置换 M1 位置上+2 价阳离子来平衡电价。夏日哈木矿床元素置换关系图解 (图 4-14) 显示，单斜辉石中的 Ti 和 ^{IV}Al 呈现出较好的正相关性。说明随 Al 置换 Si 增多，Ti 置换+2 价阳离子也相应增多。其置换方式为

$$^{\text{M1}}Fe^{2+}+2Si \longrightarrow {}^{\text{M1}}Ti+2^{\text{IV}}Al$$

($^{\text{M1}}$Ti+2^{IV}Al) 与 ($^{\text{M1}}$Fe^{2+}+2Si) 表现出良好的负相关性。Ti 进入矿物晶格后，可能形成非独立矿物端元 CaTiAl$_2$O$_6$ (Vuorinen and Hålenius, 2005)。但 Ti 和 ^{IV}Al 的相关性较差，这暗示还有其他+3 价阳离子进入矿物晶格来平衡电价。其置换方式为

$$^{\text{M1}}Fe^{2+}+Si \longrightarrow {}^{\text{M1}}Fe^{3+}+{}^{\text{IV}}Al$$

Mg 与 Ca+Mn 之间表现出良好的负相关性，说明没有或者很少有其他高电价离子置换 Mg 来平衡 Al 置换 Si 产生的电价差。

2Ti+Fe^{3+} 与 ^{IV}Al 的相关系数较差，这可能是夏日哈木矿床单斜辉石中含较低的 Fe^{3+} 所导致的。同时，其他高价阳离子，如 ^{VI}Al 和 Cr 与 ^{IV}Al 的相关性较差 (未在图上表示)，说明 ^{VI}Al 和 Cr 置换+2 价阳离子来平衡电价差的作用不显著，夏日哈木橄榄岩相中较高含量的 Cr$_2$O$_3$ 可能直接来自母岩浆，随着分离结晶的进行，母岩浆中 Cr$_2$O$_3$ 含量逐渐降低，形成的单斜辉石 Cr$_2$O$_3$ 含量也逐渐降低。低价态阳离子 Na$^+$ 可能对矿物阳离子间的置换有一定影响，但其含量很低，并未产生明显影响。

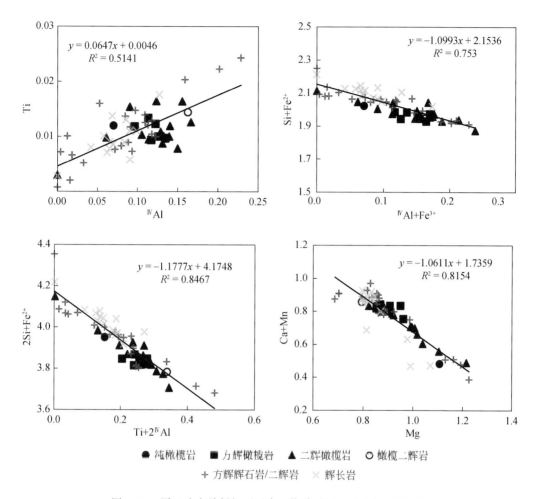

图 4-14　夏日哈木单斜辉石元素置换关系图（张志炳，2016）

（四）单斜辉石反演母岩浆性质

单斜辉石成分取决于母岩浆成分和结晶环境（Kushiro，1960），在单斜辉石 Si-^{IV}Al 图解（图 4-15a）和 TiO$_2$-Alz 图解（图 4-16a）中，大多数单斜辉石落于亚碱性系列中，表明夏日哈木矿床母岩浆属于亚碱性系列。在单斜辉石 SiO$_2$-Na$_2$O-TiO$_2$ 图解（图 4-15b）中，大多数单斜辉石落于拉斑玄武系列中，说明其母岩浆属于拉斑玄武系列。

（五）与岛弧成因单斜辉石的区别

辉石中的 Ti 含量与全岩的 Ti 含量无直接关系，结晶温度越高，形成的辉石 Ti 含量越高；硅酸盐四面体位置 ^{IV}Al 对 Si 的置换越多，辉石中 Ti 含量越高（Verhoogen，1962），即浅部岩浆房的岩浆 Si 相对不饱和，且结晶环境氧逸度相对较低（在低氧逸度条件下岩浆首先晶出相对富镁的硅酸盐矿物，导致残留岩浆相对富 Fe 和 Ti），使得岩浆中 Fe^{3+} 含量较低，主要由 Ti^{4+} 进入八面体位置来平衡 ^{IV}Al 替代四面体位置的 Si 而引起的电价缺失

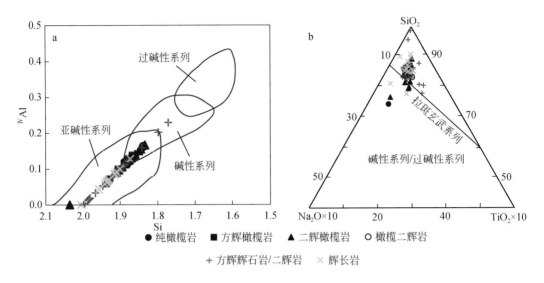

图 4-15　单斜辉石岩石系列判别图 （张志炳，2016）

a- 单斜辉石 Si-^{IV}Al 图解 （底图据 Kushiro，1960）；b- 单斜辉石 SiO_2-Na_2O-TiO_2 图解 （底图据邱家骧和廖群安，1996）

（Irvine and Baragar，1971）。因此，壳源物质的不均匀混染并不能提高单斜辉石中 Ti 的含量，浅部岩浆房的高温和低氧逸度才是主要的控制因素。

与岛弧成因的阿拉斯加型岩体相比，夏日哈木矿床中单斜辉石的 Fe^{3+} 含量较低 （图 4-16b），说明其结晶时处于氧逸度较低的环境中，可以推测其 TiO_2 含量较低是由结晶温度较低导致的；浅部岩浆房中 Si 相对不饱和，因此 ^{IV}Al 对 Si 的置换较多。虽然在单斜辉石 Alz-TiO_2 图解上夏日哈木矿床与阿拉斯加型岩体重叠 （图 4-16a），但由于阿拉斯加型岩体中单斜辉石的 Fe^{3+} 含量较高 （图 4-16b），高氧逸度、结晶温度低都是其低 TiO_2 的原因，该图解不能说明夏日哈木矿床与阿拉斯加型岩体具有相同的形成环境。

三、铬尖晶石

（一） 铬尖晶石特征

铬尖晶石在夏日哈木矿床产出于辉石岩相–橄榄岩相中（纯橄榄岩、方辉橄榄岩、二辉橄榄岩和橄榄二辉岩）（图 4-17）。与橄榄石紧密共生，随岩石中橄榄石含量减少而减少，但也有些含橄榄石的样品中未能见到铬尖晶石。铬尖晶石一般为深褐色或深棕色，多呈粒状或浑圆状被橄榄石或辉石包裹，也可呈堆晶形式产出，粒径一般为 0.05 ~ 0.20mm，可见其被磁铁矿沿内部裂纹或边缘交代，偶见铬尖晶石内部包裹未知矿物。本次研究系统编录了岩体西侧钻孔岩心，通过室内光薄片鉴定，确定了岩石的主要矿物组成及各矿物之间相互关系。再选取 ZK2305、ZK2107、ZK15E09S 及 ZK1502S 四个钻孔中具有代表性的橄榄岩相样品中新鲜铬尖晶石的核部进行电子探针分析。

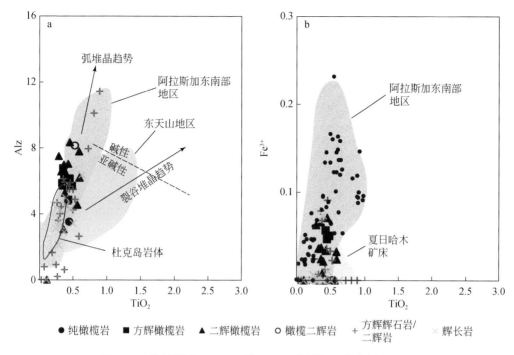

图 4-16　单斜辉石 TiO_2-Alz 及 TiO_2-Fe^{3+} 图解（张志炳，2016）

a- 单斜辉石 TiO_2-Alz 图解，Alz = ^{IV}Al×100/2，阿拉斯加型岩体（Southeastern Alaska）数据引自 Himmelberg 和 Loney（1995），Duke Island 岩体数据引自 Thakurta 等（2013），弧堆晶和裂谷堆晶岩趋势及碱性和非碱性界线数据引自 Le Bas（1962）和 Loucks（1990），东天山数据引自薛胜超等（2015）；b- 单斜辉石 TiO_2-Fe^{3+} 图解，阿拉斯加型岩体（Southeastern Alaska）数据引自 Himmelberg 和 Loney（1995）

　　夏日哈木铬尖晶石 Cr_2O_3 与 Al_2O_3、MgO 呈负相关关系，与 FeO_t 呈正相关关系，是岩浆结晶的铬尖晶石特征。Al_2O_3 含量>18.30%，平均为 34.18%，这明显高于玻安岩中的铬尖晶石 Al_2O_3 含量（<15%）（Pagé and Barnes，2009；Akmaz et al.，2014）。橄榄石中包裹的铬尖晶石的 Cr_2O_3 含量总体上高于辉石中包裹的铬尖晶石。$Mg^{\#}$-$Cr^{\#}$ 图解显示，铬尖晶石 $Cr^{\#}$ 值（22~62）及 $Mg^{\#}$ 值（22~60）变化范围较大，呈负相关关系（图 4-18）。

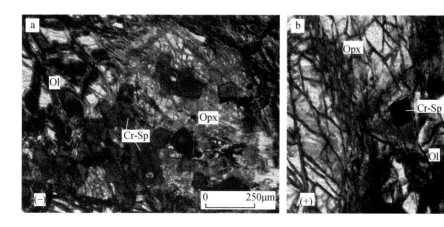

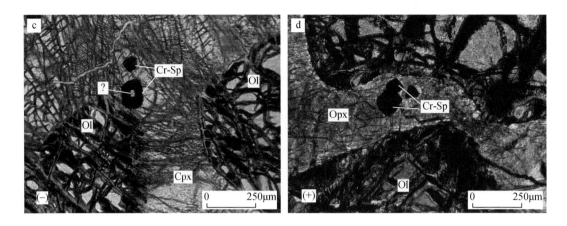

图 4-17　铬尖晶石显微镜下照片（张志炳，2016）

a- 堆晶的铬尖晶石；b- 橄榄石包裹的铬尖晶石；c- 铬尖晶石中包裹未知矿物；d- 辉石包裹的铬尖晶石。

Ol- 橄榄石；Opx- 斜方辉石；Cpx- 单斜辉石；Cr-Sp- 斜长石；（+）- 正交偏光；（−）- 单偏光

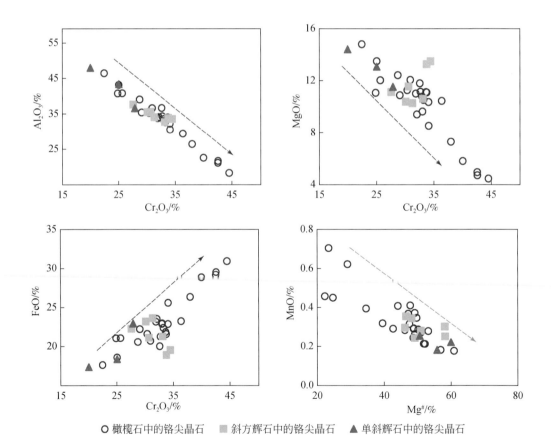

图 4-18　夏日哈木矿床铬尖晶石主量元素相关性图解（张志炳，2016）

铬尖晶石中的 $Mg^{\#}$ 值与 MnO 总体呈负相关关系，科马提岩中的铬尖晶石也存在该特点（Barnes，1998），这是铬尖晶石与橄榄石平衡反应的结果。

夏日哈木铬尖晶石中的 MgO 与 Cr_2O_3 呈负相关关系，也可能是因为铬尖晶石与橄榄石发生如下平衡反应：

$$Mg_{spinel}+Fe^{2+}_{olivine}=\!=\!=Mg_{olivine}+Fe^{2+}_{spinel}$$

随温度降低，分配系数的变化使得 Mg 更倾向于进入橄榄石，而 Fe 更倾向于进入铬尖晶石（Irvine，1965），同样的反应可以发生在铬尖晶石与辉石之间（Eales and Reynolds，1986）。

（二）铬尖晶石指示意义

通常情况下，结晶于发生硫化物熔离的岩浆中的铬尖晶石 ZnO 含量较高（Peltonen，1995），如南非的布什维尔德（Bushveld）矿床的层状杂岩体的含硫化物上层部分的铬尖晶石 ZnO 含量为 0.81%，而下层铬铁矿层 ZnO 含量仅为 0.49%（Paktunc and Cabri，1995）（图 4-19）。本次研究分析了 ZK1502S 橄榄石中的铬尖晶石的 ZnO 含量，约为 1.8%，夏日哈木矿床大量硫化物的熔离使得其铬尖晶石具有较高的 ZnO 含量。夏日哈木矿床铬尖晶石 ZnO 含量较高的特点可能可以作为东昆仑地区同时代镁铁质-超镁铁质岩体镍矿含矿性评价的一个指标。

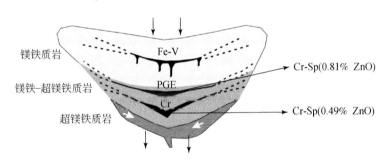

图 4-19　南非的布什维尔德杂岩体铬尖晶石 ZnO 含量示意图
（模式图据 Maier et al.，2013；Cr-Sp 为铬尖晶石）

也有研究认为，铬尖晶石中较高的 ZnO 含量可能是后期热液蚀变所导致的（Barnes，2000；Wang et al.，2005）。但夏日哈木矿床中铬尖晶石 Fe^{3+} 含量较低，而铬尖晶石被蚀变后一般蚀变产物为磁铁矿，其 Fe^{3+} 会明显升高，因此夏日哈木矿床中的铬尖晶石可能只遭受了极少量或并未发生热液蚀变。铜镍矿床中的 ZnO 可能直接来源于岩浆演化，可能是岩浆演化过程中地壳物质的混染导致的（Peltonen，1995）。

（三）铬尖晶石计算母岩浆及反演岩浆源区

铬尖晶石在一定程度上可以反演母岩浆成分。铬尖晶石及与其平衡熔浆的 Al_2O_3 含量有如下关系（Maurel and Maurel，1982）：

$$(Al_2O_3)_{sp}=\!=\!=0.035\times(Al_2O_3)^{2.42}_{liq}$$

铬尖晶石及与其平衡熔浆的 TiO_2 含量存在如下关系（Kamenetsky et al.，2001；Zhou et al.，2014）：

$$TiO_{2melt} = 0.708\ln(TiO_{2sp}) + 1.6436$$

假设本书所获得的 Cr_2O_3 含量最高的铬尖晶石为岩浆最初结晶时的产物，用该铬尖晶石 Al_2O_3（18.30%）的含量计算得出的母岩浆中 Al_2O_3 的含量为 13.28%，与高镁拉斑玄武岩中 Al_2O_3 含量相当（Sun et al.，1991），明显高于玻安质岩浆 Al_2O_3 含量（Crawford and Cameron，1985；Sobolev and Danyushevsky，1994）；根据其 TiO_2 含量（0.23%）计算得出母岩浆中 TiO_2 含量较低，仅为 0.60%。PGE、橄榄石及单斜辉石的研究表明夏日哈木矿床的母岩浆属于高镁拉斑玄武质岩浆，故由铬尖晶石成分可推断夏日哈木矿床的母岩浆属于低钛、高镁拉斑玄武质岩浆。

经电子探针分析，铬尖晶石中所包裹的未知矿物为角闪石，由角闪石 ^{IV}Al-Na+K 图解确定其为幔源岩浆成因（图4-20），这说明岩浆演化早期发生了少量角闪石的结晶。角闪石的出现表明形成夏日哈木岩体岩浆演化的早期含水现象，可能是幔源岩浆混染了含水矿物导致的。

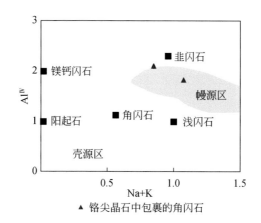

图4-20　铬尖晶石中包裹的角闪石 ^{IV}Al-Na+K 图解（张志炳，2016）

根据橄榄石–铬尖晶石平衡温度计（Fabriès，1979）可以计算其形成时的温度条件：

$$t(℃) = (4250Y_{Sp}^{Cr} + 1343) / (\ln K_0^{Cr} + 1.825Y_{Sp}^{Cr} + 0.571) - 273$$

该温度计适用范围为 1200℃ 左右，其中 $Y_{Sp}^{Cr} = Cr/(Cr+Al+Fe^{3+})$，$\ln K_0^{Cr} = 0.34 + 1.06 (Y_{Sp}^{Cr})^2$，可以得出橄榄石中的铬尖晶石形成温度为 1360～1411℃。岩浆源区部分熔融时的温度应大于铬尖晶石的形成温度，即源区温度至少为 1400℃，通常认为软流圈地幔的温度为 1280～1350℃（Mckenzie and Bickle，1988），因此本研究认为夏日哈木岩体的母岩浆很有可能起源于软流圈地幔。

（四）与岛弧成因铬尖晶石的区别

在 Fe^{3+}-Cr-Al 及 $Mg^\#$-$Cr^\#$ 图解中，夏日哈木铬尖晶石大体落于层状岩体的范围（图4-21），说明夏日哈木矿床与典型的层状岩体具有一定的相似性；而其成分组成明显区别于玻安岩、阿拉斯加型岩体和大陆溢流玄武岩中的铬尖晶石。与玻安岩中的铬尖晶石相比较，夏日哈木铬尖晶石具有较低的 Fe^{3+} 及 $Cr^{\#}$、$Mg^{\#}$ 值；与产出于岛弧环境的阿拉斯加型岩体中的铬尖晶石相比较，夏日哈木岩体中的铬尖晶石具有较低的 Fe^{3+} 及 $Cr^{\#}$ 值。

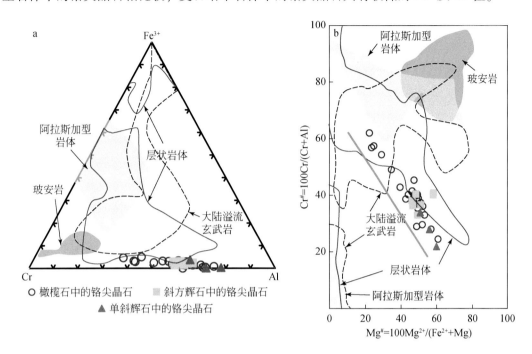

图 4-21　夏日哈木矿床铬尖晶石 Fe^{3+}-Cr-Al 及 $Mg^{\#}$-$Cr^{\#}$ 图解
（张志炳，2016；底图据 Barnes and Roeder，2001 修改）

四、矿物学研究取得重要认识

（1）寄主矿物为"巨型"斜方辉石的橄榄石成分从核部到边部 Fo 值及镍含量均增高，这从单矿物角度说明夏日哈木矿床含矿岩相侵入过程中至少存在两次岩浆活动。

（2）通过对夏日哈木矿床橄榄石和铬尖晶石分析，得出母岩浆中 $Mg^{\#}$ 值为 0.73，W_{MgO}/W_{FeO} 为 1.53，Al_2O_3 含量约为 13.28%，TiO_2 含量较低（约 0.60%），岩浆演化早期温度可达 1360~1411℃。再结合单斜辉石和 PGE 分析，推测夏日哈木母岩浆为低钛、高镁的拉斑玄武质岩浆，可能起源于软流圈地幔。

（3）模拟计算表明夏日哈木矿床母岩浆经早期少量橄榄石分离结晶（<3%）作用后，硫达到饱和，进而发生少量硫化物的熔离，早期橄榄石与硫化物熔体质量比为 20∶1；后期外来硫的加入是导致硫化物大量熔离的主要因素。

（4）硫化物熔离使得夏日哈木铬尖晶石具有较高 ZnO 含量（约 1.8%），该特点可能可以作为区域上同时代的镁铁质-超镁铁质岩体镍矿含矿性评价的一个指标。

（5）夏日哈木铬尖晶石 Fe^{3+}-Cr-Al、$Cr^{\#}$-$Mg^{\#}$ 图解和单斜辉石 TiO_2-Fe^{3+} 图解均表明夏

日哈木矿床很可能不是岛弧环境下的产物。

第五节　矿物成分空间变化规律

为寻找矿物成分与矿体的关系，我们选择Ⅰ号岩体纵剖面上两个典型钻孔：①代表岩体东部的 ZK11E05；②代表西部的 ZK1903 来进行矿物成分的规律变化研究。

一、岩体东部 ZK11E05 钻孔矿物成分变化规律

夏日哈木 ZK11E05 钻孔纯橄岩和方辉橄榄岩不同深度的橄榄石成分列于表 4-5 中。ZK11E05 钻孔方辉橄榄岩的 Fo 值从顶到底有微微增加的趋势，除了 79m 的 85.26 特别外，其他数据分布在 86.80 ~ 88.37。方辉橄榄岩橄榄石的 NiO 含量从顶部 30m 的 0.162% 递增到底部 93m 的 0.321%；ZK11E05 钻孔纯橄岩的 MgO 含量从岩相顶部 135m 的 50.328% 逐渐变为底部 179m 处的 45.890（图 4-22），Fo 值从岩相顶部 135m 的 90.77 逐渐降低到底部 190m 的 86.40，NiO 值从顶部 135m 的 0.414% 逐渐降低到底部 190m 的 0.102%。ZK11E05 钻孔纯橄岩中橄榄石的 SiO_2 和 CaO 的平均值分别为 40.5% 和 0.03%。

如果橄榄石晶体从核部到边部显示 Mg 减少 Fe 增加的趋势，则称为正序环带；相反，则称为反序环带。ZK11E05 橄榄岩相（包括方辉橄榄岩和纯橄岩）的上部边缘带（45m）和中部岩相（145m）的橄榄石在核部显示正序环带，而在边缘显示反序环带（图 4-21a）。ZK11E05 钻孔橄榄岩相不同位置的单颗橄榄石的成分环带的结果列于表 4-6 中。其中在上部边缘带，边部最高的 Fo 值是低于核部的 Fo 值的。相反，中部岩相边部最高的 Fo 值几乎与核部最高的 Fo 值一致。下部边缘带（179m）的橄榄石显示出正序环带（图 4-21a）。

夏日哈木 ZK11E05 钻孔的橄榄石 Fo 值在成分从橄榄岩相的中间向上、下边缘相降低（图 4-21a），且橄榄石整体表现出正序环带的特征（图 4-21a），表明橄榄石是从中间相到上下边缘相由早到晚结晶的。上部岩相的橄榄石的边部表现出反序环带特征（图 4-21a），可能反映了部分橄榄石晚期从上部边缘相到中间相的结晶情况。

在 ZK11E05 钻孔不同深度的铬尖晶石成分列于表 4-7 中。ZK11E05 钻孔的铬尖晶石的 $Cr^\#$［原子比 Cr/（Cr+Al）］和 FeO 倾向于在橄榄岩相（包括纯橄榄岩和方辉橄榄岩）由上向下降低（图 4-22b）。$Cr^\#$ 和 FeO 分别从顶部的 0.61% 和 37.05% 变为底部的 0.26% 和 18.75%（图 4-22b）。ZK11E05 钻孔中铬尖晶石的 $Fe^{3+}/\sum Fe$ 为 0.05 ~ 0.30。

ZK11E05 钻孔不同岩相的斜方辉石成分列于表 4-8 中。ZK11E05 钻孔橄榄岩相中的斜方辉石的 $Mg^\#$［原子比 Mg/（$Mg+Fe^{2+}$）］为 0.88 ~ 0.89。没有发现明显的深度趋势。根据晶体尺寸，二辉岩中的斜方辉石可分为两类。细小的斜方辉石的组成可能很容易受到共存硫化物的影响；因此，我们仅报告粗粒斜方辉石的成分组成。二辉岩中斜方辉石的 $Mg^\#$ 值从顶部的 0.87 迅速降低到底部的 0.83（图 4-22c）。二辉岩中辉石成分环带结果列于表 4-9 中。二辉岩中的斜方辉石表现出正序环带（图 4-22b）。

表4-5　夏日哈木 ZK11E05 钻孔不同深度的橄榄石成分（据 Liu et al., 2018）

钻孔	深度/m	岩性	矿物	Na_2O/%	K_2O/%	FeO/%	MgO/%	P_2O_5/%	MnO/%	Al_2O_3/%	CaO/%	Cr_2O_3/%	SiO_2/%	TiO_2/%	NiO/%	总计/%	Fo值
ZK11E05	30	方辉橄榄岩	Ol	0.027		11.952	47.05	0.017	0.157		0.032	0.01	40.767	0.024	0.162	100.200	87.38
ZK11E05	30	方辉橄榄岩	Ol		0.014	11.526	47.370		0.135		0.025		39.797	0.025	0.198	99.090	87.86
ZK11E05	36	方辉橄榄岩	Ol	0.023		12.249	45.857	0.015	0.184	0.010	0.024		40.19		0.218	98.785	86.80
ZK11E05	36	方辉橄榄岩	Ol	0.064		11.747	46.774		0.072		0.023		40.931	0.012	0.186	99.811	87.58
ZK11E05	40	方辉橄榄岩	Ol			11.863	45.92	0.024	0.129		0.04	0.010	40.65	0.012	0.231	98.871	87.22
ZK11E05	45	方辉橄榄岩	Ol	0.011		11.922	47.568	0.039	0.160		0.038	0.010	40.801		0.162	100.740	87.53
ZK11E05	45	方辉橄榄岩	Ol			12.473	46.714	0.006	0.192		0.052		40.489	0.002	0.162	100.090	86.80
ZK11E05	50	方辉橄榄岩	Ol			12.600	47.567	0.018	0.103	0.010	0.015	0.082	40.621	0.024	0.131	100.970	86.92
ZK11E05	55	方辉橄榄岩	Ol			11.591	47.541	0.053	0.256	0.026	0.032	0.052	40.814	0.032	0.15	100.350	87.69
ZK11E05	55	方辉橄榄岩	Ol			11.302	46.674		0.120		0.029	0.042	40.958		0.245	99.337	87.92
ZK11E05	70	方辉橄榄岩	Ol			11.356	47.863		0.144		0.031		40.851	0.056	0.287	100.600	88.12
ZK11E05	74	方辉橄榄岩	Ol	0.023		12.63	47.640	0.024	0.112		0.013	0.062	41.148	0.037	0.206	101.900	86.95
ZK11E05	74	方辉橄榄岩	Ol			11.644	47.274		0.176		0.015	0.062	40.544		0.17	99.885	87.70
ZK11E05	79	方辉橄榄岩	Ol			13.854	45.935		0.287		0.053		40.943		0.313	101.370	85.26
ZK11E05	79	方辉橄榄岩	Ol	0.021		11.407	46.714	0.012	0.096	0.014	0.037		40.537		0.195	99.041	87.86
ZK11E05	84	方辉橄榄岩	Ol	0.015		12.017	45.855	0.032	0.150		0.018	0.010	39.388	0.012	0.175	97.689	87.04
ZK11E05	84	方辉橄榄岩	Ol	0.015		11.579	46.695	0.050	0.135	0.016	0.036	0.010	40.158		0.249	98.946	87.66
ZK11E05	89	方辉橄榄岩	Ol	0.018		12.297	47.007		0.167		0.026		39.982	0.024	0.22	99.757	87.05
ZK11E05	93	方辉橄榄岩	Ol	0.052		11.883	46.449	0.021	0.192	0.013	0.033	0.073	39.866	0.015	0.228	98.832	87.27
ZK11E05	93	方辉橄榄岩	Ol			11.033	46.963		0.048	0.045	0.017	0.073	39.78		0.321	98.297	88.31
ZK11E05	98	方辉橄榄岩	Ol			10.982	47.503		0.160	0.013	0.036	0.031	40.397		0.201	99.325	88.37
ZK11E05	105	方辉橄榄岩	Ol	0.043	0.012	11.659	47.083		0.096	0.299	0.019		40.502		0.218	99.935	87.71
ZK11E05	108	方辉橄榄岩	Ol			11.543	47.150	0.030	0.168		0.023		41.001		0.26	100.180	87.77

续表

钻孔	深度/m	岩性	矿物	Na₂O/%	K₂O/%	FeO/%	MgO/%	P₂O₅/%	MnO/%	Al₂O₃/%	CaO/%	Cr₂O₃/%	SiO₂/%	TiO₂/%	NiO/%	总计/%	Fo值
ZK11E05	120	纯橄岩	Ol	0.029		11.303	47.299		0.176		0.047		40.778	0.018	0.161	99.820	88.01
ZK11E05	120	纯橄岩	Ol			12.050	46.865		0.215	0.017	0.027	0.010	40.447		0.256	99.894	87.20
ZK11E05	129	纯橄岩	Ol			10.526	47.507	0.024	0.184	0.020	0.011	0.010	40.914	0.014	0.224	99.423	88.77
ZK11E05	129	纯橄岩	Ol	0.033		10.235	48.054		0.199		0.031		40.538		0.301	99.416	89.14
ZK11E05	135	纯橄岩	Ol	0.065	0.02	8.996	50.328		0.120	0.035	0.05	0.886	41.792	0.021	0.414	102.730	90.77
ZK11E05	135	纯橄岩	Ol	0.062	0.014	9.362	49.500		0.136		0.038	0.918	40.614	0.018	0.262	100.930	90.28
ZK11E05	135	纯橄岩	Ol			10.193	48.201	0.027	0.144	0.033	0.034		40.723	0.042	0.313	99.713	89.26
ZK11E05	145	纯橄岩	Ol			10.754	47.970	0.033	0.072		0.033	0.052	40.904	0.022	0.304	100.150	88.76
ZK11E05	145	纯橄岩	Ol	0.010		11.416	47.198		0.318	0.011	0.031	0.021	40.62	0.049	0.235	99.900	87.76
ZK11E05	150	纯橄岩	Ol			12.337	46.443	0.030	0.088		0.025	0.134	40.897	0.013	0.158	100.140	86.95
ZK11E05	150	纯橄岩	Ol			11.464	46.816	0.012	0.120	0.011	0.028		40.396	0.033	0.229	99.109	87.81
ZK11E05	160	纯橄岩	Ol			11.964	47.104	0.024	0.279		0.026	0.041	40.852		0.242	100.550	87.27
ZK11E05	160	纯橄岩	Ol			11.547	46.783	0.050	0.143	0.019	0.041	0.01	40.488	0.024	0.259	99.364	87.70
ZK11E05	165	纯橄岩	Ol	0.039		11.409	47.378		0.127		0.031		40.226		0.372	99.582	87.98
ZK11E05	165	纯橄岩	Ol	0.032	0.01	11.866	47.408		0.239		0.022	0.134	40.485		0.176	100.370	87.47
ZK11E05	179	纯橄岩	Ol			11.97	45.890	0.062	0.04		0.037		40.235		0.157	98.401	87.20
ZK11E05	179	纯橄岩	Ol			12.243	46.404	0.071	0.288	0.019	0.024		39.983	0.024	0.359	99.396	86.84
ZK11E05	185	纯橄岩	Ol		0.012	11.719	46.120	0.018	0.192		0.039		40.211	0.016	0.198	98.525	87.34
ZK11E05	185	纯橄岩	Ol	0.015		12.355	46.462	0.015	0.056		0.027	0.031	40.299	0.012	0.359	99.642	86.97
ZK11E05	190	纯橄岩	Ol			12.88	46.572		0.184	0.018	0.044	0.041	40.400		0.102	100.240	86.40
ZK11E05	190	纯橄岩	Ol	0.033		11.537	46.648		0.184		0.022	0.166	40.035		0.126	98.757	87.64

注：空白处低于检测限（0.01%）。

表4-6 夏日哈木 ZK11E05 钻孔上、中、下岩相的单个橄榄石的成分环带（据 Liu et al., 2018）

钻孔	深度/m	岩性	岩相	点数	FeO/%	MgO/%	P₂O₅/%	MnO/%	Al₂O₃/%	CaO/%	Cr₂O₃/%	SiO₂/%	TiO₂/%	NiO/%	总计/%	Fo值
ZK11E05	45	方辉橄榄岩	上部岩相	1	13.183	46.160		0.180		0.010	0.027	40.622		0.121	100.303	86.03
ZK11E05	45	方辉橄榄岩	上部岩相	2	12.729	46.761		0.182		0.011	0.022	40.209		0.127	100.049	86.59
ZK11E05	45	方辉橄榄岩	上部岩相	3	12.93	46.467		0.172		0.016	0.029	40.436		0.126	100.184	86.34
ZK11E05	45	方辉橄榄岩	上部岩相	4	12.938	47.281		0.206		0.011	0.022	40.327	0.018	0.173	100.980	86.51
ZK11E05	45	方辉橄榄岩	上部岩相	5	12.653	47.065		0.187		0.016	0.022	39.826		0.177	99.933	86.72
ZK11E05	45	方辉橄榄岩	上部岩相	6	12.949	46.872		0.160		0.015	0.048	40.407		0.127	100.629	86.44
ZK11E05	45	方辉橄榄岩	上部岩相	7	12.722	46.759	0.019	0.130		0.015	0.034	40.314	0.049	0.18	100.173	86.64
ZK11E05	45	方辉橄榄岩	上部岩相	8	13.007	46.862		0.196		0.020	0.010	39.685		0.107	99.893	86.35
ZK11E05	45	方辉橄榄岩	上部岩相	9	12.686	46.937	0.012	0.176		0.015		40.227		0.152	100.205	86.67
ZK11E05	45	方辉橄榄岩	上部岩相	10	12.881	46.708		0.153		0.018		40.609	0.018	0.131	100.518	86.46
ZK11E05	45	方辉橄榄岩	上部岩相	11	12.673	46.996		0.207		0.013	0.032	40.268		0.148	100.352	86.67
ZK11E05	45	方辉橄榄岩	上部岩相	12	12.607	46.829	0.016	0.186		0.18		40.19		0.176	100.193	86.71
ZK11E05	45	方辉橄榄岩	上部岩相	13	12.643	46.151	0.011	0.166		0.014	0.014	40.138	0.018	0.144	99.299	86.53
ZK11E05	45	方辉橄榄岩	上部岩相	14	12.632	47.351	0.011	0.095		0.014		40.051	0.035	0.108	100.302	86.90
ZK11E05	45	方辉橄榄岩	上部岩相	15	12.833	46.878	0.019	0.166		0.018	0.019	39.976	0.035	0.185	100.119	86.54
ZK11E05	45	方辉橄榄岩	上部岩相	16	12.480	46.982		0.174		0.012		40.331	0.025	0.205	100.233	86.87
ZK11E05	45	方辉橄榄岩	上部岩相	17	11.963	46.554		0.168	0.001	0.014	0.015	40.419	0.018	0.175	99.327	87.24
ZK11E05	45	方辉橄榄岩	上部岩相	18	12.676	46.575	0.016	0.167		0.014		40.303		0.189	99.945	86.60
ZK11E05	45	方辉橄榄岩	上部岩相	19	12.835	46.891	0.010	0.208		0.016		40.226		0.157	100.352	86.50
ZK11E05	45	方辉橄榄岩	上部岩相	20	12.722	46.422	0.015	0.190		0.084	0.022	39.990	0.011	0.201	99.657	86.50

续表

钻孔	深度/m	岩性	岩相	点数	FeO/%	MgO/%	P₂O₅/%	MnO/%	Al₂O₃/%	CaO/%	Cr₂O₃/%	SiO₂/%	TiO₂/%	NiO/%	总计/%	Fo值
ZK11E05	45	方辉橄榄岩	上部岩相	21	12.840	47.047	0.012	0.185		0.021		40.249		0.154	100.513	86.55
ZK11E05	45	方辉橄榄岩	上部岩相	22	12.644	47.022		0.164		0.013		40.427	0.032	0.188	100.49	86.74
ZK11E05	45	方辉橄榄岩	上部岩相	23	12.702	47.245		0.156				40.185	0.011	0.179	100.482	86.75
ZK11E05	45	方辉橄榄岩	上部岩相	24	12.672	47.117	0.020	0.176				40.255		0.180	100.425	86.73
ZK11E05	45	方辉橄榄岩	上部岩相	25	12.527	46.703	0.016	0.184				39.287		0.197	98.922	86.75
ZK11E05	145	纯橄岩	中间相	1	11.860	48.289	0.010	0.170			0.055	39.738		0.321	100.449	87.74
ZK11E05	145	纯橄岩	中间相	2	11.965	47.966	0.014	0.151		0.021	0.017	40.42	0.025	0.319	100.898	87.59
ZK11E05	145	纯橄岩	中间相	3	11.725	47.948		0.142			0.032	40.691	0.021	0.304	100.872	87.81
ZK11E05	145	纯橄岩	中间相	4	11.952	48.008		0.155			0.049	40.23		0.317	100.718	87.6
ZK11E05	145	纯橄岩	中间相	5	11.934	47.772		0.178		0.018		39.735		0.222	99.862	87.55
ZK11E05	145	纯橄岩	中间相	6	11.932	47.544		0.226			0.06	40.595		0.337	100.702	87.45
ZK11E05	145	纯橄岩	中间相	7	11.959	47.76	0.013	0.180		0.016		40.27		0.284	100.482	87.52
ZK11E05	145	纯橄岩	中间相	8	11.802	47.557		0.169			0.039	40.003		0.323	99.902	87.62
ZK11E05	145	纯橄岩	中间相	9	11.769	48.361	0.020	0.199		0.016	0.070	39.783		0.325	100.543	87.81
ZK11E05	145	纯橄岩	中间相	10	11.939	47.967		0.185		0.011	0.014	40.408		0.34	100.871	87.58
ZK11E05	145	纯橄岩	中间相	11	11.955	48.137	0.020	0.178		0.012	0.053	40.255		0.273	100.883	87.61
ZK11E05	145	纯橄岩	中间相	12	12.025	47.846	0.012	0.127		0.010	0.012	40.169		0.321	100.522	87.53
ZK11E05	145	纯橄岩	中间相	13	11.912	47.582	0.016	0.150	0.009		0.039	40.358		0.326	100.398	87.55
ZK11E05	145	纯橄岩	中间相	14	11.857	47.315	0.013	0.163		0.018	0.038	40.199		0.316	99.919	87.52
ZK11E05	145	纯橄岩	中间相	15	11.901	48.050	0.019	0.173		0.015	0.039	39.869		0.342	100.408	87.64

续表

钻孔	深度/m	岩性	岩相	点号	FeO/%	MgO/%	P₂O₅/%	MnO/%	Al₂O₃/%	CaO/%	Cr₂O₃/%	SiO₂/%	TiO₂/%	NiO/%	总计/%	Fo值
ZK11E05	145	纯橄岩	中间相	10	11.902	48.161		0.199			0.031	38.921	0.018	0.337	99.582	87.64
ZK11E05	145	纯橄岩	中间相	11	11.594	46.112		0.148		0.018		39.978	0.021	0.295	98.169	87.5
ZK11E05	179	纯橄岩	下部岩相	1	12.306	47.451	0.014	0.176		0.013		40.551	0.028	0.369	100.908	87.14
ZK11E05	179	纯橄岩	下部岩相	2	12.291	46.810		0.154		0.017	0.016	40.468	0.018	0.301	100.075	87.02
ZK11E05	179	纯橄岩	下部岩相	3	12.043	46.143		0.209			0.010	40.659		0.351	99.429	87.03
ZK11E05	179	纯橄岩	下部岩相	4	12.231	47.398	0.060	0.213			0.049	39.862		0.315	100.136	87.16
ZK11E05	179	纯橄岩	下部岩相	5	11.938	47.164	0.044	0.175		0.015	0.034	40.184		0.338	99.892	87.4
ZK11E05	179	纯橄岩	下部岩相	6	12.087	47.270	0.071	0.148			0.070	40.155		0.29	100.105	87.32
ZK11E05	179	纯橄岩	下部岩相	7	11.892	47.169	0.018	0.193			0.020	40.510	0.011	0.349	100.165	87.43
ZK11E05	179	纯橄岩	下部岩相	8	11.970	47.881		0.207		0.010		40.131	0.021	0.32	100.551	87.51
ZK11E05	179	纯橄岩	下部岩相	9	11.841	47.368	0.023	0.167	0.023		0.047	40.593		0.338	100.404	87.55
ZK11E05	179	纯橄岩	下部岩相	10	12.057	47.472	0.023	0.154		0.015	0.065	40.669	0.014	0.295	100.750	87.39
ZK11E05	179	纯橄岩	下部岩相	11	11.945	47.119	0.038	0.209				40.546		0.364	100.207	87.36
ZK11E05	179	纯橄岩	下部岩相	12	12.185	47.176	0.012	0.156		0.016	0.026	40.474		0.249	100.294	87.20
ZK11E05	179	纯橄岩	下部岩相	13	11.970	46.915	0.029	0.154		0.013	0.067	40.80		0.357	100.305	87.34
ZK11E05	179	纯橄岩	下部岩相	14	12.101	47.189	0.038	0.140			0.070	40.607		0.353	100.499	87.29
ZK11E05	179	纯橄岩	下部岩相	15	12.124	47.366	0.041	0.191			0.010	40.132		0.347	100.215	87.27
ZK11E05	179	纯橄岩	下部岩相	16	12.130	46.977	0.017	0.178				40.379	0.014	0.344	100.045	87.18

注：空白处低于检测限（0.01%）。

表 4-7　夏日哈木 ZK11E05 钻孔不同深度的铬尖晶石成分（据 Liu et al., 2018）

深度/m	岩性	Na_2O/%	K_2O/%	FeO/%	MgO/%	P_2O_5/%	MnO/%	Al_2O_3/%	CaO/%	Cr_2O_3/%	SiO_2/%	TiO_2/%	NiO/%	总计/%	$Cr^\#$	$Mg^\#$	$Fe^{3+}/\Sigma Fe$
30	方辉橄榄岩	0.018	0.013	28.587	9.423		0.239	22.776		40.538	0.024	0.668	0.065	102.358	0.544	0.423	0.214
40	方辉橄榄岩			29.464	6.784		0.377	22.168	0.040	38.539	0.034	1.146	0.101	98.653	0.538	0.319	0.136
40	方辉橄榄岩	0.05		35.115	5.640	0.026	0.405	16.936	0.039	39.65	0.038	0.440		98.342	0.611	0.273	0.264
40	方辉橄榄岩	0.058		37.049	6.249	0.029	0.375	20.269	0.034	35.546	0.042	0.474	0.152	100.277	0.541	0.291	0.295
45	方辉橄榄岩			35.362	6.009		0.389	17.373	0.026	40.557	0.023	0.272	0.092	100.103	0.610	0.285	0.267
45	方辉橄榄岩			33.199	6.296		0.382	18.571	0.026	37.068	0.052	0.530	0.034	96.163	0.572	0.306	0.257
45	方辉橄榄岩	0.025		35.934	6.272		0.426	17.650	0.036	39.250		0.833	0.077	100.503	0.599	0.293	0.274
50	方辉橄榄岩	0.055		25.26	10.679		0.181	23.016	0.028	42.628	0.058	0.504		102.412	0.554	0.479	0.193
50	方辉橄榄岩			31.875	7.116		0.299	20.593	0.029	40.700	0.023	0.485	0.049	101.169	0.570	0.330	0.210
55	方辉橄榄岩	0.084		29.666	6.528		0.316	23.415	0.046	39.847	0.051	0.562	0.098	100.617	0.533	0.308	0.129
55	方辉橄榄岩			33.401	6.878		0.315	21.092	0.027	39.399	0.105	0.414	0.123	101.754	0.556	0.316	0.227
70	方辉橄榄岩			26.039	9.396		0.437	24.053	0.028	41.821		0.320	0.034	102.111	0.538	0.428	0.151
79	方辉橄榄岩			30.432	7.641	0.016	0.271	24.247	0.029	38.318		0.795	0.029	101.758	0.515	0.346	0.167
79	方辉橄榄岩			28.237	8.773		0.393	26.164	0.017	35.884	0.033	0.393	0.107	100.001	0.479	0.402	0.190
89	方辉橄榄岩	0.034		35.564	6.462		0.254	20.263		37.022		0.414	0.071	100.089	0.551	0.301	0.273
89	方辉橄榄岩	0.033		24.907	10.380		0.249	23.047	0.046	41.170	0.067	0.523	0.078	100.5	0.545	0.474	0.189
93	方辉橄榄岩	0.039		32.801	7.268		0.248	19.953	0.016	38.761	0.065	0.869	0.095	100.115	0.566	0.336	0.242
98	方辉橄榄岩	0.067		32.623	7.685	0.058	0.391	20.911	0.016	38.789		0.514	0.055	101.109	0.554	0.356	0.262

续表

深度/m	岩性	Na₂O/%	K₂O/%	FeO/%	MgO/%	P₂O₅/%	MnO/%	Al₂O₃/%	CaO/%	Cr₂O₃/%	SiO₂/%	TiO₂/%	NiO/%	总计/%	$Cr^{\#}$	$Mg^{\#}$	$Fe^{3+}/\sum Fe$
98	方辉橄榄岩	0.061		26.250	8.952	0.011	0.467	24.928	0.024	41.102	0.022	0.432	0.032	102.281	0.525	0.409	0.132
108	方辉橄榄岩			21.941	13.675		0.389	32.261	0.023	34.251	0.058	0.317	0.063	99.916	0.416	0.477	0.053
129	纯橄岩			27.020	9.317		0.273	24.256	0.032	39.124		0.625	0.123	100.785	0.520	0.424	
135	纯橄岩			25.523	9.573		0.300	25.106	0.027	38.363		0.479	0.069	99.444	0.506	0.440	0.162
145	纯橄岩			21.753	11.126		0.274	35.248	0.061	30.756	0.029	0.100	0.075	99.462	0.369	0.494	0.074
145	纯橄岩			25.044	9.795		0.378	30.701	0.014	36.032		0.383	0.095	102.414	0.441	0.433	0.095
145	纯橄岩			22.751	11.611	0.054	0.423	27.531	0.059	39.690	0.017	0.365		102.536	0.492	0.515	0.150
145	纯橄岩	0.032		31.122	8.133	0.037	0.405	25.665	0.020	35.447	0.025	0.434	0.135	101.439	0.481	0.370	0.224
150	纯橄岩			25.475	8.656	0.011	0.254	29.857		37.003	0.011	0.483		101.735	0.454	0.387	0.046
150	纯橄岩	0.027		27.857	8.643		0.316	25.430	0.017	38.296		0.500		101.09	0.503	0.394	0.161
150	纯橄岩	0.030		22.350	10.586		0.348	30.596	0.022	36.710		0.361	0.095	101.104	0.446	0.474	0.069
160	纯橄岩	0.039	0.012	27.735	9.185		0.332	28.241	0.028	34.495		0.517	0.150	100.733	0.450	0.416	0.183
170	纯橄岩	0.025		18.745	13.266		0.092	39.050		28.202		0.094	0.113	99.616	0.326	0.573	0.062
179	纯橄岩	0.016		19.993	11.584	0.021	0.181	31.389	0.020	36.294	0.030	0.175	0.129	99.832	0.437	0.519	0.047
190	纯橄岩			22.273	12.309		0.152	41.011	0.063	21.314	0.196	0.024	0.061	97.453	0.259	0.534	0.151

表 4-8　夏日哈木不同岩相不同深度的斜方辉石的成分（据 Liu et al., 2018）

深度/m	岩性	Na₂O/%	K₂O/%	FeO/%	MgO/%	P₂O₅/%	MnO/%	Al₂O₃/%	CaO/%	Cr₂O₃/%	SiO₂/%	TiO₂/%	NiO/%	Wo	En	Fs	Mg#
30	方辉橄榄岩	0.02		7.64	31.314	0.021	0.087	2.302	1.366	0.541	55.915	0.124	0.030	2.68	85.4	11.9	0.88
30	方辉橄榄岩	0.03		7.241	31.773		0.216	1.948	1.579	0.526	55.997	0.057		3.06	85.6	11.3	0.89
36	方辉橄榄岩	0.062		7.897	31.832		0.178	2.619	1.19	0.795	55.638	0.132	0.039	2.29	85.3	12.2	0.88
40	方辉橄榄岩	0.01		7.033	31.886		0.146	1.352	1.294	0.447	56.626	0.086	0.09	2.52	86.5	11.0	0.89
40	方辉橄榄岩	0.057		8.274	31.400		0.089	2.414	0.905	0.856	56.056	0.121	0.030	1.77	85.3	12.8	0.87
45	方辉橄榄岩	0.069		6.782	31.689	0.045	0.129	2.402	1.477	0.765	55.754	0.116	0.072	2.89	86.3	10.6	0.89
45	方辉橄榄岩	0.048		7.033	32.167		0.129	2.473	1.163	0.921	55.717	0.113	0.027	2.25	86.7	10.9	0.89
50	方辉橄榄岩	0.048	0.011	7.112	31.903	0.018	0.160	2.539	1.205	0.749	56.044	0.110	0.042	2.35	86.4	11.1	0.89
55	方辉橄榄岩	0.022		7.234	32.428		0.153	2.295	1.376	0.626	56.426	0.129		2.63	86.3	11.0	0.89
55	方辉橄榄岩	0.038		8.108	32.803		0.088	2.317	0.368	1.086	56.647	0.087	0.075	0.70	87.0	12.2	0.88
55	方辉橄榄岩	0.032		6.685	31.348		0.241	2.183	1.248	0.825	55.754	0.110		2.48	86.6	10.8	0.89
70	方辉橄榄岩	0.121		7.686	31.413	0.051	0.185	2.914	1.234	0.696	55.615	0.099	0.081	2.40	85.2	12.0	0.88
70	方辉橄榄岩	0.027		7.324	32.027	0.003	0.153	2.472	1.132	0.761	56.161	0.103	0.093	2.19	86.4	11.3	0.89
79	方辉橄榄岩	0.063		7.276	31.865	0.015	0.104	2.561	1.574	0.781	55.265	0.083		3.04	85.6	11.1	0.89
84	方辉橄榄岩	0.042		8.068	31.326	0.006	0.119	2.449	1.066	0.354	55.138	0.140	0.038	2.09	85.3	12.5	0.87
89	方辉橄榄岩	0.041		8.402	31.129		0.128	3.213	0.803	0.021	54.914		0.024	1.58	85.2	13.1	0.87
89	方辉橄榄岩	0.086		6.975	31.592		0.064	2.528	1.254	0.846	55.01	0.145	0.075	2.47	86.4	10.8	0.89
93	方辉橄榄岩	0.035		7.298	32.078		0.169	2.344	1.334	0.582	56.045	0.110		2.57	86.1	11.3	0.89
98	方辉橄榄岩	0.042		6.877	32.009		0.105	2.618	1.304	0.678	55.792	0.139		2.54	86.7	10.6	0.89

续表

深度/m	岩性	Na₂O/%	K₂O/%	FeO/%	MgO/%	P₂O₅/%	MnO/%	Al₂O₃/%	CaO/%	Cr₂O₃/%	SiO₂/%	TiO₂/%	NiO/%	Wo	En	Fs	Mg#
105	方辉橄榄岩	0.001		8.285	30.819		0.169	2.802	1.42	0.823	54.787	0.134	0.042	2.79	84.2	13.0	0.87
105	方辉橄榄岩	0.015	0.011	7.048	31.774	0.015	0.136	2.392	1.185	0.739	56.138	0.072	0.036	2.32	86.6	11.0	0.89
108	方辉橄榄岩			8.545	31.776	0.015	0.176	2.527	1.312	0.472	56.144	0.103		2.51	84.5	13.0	0.87
108	方辉橄榄岩	0.026		8.113	32.239		0.104	2.895	1.030	0.326	56.15	0.115	0.033	1.97	85.7	12.3	0.88
120	纯橄岩	0.02	0.011	7.464	31.493		0.209	2.027	1.44	0.485	56.232	0.085	0.167	2.81	85.4	11.7	0.88
120	纯橄岩	0.048		7.275	31.951	0.027		2.663	1.418	0.728	55.54	0.139	0.093	2.75	86.1	11.0	0.89
129	纯橄岩	0.048		6.796	31.457		0.104	2.919	1.702	0.993	55.563	0.12	0.135	3.34	85.9	10.6	0.89
129	纯橄岩	0.018		7.594	31.57	0.021	0.064	2.652	1.318	0.725	55.631	0.14	0.024	2.57	85.7	11.7	0.88
150	纯橄岩	0.031	0.019	7.627	31.006		0.112	3.512	1.089	0.547	54.092	0.158	0.063	2.16	85.7	12.0	0.88
150	纯橄岩	0.011		7.351	31.110		0.184	3.155	1.346	0.800	54.879	0.117	0.036	2.66	85.6	11.7	0.88
170	纯橄岩	0.253		6.357	31.110		0.112	4.369	1.683	0.906	54.027	0.265	0.101	3.33	85.8	10.0	0.90
170	纯橄岩	0.042		6.351	31.115		0.128	3.491	1.716	0.940	54.551	0.165	0.045	3.42	86.3	10.1	0.90
179	纯橄岩	0.084		6.885	31.461		0.215	3.172	1.418	0.450	54.473	0.123	0.074	2.79	86.0	10.9	0.89
179	纯橄岩	0.048	0.014	7.118	31.280		0.295	3.134	1.607	0.670	54.796	0.146	0.018	3.15	85.3	11.4	0.89
179	纯橄岩	0.153		6.946	30.386		0.054	3.004	1.742	1.043	54.398	0.134	0.087	3.50	84.9	11.0	0.89
190	纯橄岩	0.028		8.136	30.531		0.233	5.125	1.057	0.390	53.751	0.272	0.12	2.11	84.8	13.0	0.87
192	二辉岩	0.082		8.887	30.846	0.018	0.151	1.868	1.388	0.568	55.718	0.157	0.063	2.69	83.3	13.7	0.86
192	二辉岩	0.051		8.108	30.968		0.273	2.106	1.313	0.411	56.293	0.154	0.012	2.57	84.4	12.9	0.87
197	二辉岩	0.034		8.387	31.163		0.232	1.897	1.381	0.693	55.782	0.119	0.048	2.68	84.1	13.1	0.87

续表

深度/m	岩性	Na₂O/%	K₂O/%	FeO/%	MgO/%	P₂O₅/%	MnO/%	Al₂O₃/%	CaO/%	Cr₂O₃/%	SiO₂/%	TiO₂/%	NiO/%	Wo	En	Fs	Mg#
201	二辉岩			10.101	30.452		0.224	2.814	1.17	0.439	55.299	0.156	0.081	2.27	82.1	15.6	0.84
207	二辉岩	0.106		8.99	30.025		0.232	2.499	1.843	0.420	55.095	0.181	0.018	3.61	81.9	14.1	0.86
223	二辉岩			10.105	29.876		0.224	3.181	0.931	0.427	54.218	0.150	0.063	1.84	82.2	16.0	0.84
223	二辉岩			9.531	30.109	0.015	0.160	2.551	1.008	0.313	55.246	0.155	0.012	2.00	83.0	15.0	0.85
223	二辉岩			10.135	30.122	0.033	0.119	2.889	1.08	0.333	54.757	0.162	0.045	2.12	82.2	15.7	0.84
223	二辉岩	0.062		9.082	29.376		0.199	2.507	1.796	0.574	54.634	0.18		3.59	81.7	14.5	0.85
228	二辉岩	0.107		8.582	29.959		0.224	1.992	1.952	0.555	55.107	0.117		3.85	82.2	13.6	0.86
234	二辉岩	0.052		8.915	29.227		0.136	2.981	1.461	0.595	54.618	0.152	0.089	2.96	82.4	14.4	0.85
238	二辉岩	0.094		9.168	29.906		0.088	2.633	1.46	0.292	54.931	0.198		2.89	82.4	14.4	0.85
254	二辉岩	0.014		10.71	30.292		0.223	2.55	1.029	0.332	55.42	0.168	0.08	1.99	81.5	16.5	0.83
263	二辉岩	0.026		10.005	29.684		0.151	2.854	1.877	0.249	55.048	0.165		3.67	80.7	15.5	0.84
266	二辉岩	0.028		9.708	29.98		0.167	2.686	1.246	0.571	54.639	0.144		2.46	82.2	15.2	0.85
270	二辉岩	0.074		9.246	30.27		0.175	2.785	1.223	0.572	55.469	0.149		2.41	82.8	14.5	0.85
274	二辉岩	0.054		8.735	29.969		0.191	2.75	1.537	0.084	54.699	0.193	0.021	3.05	82.9	13.9	0.86
274	二辉岩	0.098		9.462	29.429	0.012	0.255	2.15	1.854	0.52	55.311	0.14	0.03	3.66	80.9	15.0	0.85
283	二辉岩	0.026		10.258	28.91		0.152	3.06	2.108	0.26	55.147	0.221	0.024	4.17	79.6	16.1	0.83

注：空白处低于检测限（0.01%）。

表 4-9　ZK11E05 钻孔二辉岩中斜方辉石的环带成分（据 Liu et al., 2018）

深度/m	岩性	点数	Na₂O/%	K₂O/%	FeO/%	MgO/%	P₂O₅/%	MnO/%	Al₂O₃/%	CaO/%	Cr₂O₃/%	SiO₂/%	TiO₂/%	NiO/%	Wo	En	Fs	Mg#
238	二辉岩	1	0.071	0.027	12.028	26.880		0.22	4.165	0.492	0.327	53.233	0.206	0.053	1.03	78.4	20.3	0.797
238	二辉岩	2			12.336	28.197	0.319	0.235	4.119	0.687	0.319	53.088	0.272	0.066	1.38	78.9	19.7	0.803
238	二辉岩	3	0.070		10.969	27.296		0.138	3.842	1.633	0.411	53.035	0.208	0.054	3.37	78.3	18.0	0.816
238	二辉岩	4	0.034		10.355	28.838		0.179	2.873	2.287	0.49	54.171	0.158	0.031	4.51	79.2	16.2	0.832
238	二辉岩	5	0.064		9.160	29.266		0.144	3.074	2.205	0.458	54.161	0.181	0.032	4.38	80.9	14.5	0.851
238	二辉岩	6	0.046		9.123	30.058	0.034	0.177	3.019	1.938	0.484	54.216	0.13	0.046	3.79	81.9	14.2	0.855
238	二辉岩	7	0.053		9.083	29.615		0.134	2.989	2.141	0.572	54.122	0.184	0.022	4.23	81.4	14.2	0.853
238	二辉岩	8	0.052		9.304	29.341	0.011	0.153	3.110	1.667	0.546	54.065	0.157	0.038	3.34	81.7	14.8	0.849
238	二辉岩	9	0.057		9.655	30.194	0.034	0.153	2.875	1.402	0.470	53.23	0.093	0.013	2.74	82.1	14.9	0.849
238	二辉岩	10	0.001		10.383	30.014		0.155	3.248	0.344	0.240	54.602	0.163	0.028	0.68	82.9	16.4	0.837
238	二辉岩	11	0.086		9.915	29.304		0.129	3.183	2.013	0.358	54.162	0.174	0.032	3.96	80.3	15.4	0.841
238	二辉岩	12	0.034		9.87	29.274	0.019	0.172	2.913	1.806	0.483	54.327	0.119	0.017	3.58	80.7	15.6	0.841
238	二辉岩	13	0.016	0.011	10.152	28.586		0.175	2.847	2.205	0.437	53.869	0.443	0.028	4.4	79.4	16.1	0.834
238	二辉岩	14	0.081		9.807	28.369		0.191	3.002	2.713	0.445	53.833	0.197	0.058	5.41	78.7	15.4	0.838
238	二辉岩	15	0.06		11.454	28.240		0.231	3.436	1.927	0.368	53.285	0.216	0.063	3.82	78.0	18.0	0.815
238	二辉岩	16	0.034		12.277	27.978	0.024	0.237	3.364	0.961	0.595	52.612	0.263	0.053	1.93	78.3	19.6	0.803

注：空白处低于检测限（0.01%）。

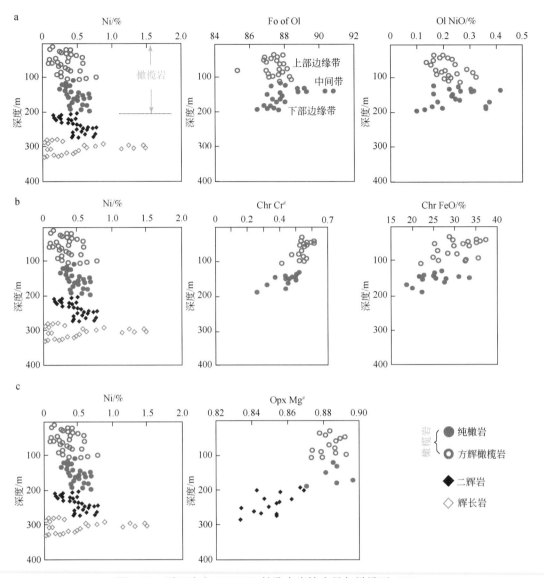

图 4-22　夏日哈木 ZK11E05 钻孔全岩镍含量与橄榄石（Ol）、
铬尖晶石（Chr）、斜方辉石（Opx）的主量元素成分对应关系（Liu et al., 2018）

　　ZK11E05 钻孔橄榄岩相铬尖晶石的 Cr_2O_3、FeO、TiO_2 含量从岩相上部到下部逐渐降低（图 4-23b），说明铬尖晶石是从上到下依次结晶的。橄榄岩相斜方辉石的 MgO 和 SiO_2 含量从岩相的上部到下部逐渐降低（图 4-23c），基本上说明斜方辉石是从上到下依次结晶的。全岩镍含量与橄榄岩相铬尖晶石的 Cr_2O_3、FeO、TiO_2 含量和斜方辉石的 MgO、SiO_2 含量呈负相关（图 4-23b），说明在铬尖晶石和斜方辉石结晶过程中，硫化物已经得到了饱和且结晶分异过程促进了更多的硫化物饱和。镜下看到的硫化物存在于铬尖晶石和斜方辉石中的现象也是对此认识一个强有力的证明。

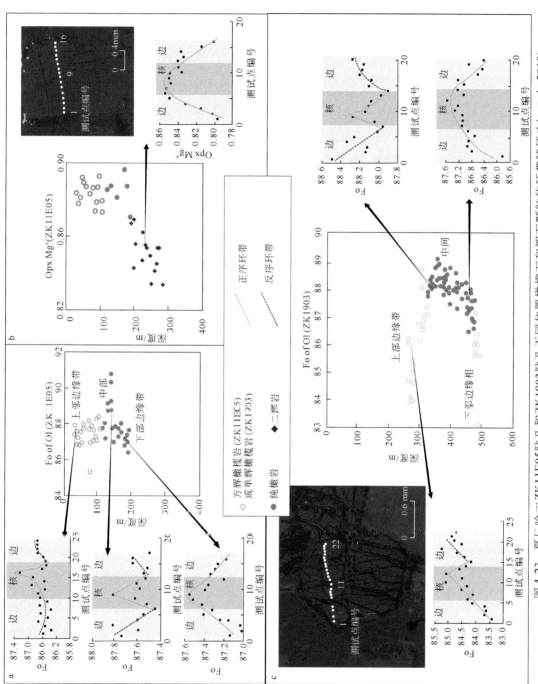

图 4-23　夏日哈木 ZK11E05 钻孔和 ZK1903 钻孔不同位置橄榄石和辉石颗粒的环带特征 (Liu et al., 2018)

二、岩体西部 ZK1903 钻孔矿物成分变化规律

ZK1903 钻孔不同深度的橄榄石成分列于表4-10 中，ZK1903 钻孔下、中、上岩相的橄榄石环带成分列于表4-11 中。ZK1903 钻孔橄榄石 Fo 值和 NiO 含量从中心相向上和向下减少（图4-24a），Fo 值从352m（中心相）的89.6（均值）减少到266m（上部边缘相）的83.8 和476m 处的85.6（图4-24a）。下部边缘相存在 Fo 值为83.0 的橄榄石，但该数据远离趋势线。来自中心相的橄榄石中的 NiO 含量在311m 处为0.32%（均值），逐渐降低到473m 处的0.18%（均值）（图4-24a）。ZK1903 钻孔中纯橄榄石的 SiO_2 和 CaO 平均含量分别为40.05% 和0.04%。

ZK1903 钻孔上部边缘相（258m）和中心相（346m）的橄榄石核部显示为正序环带，橄榄石的边缘为反序环带（图4-24c）。在上部边缘相，橄榄石边缘的一侧显示正常环带（图4-24c）。橄榄岩中心相橄榄石边缘最高的 Fo 值高于核部的 Fo 值。位于下部边缘相469m 处的橄榄石表现出正序环带（图4-24c），说明结晶方向为中心相结晶最早，边缘相结晶最晚。ZK1903 钻孔橄榄岩相橄榄石的迅速变化的位置（300～250m、450～490m）与矿体位置具有很好的对应关系（图4-24a），说明橄榄石的结晶分异在硫化物饱和中起到了一定重要的作用。ZK1903 钻孔的300～445m 处，全岩镍含量几乎没有变化（图4-24a），很可能说明 ZK1903 钻孔的最初的硫化物饱和发生在下部岩相的449m 附近及上部岩相的271m 或317m 附近。这些地方对应了晚期橄榄石结晶的位置。Fo 值最低的位置并不对应 Ni 含量最高（图4-24a），很可能说明单独的结晶分异不足以导致岩浆体系达到硫化物饱和。

ZK1903 钻孔不同深度的铬尖晶石的成分列于表4-12。ZK1903 钻孔中铬尖晶石的 $Cr^{\#}$ 值范围为0.151～0.531，大多数值集中在0.3～0.5。尽管 $Cr^{\#}$ 值没有显示出明显的深度趋势，但 FeO 值由上向下逐渐减小（图4-24b）。在 ZK11E05 钻孔中也发现了这种趋势（图4-24b）。ZK1903 钻孔中铬尖晶石的 $Fe^{3+}/\sum Fe$ 范围为0～0.20。

ZK1903 钻孔不同深度的单斜辉石的成分列于表4-13。ZK1903 钻孔中单斜辉石的 $Mg^{\#}$ 值在0.835～0.939 范围内波动，该值从中心相向上或向下逐渐减小（图4-24c）。同样证明总体上 ZK1903 钻孔的橄榄岩相是中心位置最早结晶，而边缘相结晶最晚。

表 4-10　ZK1903 钻孔不同深度橄榄石的成分（据 Liu et al.，2018）

钻孔	深度/m	岩性	矿物	Na_2O/%	K_2O/%	FeO/%	MgO/%	P_2O_5/%	MnO/%	Al_2O_3/%	CaO/%	Cr_2O_3/%	SiO_2/%	TiO_2/%	NiO/%	ZnO/%	总计/%	Fo值
ZK1903	258	单辉橄榄岩	Ol			12.910	46.433	0.021	0.324		0.032		40.333	0.039	0.136		100.23	86.2
ZK1903	258	单辉橄榄岩	Ol	0.017		12.806	45.789		0.203		0.022	0.052	40.386		0.252		99.534	86.3
ZK1903	258	单辉橄榄岩	Ol			14.695	46.265		0.202		0.047		40.219	0.033	0.230		101.70	84.7
ZK1903	258	单辉橄榄岩	Ol			12.804	45.067	0.012	0.202	0.021	0.031		40.466	0.058	0.342	0.034	99.037	86.1
ZK1903	266	单辉橄榄岩	Ol	0.011		14.885	44.544		0.129		0.019	0.115	40.501	0.026	0.336	0.078	100.65	84.1
ZK1903	266	单辉橄榄岩	Ol	0.011		15.127	44.746	0.015	0.243		0.045	0.094	40.249	0.011	0.200	0.117	100.86	83.8
ZK1903	271	单辉橄榄岩	Ol			14.982	44.574		0.170		0.027	0.125	40.079	0.027	0.176	0.078	100.25	84.0
ZK1903	271	单辉橄榄岩	Ol			13.593	45.123	0.015	0.130	0.015	0.025	0.042	39.954	0.025	0.209		99.131	85.4
ZK1903	271	单辉橄榄岩	Ol			14.318	45.013		0.234		0.032		39.325	0.043	0.218	0.044	99.227	84.7
ZK1903	275	单辉橄榄岩	Ol			13.533	44.546		0.186		0.030	0.105	40.177	0.171	0.255	0.015	99.061	85.3
ZK1903	275	单辉橄榄岩	Ol		0.017	13.891	44.8		0.162	0.051	0.050	0.021	40.425	0.033	0.221		99.683	85.0
ZK1903	289	单辉橄榄岩	Ol			12.349	46.455		0.243		0.032	0.084	40.578		0.167		99.91	86.8
ZK1903	289	单辉橄榄岩	Ol	0.037		12.293	45.803	0.012	0.130	0.037	0.046	0.063	40.383	0.054	0.215		98.979	86.8
ZK1903	294	单辉橄榄岩	Ol			12.926	45.886	0.027	0.178		0.028	0.063	39.65	0.011	0.330	0.029	99.138	86.2
ZK1903	294	单辉橄榄岩	Ol			12.921	45.828		0.194	0.01	0.043	0.052	39.899	0.014	0.233	0.049	99.243	86.2
ZK1903	299	单辉橄榄岩	Ol	0.028		11.299	47.2		0.073		0.015	0.084	40.018	0.012	0.236		98.964	88.1
ZK1903	299	单辉橄榄岩	Ol		0.011	10.536	47.508		0.130		0.016	0.042	41.215		0.360		99.819	88.8
ZK1903	305	单辉橄榄岩	Ol			12.340	46.704	0.042	0.210		0.022	0.094	40.264	0.07	0.218	0.058	100.03	86.9
ZK1903	305	单辉橄榄岩	Ol	0.028		12.442	45.874		0.194	0.016	0.032	0.010	40.055		0.230	0.053	98.937	86.6

续表

钻孔	深度/m	岩性	矿物	Na₂O/%	K₂O/%	FeO/%	MgO/%	P₂O₅/%	MnO/%	Al₂O₃/%	CaO/%	Cr₂O₃/%	SiO₂/%	TiO₂/%	NiO/%	ZnO/%	总计/%	Fo值
ZK1903	305	单辉橄榄岩	Ol	0.097		12.402	46.102		0.226	0.047	0.025	0.073	40.333	0.018	0.160	0.039	99.531	86.7
ZK1903	311	单辉橄榄岩	Ol	0.018		12.458	47.566		0.097		0.029		40.216	0.035	0.363		100.790	87.1
ZK1903	311	单辉橄榄岩	Ol	0.012		12.287	47.045	0.015	0.178		0.038	0.094	40.034		0.266		99.971	87.1
ZK1903	317	单辉橄榄岩	Ol			11.809	46.714	0.015	0.218	0.019	0.029	0.073	40.902	0.011	0.224		100.01	87.4
ZK1903	317	单辉橄榄岩	Ol			12.079	46.717	0.024	0.250		0.034		39.938	0.010	0.224		99.280	87.1
ZK1903	321	纯橄岩	Ol			11.551	47.264		0.152		0.039	0.093	40.607		0.209		99.921	87.8
ZK1903	321	纯橄岩	Ol			11.480	47.413		0.105		0.022		40.068	0.053	0.315		99.456	87.9
ZK1903	329	纯橄岩	Ol	0.013		11.542	47.153	0.03	0.176	0.02	0.018		39.528		0.207		98.699	87.8
ZK1903	329	纯橄岩	Ol	0.030		10.851	46.856		0.113		0.023	0.063	39.501	0.031	0.296		97.701	88.4
ZK1903	329	纯橄岩	Ol	0.028		11.132	47.012		0.097		0.025	0.042	39.238		0.281		97.813	88.2
ZK1903	333	纯橄岩	Ol	0.020		10.760	46.925	0.015	0.122		0.020	0.589	39.582	0.025	0.245	0.044	97.76	88.5
ZK1903	333	纯橄岩	Ol	0.017	0.011	11.041	46.986		0.097	0.043	0.042		39.717	0.036	0.324		98.377	88.3
ZK1903	333	纯橄岩	Ol		0.013	11.231	47.278	0.018	0.186		0.039	0.042	40.379	0.025	0.261	0.019	99.492	88.1
ZK1903	333	纯橄岩	Ol			11.006	46.637		0.178	0.176	0.024		39.302	0.028	0.272		98.219	88.1
ZK1903	338	纯橄岩	Ol			11.254	48.151	0.018	0.194		0.054	0.137	40.816	0.039	0.245	0.024	100.800	88.2
ZK1903	338	纯橄岩	Ol			10.964	47.023		0.162		0.039	0.011	40.602	0.032	0.287	0.01	99.264	88.3
ZK1903	346	纯橄岩	Ol			10.422	47.310	0.039	0.154	0.017	0.066		40.343	0.040	0.339	0.044	98.785	88.9
ZK1903	346	纯橄岩	Ol	0.017		11.132	47.435		0.218		0.079		40.850	0.032	0.199	0.068	100.04	88.2
ZK1903	352	纯橄岩	Ol			10.76	47.083		0.259	0.017	0.027		39.960	0.019	0.257		98.382	88.4

续表

钻孔	深度/m	岩性	矿物	Na₂O/%	K₂O/%	FeO/%	MgO/%	P₂O₅/%	MnO/%	Al₂O₃/%	CaO/%	Cr₂O₃/%	SiO₂/%	TiO₂/%	NiO/%	ZnO/%	总计/%	Fo值
ZK1903	352	纯橄岩	Ol			10.395	47.248		0.081		0.026	0.011	39.895	0.038	0.293	0.107	98.103	88.9
ZK1903	357	纯橄岩	Ol	0.019		10.363	47.332		0.097		0.041	0.042	40.128	0.011	0.280		98.313	89.0
ZK1903	357	纯橄岩	Ol	0.029		11.007	47.658		0.073		0.010		40.291		0.259		99.33	88.5
ZK1903	361	纯橄岩	Ol	0.013		11.272	47.726	0.051	0.137	0.010	0.026		40.475	0.008	0.286		100.01	88.2
ZK1903	367	纯橄岩	Ol			10.962	46.410		0.169	0.018	0.057		40.078	0.018	0.265		97.982	88.1
ZK1903	367	纯橄岩	Ol			10.757	46.892		0.145	0.013	0.048	0.021	40.506		0.256		98.638	88.5
ZK1903	372	纯橄岩	Ol			11.494	47.187		0.129	0.027	0.042	0.052	40.254	0.05	0.249		99.484	87.9
ZK1903	372	纯橄岩	Ol			10.825	46.473		0.137	0.073	0.040	0.021	40.014	0.02	0.307		97.91	88.3
ZK1903	376	纯橄岩	Ol	0.047		10.450	47.048	0.015	0.161		0.044	0.021	40.443		0.163	0.024	98.383	88.8
ZK1903	376	纯橄岩	Ol	0.027		10.732	46.724		0.193		0.036		40.316	0.033	0.145		98.226	88.4
ZK1903	376	纯橄岩	Ol			10.699	46.540		0.105		0.035	0.021	40.341	0.019	0.16		97.953	88.5
ZK1903	381	纯橄岩	Ol	0.012		10.542	46.246	0.021	0.105		0.017	0.084	40.352		0.341	0.078	97.786	88.6
ZK1903	381	纯橄岩	Ol	0.060		11.319	46.860	0.015	0.056		0.034		40.466		0.235	0.068	99.071	88.0
ZK1903	387	纯橄岩	Ol		0.02	11.461	47.318	0.012	0.130		0.036	0.021	40.547		0.272	0.127	99.963	87.9
ZK1903	387	纯橄岩	Ol			11.052	46.234	0.012	0.098		0.037		40.652	0.011	0.244		98.383	88.1
ZK1903	392	纯橄岩	Ol			10.439	47.108		0.115		0.039	0.075	40.695		0.183		98.662	88.8
ZK1903	392	纯橄岩	Ol			11.789	47.074	0.170	0.189		0.259		39.798	1.120	0.298		100.71	87.5
ZK1903	403	纯橄岩	Ol	0.010		11.120	46.592		0.186		0.020	0.032	39.456	0.027	0.209	0.029	97.686	88.0
ZK1903	411	纯橄岩	Ol			10.635	47.306		0.196		0.050	0.021	40.484		0.248		98.951	88.6

续表

钻孔	深度/m	岩性	矿物	Na₂O/%	K₂O/%	FeO/%	MgO/%	P₂O₅/%	MnO/%	Al₂O₃/%	CaO/%	Cr₂O₃/%	SiO₂/%	TiO₂/%	NiO/%	ZnO/%	总计/%	Fo值
ZK1903	411	纯橄岩	Ol			11.217	47.173		0.139		0.015		40.428		0.241		99.222	88.1
ZK1903	415	纯橄岩	Ol			10.797	46.054		0.107		0.025	0.043	39.679		0.156	0.049	96.922	88.3
ZK1903	415	纯橄岩	Ol	0.028		11.822	46.577		0.196		0.007	0.085	39.78	0.01	0.253		98.758	87.4
ZK1903	415	纯橄岩	Ol	0.016		11.185	46.469	0.039	0.155	0.031	0.022	0.042	39.493		0.198		97.65	88.0
ZK1903	418	纯橄岩	Ol			10.999	46.66	0.036	0.179		0.026	0.127	39.705		0.280		98.019	88.2
ZK1903	418	纯橄岩	Ol			11.000	46.536	0.021	0.163		0.037	0.063	39.939		0.289	0.005	98.067	88.1
ZK1903	418	纯橄岩	Ol			11.168	46.654		0.089	0.116	0.042	0.094	39.162		0.266	0.01	97.601	88.1
ZK1903	431	纯橄岩	Ol			11.615	46.866	0.045	0.121	0.048	0.024		39.607		0.215		98.541	87.7
ZK1903	431	纯橄岩	Ol		0.012	11.218	45.673	0.042	0.169		0.027	0.084	39.602	0.024	0.235	0.029	97.115	87.7
ZK1903	431	纯橄岩	Ol			11.058	47.206		0.145		0.019	0.073	39.492		0.238		98.234	88.3
ZK1903	443	纯橄岩	Ol			11.362	46.718	0.018	0.105		0.035		39.937		0.16	0.112	98.451	87.9
ZK1903	443	纯橄岩	Ol	0.010		11.502	47.093	0.012	0.032		0.030		40.066	0.041	0.172		98.958	87.9
ZK1903	443	纯橄岩	Ol			10.902	46.696		0.137	0.021	0.021	0.031	39.738		0.247		97.803	88.3
ZK1903	449	纯橄岩	Ol			12.020	46.650		0.210		0.034		40.503		0.263		99.683	87.2
ZK1903	449	纯橄岩	Ol	0.017	0.017	11.531	46.817	0.027	0.137	0.043	0.035	0.115	39.877	0.026	0.302	0.015	98.905	87.7
ZK1903	449	纯橄岩	Ol	0.026		11.868	47.031		0.226		0.029	0.073	39.863		0.251		99.427	87.4
ZK1903	453	纯橄岩	Ol	0.027		12.623	46.207		0.242		0.021		39.797		0.196	0.029	99.142	86.5
ZK1903	453	纯橄岩	Ol	0.051		12.056	46.852		0.137	0.142	0.004		40.068		0.214		99.524	87.3
ZK1903	457	纯橄岩	Ol			11.282	46.803	0.042	0.161		0.033	0.021	39.201		0.196	0.039	97.78	87.9

续表

钻孔	深度/m	岩性	矿物	Na₂O/%	K₂O/%	FeO/%	MgO/%	P₂O₅/%	MnO/%	Al₂O₃/%	CaO/%	Cr₂O₃/%	SiO₂/%	TiO₂/%	NiO/%	ZnO/%	总计/%	Fo值
ZK1903	457	纯橄岩	Ol			11.146	46.588		0.121	0.022	0.029	0.105	40.269		0.136	0.053	98.483	88.1
ZK1903	461	纯橄岩	Ol			11.866	46.606		0.145		0.046		40.050		0.223		98.936	87.4
ZK1903	461	纯橄岩	Ol			11.267	46.606		0.145		0.078	0.094	40.573	0.039	0.26	0.092	99.156	87.9
ZK1903	465	纯橄岩	Ol			12.314	46.596	0.012	0.121		0.022	0.272	40.263	0.037	0.251	0.019	99.888	87.0
ZK1903	465	纯橄岩	Ol			12.027	45.523		0.218	0.021	0.027	0.136	39.378	0.012	0.302	0.019	97.663	86.9
ZK1903	465	纯橄岩	Ol	0.006		11.441	45.943		0.105	0.011	0.038		39.604	0.028	0.157	0.068	97.407	87.6
ZK1903	469	纯橄岩	Ol	0.034		12.528	45.953	0.018	0.129	0.013	0.033		39.260		0.127		98.099	86.6
ZK1903	469	纯橄岩	Ol			12.243	46.468		0.307		0.038	0.031	40.204	0.011	0.25		99.558	86.8
ZK1903	469	纯橄岩	Ol	0.018		11.546	46.285		0.081		0.047	0.136	39.793	0.029	0.184		98.119	87.7
ZK1903	473	纯橄岩	Ol	0.028		12.958	45.236	0.012	0.129		0.056		39.836		0.121	0.078	98.46	86.0
ZK1903	473	纯橄岩	Ol	0.037		13.394	45.878	0.03	0.194		0.015	0.031	39.748		0.220		99.55	85.8
ZK1903	473	纯橄岩	Ol	0.022		11.966	46.201	0.036	0.129		0.034		39.625	0.01	0.190		98.216	87.2
ZK1903	476	单辉橄榄岩	Ol			12.646	44.762	0.027	0.186	0.017	0.033	0.063	39.911	0.026	0.203	0.029	97.903	86.1
ZK1903	476	单辉橄榄岩	Ol	0.044		13.371	45.566		0.25		0.034	0.073	39.722		0.278	0.015	99.365	85.6
ZK1903	481	单辉橄榄岩	Ol	0.020		12.657	45.412		0.106	0.018	0.037	0.042	40.006	0.015	0.250		98.563	86.4
ZK1903	481	单辉橄榄岩	Ol	0.020		12.909	45.502	0.03	0.267	0.016	0.028	0.147	39.807		0.315	0.068	99.115	86.0
ZK1903	489	单辉橄榄岩	Ol	0.001		15.852	44.419	0.021	0.339	0.008	0.042	0.155	39.857		0.290	0.019	101.01	83.0
ZK1903	489	单辉橄榄岩	Ol	0.012		13.395	45.440		0.170		0.028	0.021	39.622		0.242		98.945	85.7

注：空白处低于检测限（0.01%）。

表 4-11　夏日哈木 ZK1903 钻孔上、中、下岩相的单颗橄榄石环带成分（据 Liu et al., 2018）

钻孔	深度/m	岩性	岩相	点数	FeO/%	MgO/%	P₂O₅/%	MnO/%	Al₂O₃/%	CaO/%	Cr₂O₃/%	SiO₂/%	TiO₂/%	NiO/%	总计/%	Fo值
ZK1903	258	单辉橄榄岩	上部岩相	1	15.36	43.883		0.171		0.018		40.037		0.273	99.75	83.43
ZK1903	258	单辉橄榄岩	上部岩相	2	15.18	44.113		0.165		0.016	0.010	39.842	0.067	0.238	99.641	83.67
ZK1903	258	单辉橄榄岩	上部岩相	3	15.43	44.781	0.010	0.186		0.03	0.037	40.195		0.237	100.912	83.63
ZK1903	258	单辉橄榄岩	上部岩相	4	15.34	44.731		0.205		0.025		40.319		0.263	100.884	83.68
ZK1903	258	单辉橄榄岩	上部岩相	5	15.07	45.275		0.171		0.026		39.795	0.025	0.244	100.602	84.12
ZK1903	258	单辉橄榄岩	上部岩相	6	14.69	44.833	0.013	0.204		0.024	0.047	40.237		0.172	100.222	84.29
ZK1903	258	单辉橄榄岩	上部岩相	7	14.96	45.037		0.194		0.028	0.014	40.329	0.063	0.253	100.876	84.12
ZK1903	258	单辉橄榄岩	上部岩相	8	14.58	45.206	0.019	0.191	0.098	0.046	0.090	39.709		0.281	100.218	84.51
ZK1903	258	单辉橄榄岩	上部岩相	9	14.70	45.024		0.199	0.378	0.016	0.180	38.879	0.046	0.279	99.706	84.34
ZK1903	258	单辉橄榄岩	上部岩相	10	13.86	45.045		0.194		0.019	0.019	39.857	0.042	0.233	99.266	85.10
ZK1903	258	单辉橄榄岩	上部岩相	11	14.54	45.101	0.019	0.191		0.028	0.046	39.619	0.039	0.281	99.861	84.51
ZK1903	258	单辉橄榄岩	上部岩相	12	13.84	44.947		0.216		0.022	0.075	39.775	0.053	0.267	99.19	85.08
ZK1903	258	单辉橄榄岩	上部岩相	13	14.53	45.29		0.179		0.022	0.061	40.235	0.018	0.199	100.532	84.59
ZK1903	258	单辉橄榄岩	上部岩相	14	14.85	45.496	0.023	0.165		0.028	0.103	39.865	0.028	0.247	100.807	84.38
ZK1903	258	单辉橄榄岩	上部岩相	15	14.83	44.938		0.195		0.024	0.051	39.963		0.197	100.20	84.20
ZK1903	258	单辉橄榄岩	上部岩相	16	14.66	45.168		0.190		0.024	0.042	40.365		0.270	100.722	84.43
ZK1903	258	单辉橄榄岩	上部岩相	17	14.37	45.046		0.174		0.031	0.063	40.157		0.207	100.052	84.66
ZK1903	258	单辉橄榄岩	上部岩相	18	13.73	45.266	0.025	0.209		0.030	0.015	40.444		0.282	99.998	85.27
ZK1903	258	单辉橄榄岩	上部岩相	19	14.64	45.6		0.239		0.026	0.015	40.319	0.018	0.224	101.081	84.53
ZK1903	258	单辉橄榄岩	上部岩相	20	14.37	45.525	0.013	0.187		0.020	0.051	40.000		0.213	100.378	84.79
ZK1903	258	单辉橄榄岩	上部岩相	21	14.06	44.91	0.022	0.217		0.026	0.065	40.440	0.039	0.223	99.999	84.87

续表

钻孔	深度/m	岩性	岩相	点数	FeO/%	MgO/%	P₂O₅/%	MnO/%	Al₂O₃/%	CaO/%	Cr₂O₃/%	SiO₂/%	TiO₂/%	NiO/%	总计/%	Fo值
ZK1903	258	单辉橄榄岩	上部岩相	22	14.39	45.418		0.205		0.015		39.909		0.267	100.204	84.72
ZK1903	346	纯橄榄岩	中间岩相	1	10.87	47.832	0.011	0.157		0.013	0.039	40.884		0.254	100.058	88.55
ZK1903	346	纯橄榄岩	中间相	2	11.38	47.891	0.016	0.107		0.015	0.015	41.329		0.297	101.054	88.14
ZK1903	346	纯橄榄岩	中间相	3	11.33	47.877	0.025	0.173		0.013	0.012	40.493	0.35	0.273	100.545	88.12
ZK1903	346	纯橄榄岩	中间相	4	11.11	47.869		0.151		0.016	0.033	40.693	0.018	0.203	100.088	88.34
ZK1903	346	纯橄榄岩	中间相	5	11.18	47.707	0.010	0.137		0.027		40.884		0.218	100.163	88.26
ZK1903	346	纯橄榄岩	中间相	6	11.32	47.297		0.157		0.023	0.031	40.595		0.28	99.701	88.02
ZK1903	346	纯橄榄岩	中间相	7	11.45	47.709		0.188		0.032	0.031	40.630		0.235	100.279	87.96
ZK1903	346	纯橄榄岩	中间相	8	11.22	47.125		0.180	0.222	0.035	0.077	40.418		0.289	99.567	88.05
ZK1903	346	纯橄榄岩	中间相	9	11.04	47.431	0.011	0.183		0.033		40.693		0.291	99.68	88.28
ZK1903	346	纯橄榄岩	中间相	1C	11.3	47.724	0.013	0.13		0.032		40.367	0.028	0.195	99.792	88.15
ZK1903	346	纯橄榄岩	中间相	11	11.28	47.511	0.029	0.147		0.031	0.034	40.730	0.039	0.223	100.024	88.11
ZK1903	346	纯橄榄岩	中间相	12	11.31	47.522		0.15		0.037	0.029	40.705	0.011	0.255	100.014	88.09
ZK1903	346	纯橄榄岩	中间相	13	11.32	47.255		0.185		0.032	0.015	40.717	0.039	0.203	99.77	87.98
ZK1903	346	纯橄榄岩	中间相	14	1.34	47.105		0.21		0.035	0.024	40.843		0.250	99.803	87.91
ZK1903	346	纯橄榄岩	中间相	15	1.31	47.505		0.128		0.025	0.012	40.521		0.252	99.749	88.10
ZK1903	346	纯橄榄岩	中间相	16	1.30	47.504	0.015	0.146		0.035	0.046	39.425	0.039	0.289	98.803	88.09
ZK1903	346	纯橄榄岩	中间相	17	1.13	47.434		0.162		0.023	0.072	40.319	0.028	0.242	99.41	88.22
ZK1903	346	纯橄榄岩	中间相	18	1.27	47.698		0.125			0.017	41.024	0.018	0.261	100.426	88.18
ZK1903	346	纯橄榄岩	中间相	19	1.34	47.885		0.111				40.768	0.064	0.280	100.461	88.17
ZK1903	346	纯橄榄岩	中间相	20	1.14	47.775		0.163				40.646	0.042	0.268	100.044	88.28

续表

钻孔	深度/m	岩性	岩相	点数	FeO/%	MgO/%	P_2O_5/%	MnO/%	Al_2O_3/%	CaO/%	Cr_2O_3/%	SiO_2/%	TiO_2/%	NiO/%	总计/%	Fo值
ZK1903	469	纯橄岩	下部岩相	1	13.41	46.232	0.016	0.18		0.022	0.036	40.349		0.222	100.476	85.84
ZK1903	469	纯橄岩	下部岩相	2	12.32	46.151		0.185		0.018	0.051	41.027	0.057	0.270	100.09	86.80
ZK1903	469	纯橄岩	下部岩相	3	12.27	46.388		0.138			0.113	40.486	0.032	0.262	99.694	86.95
ZK1903	469	纯橄岩	下部岩相	4	12.42	46.972		0.203	0.015	0.023	0.038	40.084	0.014	0.256	100.015	86.89
ZK1903	469	纯橄岩	下部岩相	5	12.50	46.403	0.015	0.155		0.018	0.017	40.849		0.267	100.238	86.73
ZK1903	469	纯橄岩	下部岩相	6	12.41	46.934		0.168		0.023	0.063	40.295	0.042	0.230	100.164	86.93
ZK1903	469	纯橄岩	下部岩相	7	12.02	46.404		0.203		0.022		40.696		0.281	99.631	87.13
ZK1903	469	纯橄岩	下部岩相	8	12.38	47.269		0.126		0.016	0.014	40.436	0.074	0.235	100.554	87.07
ZK1903	469	纯橄岩	下部岩相	9	12.15	46.665	0.027	0.147		0.024	0.036	40.960		0.227	100.234	87.12
ZK1903	469	纯橄岩	下部岩相	10	11.97	47.007		0.193		0.020	0.019	40.329		0.221	99.762	87.32
ZK1903	469	纯橄岩	下部岩相	11	12.07	46.854	0.011	0.170		0.021		40.518	0.064	0.227	99.933	87.22
ZK1903	469	纯橄岩	下部岩相	12	11.76	47.085		0.121		0.018		40.313	0.021	0.224	99.554	87.60
ZK1903	469	纯橄岩	下部岩相	13	12.23	47.008		0.233		0.014		40.269	0.014	0.214	99.981	87.05
ZK1903	469	纯橄岩	下部岩相	14	12.09	47.127	0.015	0.175		0.019	0.039	40.198		0.219	99.886	87.25
ZK1903	469	纯橄岩	下部岩相	15	12.17	46.662	0.017	0.198		0.029	0.039	40.959		0.234	100.312	87.05
ZK1903	469	纯橄岩	下部岩相	16	12.09	47.02		0.172		0.019	0.048	40.157	0.046	0.225	99.781	87.24
ZK1903	469	纯橄岩	下部岩相	17	12.57	46.323		0.173		0.03	0.058	40.527	0.014	0.248	99.946	86.63
ZK1903	469	纯橄岩	下部岩相	18	12.73	46.594	0.019	0.229		0.023	0.017	40.428		0.277	100.313	86.50
ZK1903	469	纯橄岩	下部岩相	19	12.15	45.965	0.015	0.177		0.034		40.397	0.028	0.226	98.989	86.92
ZK1903	469	纯橄岩	下部岩相	20	12.75	46.337		0.206		0.022	0.015	40.500		0.228	100.069	86.44

注：空白处低于检测限（0.01%）。

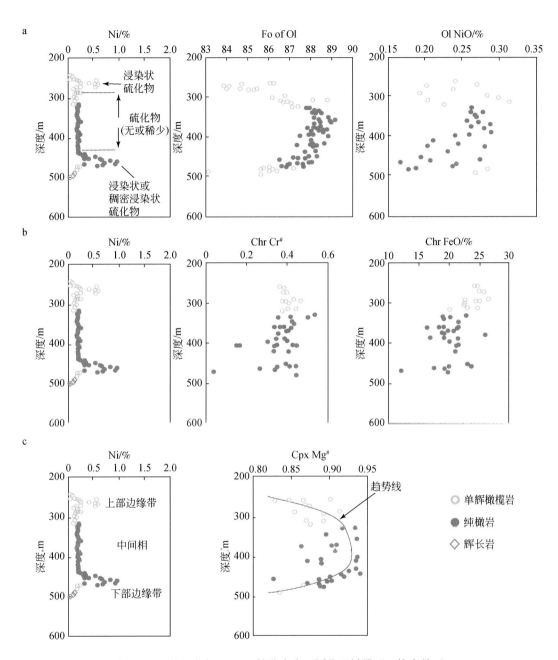

图4-24 夏日哈木 ZK1903 钻孔全岩不同位置橄榄石、铬尖晶石、
辉石颗粒的成分特征 （Liu et al.，2018）

表 4-12　夏日哈木 ZK1903 钻孔不同深度的铬尖晶石成分（据 Liu et al., 2018）

钻孔	深度/m	岩性	Na₂O /%	K₂O /%	FeO /%	MgO /%	P₂O₅ /%	MnO /%	Al₂O₃ /%	CaO /%	Cr₂O₃ /%	SiO₂ /%	TiO₂ /%	NiO /%	ZnO /%	总计 /%	Cr#	Fe³⁺/ΣFe
ZK1903	258	单辉橄榄岩	0.041	0.025	24.335	9.823		0.239	33.999	0.018	30.605	0.032	0.226	0.082	0.587	100.012	0.377	0.112
ZK1903	258	单辉橄榄岩			24.568	10.041		0.278	34.172	0.026	28.687	0.013	0.347	0.044	0.177	98.353	0.360	0.126
ZK1903	271	单辉橄榄岩	0.042		25.629	9.673		0.263	33.821	0.032	30.357	0.106	0.404	0.123	0.672	101.122	0.376	0.128
ZK1903	271	单辉橄榄岩			24.976	10.008	0.011	0.347	33.723	0.013	31.653	0.026	0.263	0.135	0.684	101.839	0.386	0.123
ZK1903	289	单辉橄榄岩	0.031	0.014	26.455	10.276		0.338	30.07	0.039	33.370	0.174	0.407	0.146	0.098	101.418	0.427	0.186
ZK1903	294	单辉橄榄岩			24.326	9.851		0.169	29.418	0.048	36.773		0.528	0.055	0.185	101.353	0.456	0.089
ZK1903	294	单辉橄榄岩	0.142		24.844	10.439		0.170	34.328	0.022	30.193	0.029	0.266	0.015	0.494	100.942	0.371	0.157
ZK1903	294	单辉橄榄岩	0.042	0.01	22.603	10.484	0.044	0.170	33.738	0.03	31.706	0.118	0.314		0.214	99.473	0.387	0.069
ZK1903	299	单辉橄榄岩			22.566	9.977		0.277	33.521	0.027	33.387		0.120	0.015	0.475	100.377	0.401	0.045
ZK1903	305	单辉橄榄岩	0.073		22.362	10.44		0.185	33.553	0.036	33.115	0.091	0.337	0.035	0.27	100.432	0.398	0.040
ZK1903	305	单辉橄榄岩			22.370	10.946		0.399	31.243	0.019	36.108	0.013	0.176	0.108	0.195	101.577	0.437	0.093
ZK1903	311	单辉橄榄岩			24.629	10.030		0.222	30.652	0.04	34.807	0.026	0.308		0.348	101.076	0.432	0.120
ZK1903	311	单辉橄榄岩	0.073		22.948	10.932	0.022	0.269	33.278	0.028	32.344	0.023	0.347	0.058	0.358	100.68	0.395	0.119
ZK1903	317	单辉橄榄岩			20.023	11.717	0.019	0.170	35.927	0.027	31.40	0.078	1.430	0.088	0.247	101.134	0.370	-0.048
ZK1903	329	纯橄岩	0.084		22.968	9.421	0.029	0.327	25.469	0.022	43.05	0.041	0.406	0.058	0.377	102.256	0.531	0.055
ZK1903	329	纯橄岩	0.025		22.722	9.332	0.038	0.314	26.683	0.049	40.289	0.102	0.28	0.052	0.560	100.408	0.503	0.054
ZK1903	333	纯橄岩	0.041		20.144	11.515		0.286	32.639	0.017	34.394	0.04	0.293	0.062	0.280	99.756	0.414	0.055
ZK1903	333	纯橄岩	0.053		18.890	13.095		0.217	36.947	0.037	29.342	0.276	0.188	0.044	0.084	99.173	0.348	0.071
ZK1903	338	纯橄岩			19.087	12.50	0.027	0.324	33.364	0.04	35.801	0.018	0.215	0.070	0.205	101.651	0.419	0.040
ZK1903	346	纯橄岩	0.081		21.587	11.298		0.361	31.84	0.056	35.494		0.350	0.091	0.26	101.337	0.428	0.081
ZK1903	357	纯橄岩	0.017		19.032	13.501		0.278	39.237	0.028	29.482	0.026	0.122	0.085	0.187	102.066	0.335	0.080
ZK1903	357	纯橄岩	0.031		21.511	11.959	0.011	0.361	34.547	0.015	31.767	0.045	0.316	0.085	0.237	100.871	0.382	0.110
ZK1903	357	纯橄岩			18.321	12.993		0.309	36.988	0.051	30.917	0.130	0.134	0.102	0.219	100.203	0.359	0.041

续表

钻孔	深度/m	岩性	Na$_2$O/%	K$_2$O/%	FeO/%	MgO/%	P$_2$O$_5$/%	MnO/%	Al$_2$O$_3$/%	CaO/%	Cr$_2$O$_3$/%	SiO$_2$/%	TiO$_2$/%	NiO/%	ZnO/%	总计/%	Cr$^{\#}$	Fe^{3+}/ΣFe
ZK1903	361	纯橄岩			21.313	11.672	0.044	0.130	32.638	0.021	34.172		0.247	0.029	0.297	100.563	0.413	0.092
ZK1903	361	纯橄岩	0.056		16.347	15.092	0.020	0.218	46.796	0.064	22.448	0.152	0.068	0.159	0.117	101.54	0.243	0.003
ZK1903	367	纯橄岩			19.736	11.940		0.292	35.018	0.034	34.231		0.133	0.050	0.130	101.565	0.396	0.014
ZK1903	367	纯橄岩	0.057		20.834	11.501		0.176	32.981	0.030	32.726	0.060	0.251		0.223	98.839	0.400	0.088
ZK1903	372	纯橄岩	0.018	0.014	19.136	12.569		0.315	37.643	0.031	30.459	0.058	0.121	0.047	0.539	100.955	0.352	0.045
ZK1903	372	纯橄岩		0.003	18.959	12.942	0.014	0.231	34.921	0.028	32.723	0.036	0.196	0.105	0.084	100.242	0.386	0.069
ZK1903	376	纯橄岩		0.005	25.849	10.328	0.033	0.359	30.482	0.032	32.488		0.207	0.073	0.337	100.195	0.417	0.199
ZK1903	381	纯橄岩	0.030		19.112	12.540	0.019	0.162	36.812	0.036	28.570		0.172	0.076	0.126	97.655	0.342	0.079
ZK1903	387	纯橄岩	0.010		21.345	11.142	0.017	0.340	33.559	0.021	31.156		0.257	0.082	0.266	98.195	0.384	0.097
ZK1903	387	纯橄岩	0.011		16.880	13.854		0.141	41.367	0.033	26.177	0.058	0.072	0.127	0.307	99.027	0.298	0.017
ZK1903	392	纯橄岩			20.066	11.565		0.227	34.063	0.021	33.054	0.067	0.219	0.047	0.283	99.618	0.394	0.035
ZK1903	403	纯橄岩			13.663	17.034		0.097	52.068	0.023	14.865		0.047	0.274	0.127	98.2	0.161	0.035
ZK1903	403	纯橄岩	0.077		21.470	11.504		0.2	31.334	0.042	34.231	0.017	0.233	0.079	0.092	99.27	0.423	0.128
ZK1903	403	纯橄岩	0.057		14.016	17.062	0.023	0.104	52.809	0.010	14.048	0.034	0.035	0.150	0.115	98.463	0.151	0.054
ZK1903	403	纯橄岩			21.177	11.675		0.109	31.061		36.277	0.020	0.310	0.080	0.193	100.917	0.439	0.085
ZK1903	418	纯橄岩		0.020	21.103	11.481		0.287	32.809	0.091	32.804	0.017	0.888	0.139	0.159	99.798	0.401	0.065
ZK1903	453	纯橄岩	0.017		23.011	10.727		0.383	30.055		35.244	0.027	0.296	0.105	0.088	99.961	0.440	0.126
ZK1903	457	纯橄岩	0.010		17.385	13.809	0.011	0.202	43.678	0.034	23.031	0.011	0.103	0.100	0.211	98.585	0.261	0.027
ZK1903	457	纯橄岩			19.864	12.344		0.224	37.593	0.022	29.61	0.017	0.129	0.120	0.377	100.300	0.346	0.061
ZK1903	457	纯橄岩			23.679	10.980		0.322	32.913		33.835	0.017	0.261	0.064	0.176	102.262	0.408	0.116
ZK1903	461	纯橄岩			19.356	13.240		0.224	39.122	0.050	29.126	0.019	0.164	0.126	0.051	101.481	0.333	0.060
ZK1903	473	纯橄岩	0.027		19.822	13.419		0.239	30.802	0.021	36.083	0.056	0.457	0.079	0.172	101.177	0.440	0.156

表 4-13　夏日哈木 ZK1903 钻孔不同深度的单斜辉石成分（Liu et al., 2018）

钻孔	深度/m	岩性	Na₂O/%	K₂O/%	FeO/%	MgO/%	P₂O₅/%	MnO/%	Al₂O₃/%	CaO/%	Cr₂O₃/%	SiO₂/%	TiO₂/%	NiO/%	ZnO/%	IV Al	VI Al	Wo	En	Fs	Mg#
ZK1903	258	单辉橄榄岩	0.526		6.450	19.986		0.090	5.223	12.55	0.682	52.090	0.362	0.073	0.01	0.000	0.244	36.2	0.36	60.74	0.847
ZK1903	258	单辉橄榄岩	0.474		3.087	15.498		0.156	5.862	20.67	1.25	51.287	0.544	0.115		0.000	0.270	56.6	0.59	40.43	0.900
ZK1903	258	单辉橄榄岩	0.691		4.204	15.143	0.02	0.131	6.206	20.89	0.175	50.647	1.15	0.018		0.024	0.261	55.4	0.48	40.77	0.865
ZK1903	258	单辉橄榄岩	0.362		6.515	17.711		0.131	6.570	19.31	0.37	51.279	0.682	0.048	0.029	0.044	0.251	49.0	0.46	48.84	0.828
ZK1903	271	单辉橄榄岩	1.208	0.025	3.900	14.384	0.026	0.033	6.421	21.40	0.394	51.068	0.919	0.030		0.023	0.271	56.1	0.12	38.03	0.868
ZK1903	271	单辉橄榄岩	0.594		3.899	15.020	0.035	0.221	6.475	21.09	0.809	50.405	0.634	0.097		0.032	0.266	56.3	0.82	40.05	0.873
ZK1903	289	单辉橄榄岩	0.323		6.556	21.250		0.122	3.620	13.69	1.136	53.918	0.244	0.036		0.000	0.166	37.4	0.46	60.56	0.853
ZK1903	289	单辉橄榄岩	0.565		2.744	16.074	0.023	0.131	4.204	22.23	1.591	51.629	0.412		0.078	0.000	0.193	58.0	0.48	38.9	0.912
ZK1903	294	单辉橄榄岩	0.612		3.582	16.543		0.041	5.168	20.51	1.475	50.789	0.461	0.061	0.044	0.006	0.234	54.5	0.15	42.42	0.891
ZK1903	311	单辉橄榄岩	0.720		4.199	15.706	0.041	0.204	6.963	20.69	0.719	50.214	0.862	0.024		0.055	0.263	54.4	0.75	41.48	0.869
ZK1903	311	单辉橄榄岩	0.621	0.02	3.58	16.591		0.082	4.746	20.42	1.561	51.248	0.393			0.000	0.219	54.2	0.3	42.49	0.892
ZK1903	317	单辉橄榄岩	0.822		4.287	16.645		0.204	6.511	18.39	1.088	51.005	0.584	0.039		0.015	0.284	50.0	0.77	45.19	0.874
ZK1903	329	纯橄岩	1.050	0.047	2.133	16.794	0.011	0.097	6.116	20.16	0.792	49.074	1.074	0.060	0.067	0.041	0.247	54.2	0.36	40.31	0.933
ZK1903	333	纯橄岩	0.691		2.606	16.142	0.012	0.066	5.284	21.61	1.164	50.503	0.559	0.058		0.011	0.234	57.2	0.24	39.30	0.917
ZK1903	346	纯橄岩	0.539		3.478	16.461		0.147	6.346	19.65	1.026	50.890	0.618		0.029	0.015	0.277	53.6	0.56	43.18	0.894
ZK1903	357	纯橄岩	0.761	0.026	2.019	16.435	0.032		5.968	21.29	0.755	50.724	0.961	0.012		0.017	0.258	57.1	0	39.22	0.935
ZK1903	372	纯橄岩	0.658		3.07	16.786		0.016	5.538	17.85	1.336	51.877	0.423	0.018	0.01	0.000	0.257	51.2	0.06	45.29	0.908
ZK1903	376	纯橄岩	0.486	0.015	5.44	19.246	0.035	0.122	4.875	17.19	1.221	51.966	0.377			0.000	0.223	45.4	0.45	51.82	0.863
ZK1903	376	纯橄岩	0.595		3.158	16.336		0.163	5.073	19.54	1.131	51.031	0.408	0.021	0.106	0.000	0.237	53.8	0.62	42.6	0.902
ZK1903	376	纯橄岩	1.164	0.025	2.797	14.391		0.082	6.914	20.65	0.774	49.306	1.338	0.012	0.126	0.050	0.273	56.6	0.31	37.34	0.902
ZK1903	387	纯橄岩	0.891		3.153	16.959		0.139	4.534	18.9	1.399	52.111	0.455		0.049	0.000	0.210	51.5	0.53	43.54	0.906
ZK1903	403	纯橄岩	1.110		2.021	16.79	0.012	0.157	6.994	19.26	0.686	49.983	1.149	0.040		0.036	0.287	52.9	0.6	40.95	0.937
ZK1903	411	纯橄岩	0.474		3.498	15.697		0.331	5.825	20.93	1.889	49.688	0.390	0.076	0.059	0.040	0.231	55.9	1.23	40.62	0.889

续表

钻孔	深度/m	岩性	Na₂O/%	K₂O/%	FeO/%	MgO/%	P₂O₅/%	MnO/%	Al₂O₃/%	CaO/%	Cr₂O₃/%	SiO₂/%	TiO₂/%	NiO/%	ZnO/%	^{IV}Al	^{VI}Al	Wo	En	Fs	Mg#
ZK1903	411	纯橄岩	1.852	0.066	2.556	20.605	0.018		6.342	13.09	0.716	51.854	0.479	0.049		0.000	0.295	37.6	0.03	52.74	0.935
ZK1903	418	纯橄岩	0.340		4.601	7.38	0.021	0.016	5.482	17.58	2.333	49.838	0.343			0.012	0.246	49.3	0.06	48.96	0.871
ZK1903	418	纯橄岩	0.430		3.771	17.015	0.027	0.195	5.290	19.85	1.450	50.298	0.547			0.015	0.231	53.1	0.74	44.10	0.889
ZK1903	431	纯橄岩	1.323	0.041	2.522	20.164		0.008	4.857	12.59	1.216	52.832	0.436	0.084	0.053	0.000	0.228	38.1	0.03	54.58	0.935
ZK1903	443	纯橄岩	0.813		2.393	16.496	0.012	0.106	6.281	19.64	1.367	49.793	0.523	0.166	0.044	0.022	0.272	54.2	0.41	41.32	0.925
ZK1903	443	纯橄岩	1.002	0.032	1.955	17.132		0.041	6.432	18.95	1.061	48.988	0.799	0.181	0.053	0.031	0.273	52.7	0.16	42.07	0.939
ZK1903	449	纯橄岩	1.665	0.08	3.340	20.268		0.072	7.649	11.74	0.295	51.436	0.282	0.021		0.000	0.357	34.9	0.31	55.78	0.915
ZK1903	453	纯橄岩	0.668		2.590	16.377	0.026	0.051	4.249	21.09	1.083	51.561	0.425			0.000	0.198	56.4	0.21	40.19	0.919
ZK1903	453	纯橄岩	0.545		3.44	16.004			5.658	20.48	1.145	49.714	0.519	0.081		0.014	0.252	55.9	0	41.44	0.901
ZK1903	457	纯橄岩	0.638		3.398	14.885		0.065	5.631	22.06	1.254	49.596	0.790			0.060	0.246	58.4	0.24	38.34	0.886
ZK1903	457	纯橄岩	0.805	0.014	2.978	15.289		0.147	5.576	21.87	1.397	50.584	0.573	0.075		0.022	0.235	57.5	0.54	38.09	0.901
ZK1903	457	纯橄岩	0.349		6.413	17.115		0.13	7.847	17.76	2.134	50.243	0.504	0.039	0.029	0.081	0.272	47.7	0.49	50.17	0.826
ZK1903	465	纯橄岩	0.596		3.361	16.348	0.012	0.123	4.498	20.33	1.779	50.219	0.441	0.033		0.000	0.212	54.6	0.46	42.01	0.896
ZK1903	469	纯橄岩	0.48		4.336	16.285	0.043	0.065	5.866	20.72	0.871	49.986	0.572	0.039		0.032	0.240	54.5	0.24	43.00	0.869
ZK1903	469	纯橄岩	0.718		3.553	15.971		0.098	6.084	19.88	0.687	50.773	0.62	0.091		0.006	0.276	53.9	0.37	42.22	0.886
ZK1903	473	纯橄岩	0.508		3.388	17.698	0.012		5.188	17.23	0.882	50.942	0.446	0.027		0.000	0.245	48.8	0.03	48.59	0.891
ZK1903	473	纯橄岩	0.619		3.947	17.451		0.065	5.100	18.40	1.329	50.909	0.432	0.042	0.010	0.000	0.238	50.3	0.25	46.43	0.887
ZK1903	476	单辉橄榄岩	0.560		4.621	16.841		0.131	5.670	18.44	0.859	50.229	0.509	0.039		0.003	0.263	50.3	0.50	46.48	0.866
ZK1903	489	单辉橄榄岩	0.494		6.698	18.953	0.029	0.105	5.099	14.34	0.487	51.414	0.671		0.029	0.000	0.239	40.0	0.41	57.06	0.835

注：空白处低于检测限（0.01%）。

第五章 夏日哈木矿床成矿赋矿机理

第一节 成岩成矿环境及岩浆源区性质

Li 等（2015a）根据 Li 和 Ripley（2011）的方法计算的夏日哈木的母岩浆成分为 SiO_2 52.4%，TiO_2 1.28%，Al_2O_3 15.6%，FeO 6.54%，Fe_2O_3 1.75%，MnO 0.64%，MgO 9.79%，CaO 8.91%，K_2O 0.90%，Na_2O 1.88%，P_2O_5 0.30%，NiO 0.05%。Li 等（2015a）认为上述研究成分为岛弧的玻安岩，这是夏日哈木形成于岛弧环境观点的一个重要证据。但 Pd/Ir-Ni/Cu 图解显示（图5-1），夏日哈木的数据大多数落在高镁玄武岩区域，可能指示夏日哈木岩体的母岩浆为高镁玄武岩。然而，玻安岩和高镁玄武岩的主量元素非常相似。高镁玄武岩的特征为 MgO>8%、SiO_2 为 51%~55%、低的 TiO_2（通常<0.5%，有些可以得到 1.87%）和高场强元素（Francis et al.，1981；Sun et al.，1989；Cervantes and Wallace，2003；Herzberg et al.，2007），而根据国际地质科学联合会的定义，玻安岩有如下的特征：SiO_2>52%，MgO>8% 和 TiO_2<0.5%（Le Bas，2000）。因此，我们基本不能通过主量元素来区别玻安岩和高镁玄武岩。区分这两类岩石需要结合岩石产出的构造背景和微量元素（Sun et al.，1989；Srivastava，2006）。然而，玻安岩中的尖晶石具有特殊的成分特征（Barnes and Roeder，2001）。夏日哈木的尖晶石与玻安岩中的尖晶石明显不同（图5-2），所以我们推测夏日哈木的母岩浆不是玻安岩。

典型岛弧阿拉斯加型岩体尖晶石的 $Fe^{3+}/\sum Fe$ 高于 0.3（Liu et al.，2018），夏日哈木矿床尖晶石的 $Fe^{3+}/\sum Fe$ 明显低于典型岛弧阿拉斯加型岩体（图5-3），代表了其形成的氧逸度明显低于岛弧构造环境。夏日哈木矿床尖晶石的 $Fe^{3+}/\sum Fe$ 值和 $Cr^{\#}$ 与产于碰撞后伸展环境的黄山东岩体较为类似，从一个侧面反映了夏日哈木矿床的形成环境可能为碰撞后环境。

东昆仑温泉榴辉岩的峰期变质年龄为 428.0±2.4Ma（Meng et al.，2013），且夏日哈木榴辉岩锆石核部 16 个测试点的加权平均年龄为 436Ma，其代表了陆陆碰撞过程的高压变质年龄（Zhang et al.，2017a）。夏日哈木榴辉岩锆石边部 15 个测试点的加权平均年龄为 409Ma，代表了大陆地区折返剥蚀过程中的退变质过程（Zhang et al.，2017a）。在东昆仑地区，428Ma 之后有大量的与幔源岩浆活动有关的岩体产出，如昆北断裂附近有一些不成矿的基性岩体（406~403.3Ma）产出（谌宏伟等，2006；刘彬等，2012），昆中带的岩浆岩主要为中志留世—晚志留世（428~419Ma）玄武岩、早泥盆世—中泥盆世（411.5~382.8Ma）辉绿岩（孙延贵等，2004；张志青等，2013；Xiong et al.，2014；杨柳等，2014）、晚志留世—中泥盆世（419.0~391.1Ma）A2 型花岗岩（陈静等，2013；刘彬等，2013a；王冠等，2013；甘彩红，2014；严威等，2016）。这些岩浆活动被认为是碰撞后伸展的产物（刘彬等，2012，2013a；Peng et al.，2016；Song et al.，2016）。因此，428Ma 可

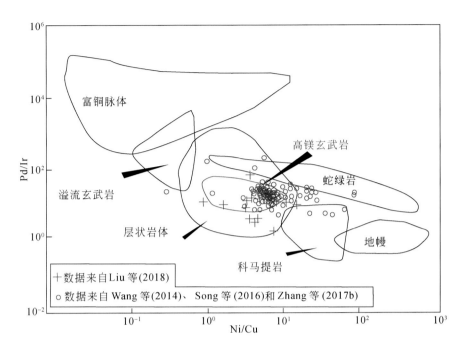

图 5-1 夏日哈木矿床 Pd/Ir–Ni/Cu 关系图（Liu et al.，2018；Barnes et al.，1985）

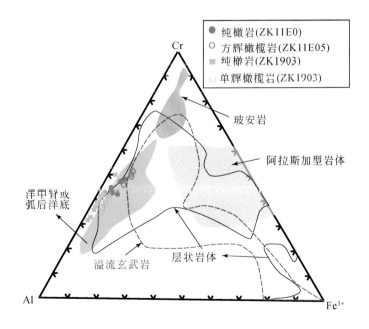

图 5-2 夏日哈木矿床尖晶石 Al–Cr–Fe^{3+} 与构造判别图（Liu et al.，2018；Barnes and Roeder，2001）

以作为陆陆碰撞和碰撞后环境的界线。Li 等（2015a）和 Song 等（2016）获得的夏日哈木二辉岩的年龄分别为 411.6±2.4Ma 和 406.1±2.7Ma。所以，夏日哈木矿床形成于碰撞后伸展环境是一个合理的解释，是古特提斯洋裂解的响应（李文渊，2018）。

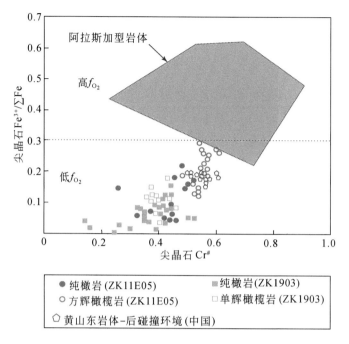

图 5-3　夏日哈木岩体氧逸度与岛弧阿拉斯加型岩体氧逸度的对比（Liu et al.，2018）

第二节　岩浆演化及铜镍钴富集机理

一、岩浆演化

夏日哈木榴辉岩的退变质年龄与夏日哈木超基性岩的年龄大体一致，这可能不是巧合，两者存在着动力学背景上的联系。

拆离的地壳碎块和岩片在俯冲隧道内受到构造剪切，促使其变质脱水和部分熔融，产生富水流体和含水熔体（Zhao et al.，2007；Zheng et al.，2012）。岩石学实验证明，在俯冲过程中，熔体主要产于高温和超高压变质中（>2GPa，可达 3～4GPa），而俯冲过程中的流体主要存在于低温区域（小于 2GPa）；流体主要含中等程度的 LILE、Sr 和 Pb，并且不能携带大量的轻稀土元素，而含水熔体主要含 SiO_2、Al_2O_3、CaO、Na_2O、Th、U、LILE 和 LREE（Hermann and Green，2001；Hermann，2002；Kessel et al.，2005；Hermann et al.，2006；张泽明等，2006；Klimm et al.，2008；Liu et al.，2009）。在苏鲁大别高压−超高压变质带，变质流体中生长的锆石具有平坦的重稀土分配模式，有明显的 Ce 正异常、没有或有微弱的 Eu 负异常，但变质熔体或超临界流体中生长的锆石具有陡峭的重稀土分配模式，有微弱的 Ce 正异常和明显 Eu 负异常（图 5-4）（夏琼霞，2009；Xia et al.，2010；Chen et al.，2011）。夏日哈木榴辉岩锆石稀土特征列于表 5-1 中。夏日哈木榴辉岩锆石分配模式显示出典型的从富水流体中生成的特征（图5-4）。

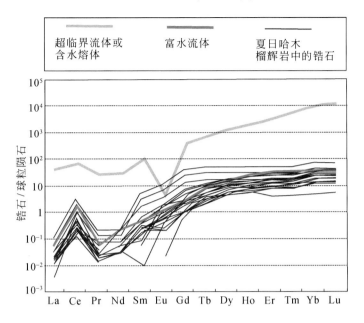

图 5-4　夏日哈木榴辉岩中锆石的稀土元素的球粒陨石标准化图（Liu et al., 2018）

球粒陨石元素丰度值（McDonough and Sun, 1995）；超临界流体或含水熔体的数据来源于大别高压–超高压变质带
（夏琼霞, 2009；Xia et al., 2010）；富水流体的成分来源于苏鲁高压–超高压变质带（Chen et al., 2011）

表 5-1　夏日哈木榴辉岩中锆石的稀土元素成分（据 Liu et al., 2018）

号码	La /10⁻⁶	Ce /10⁻⁶	Pr /10⁻⁶	Nd /10⁻⁶	Sm /10⁻⁶	Eu /10⁻⁶	Gd /10⁻⁶	Tb /10⁻⁶	Dy /10⁻⁶	Ho /10⁻⁶	Er /10⁻⁶	Tm /10⁻⁶	Yb /10⁻⁶	Lu /10⁻⁶	Th /10⁻⁶	U /10⁻⁶	Th/U	HREE /LREE
E-1	0.008	0.047		0.033	0.057	0.079	1.17	0.54	5.68	1.30	3.98	0.57	4.96	0.95	0.2	14.0	0.015	91.1
E-2	0.003	0.060			0.007	0.065	0.45	0.27	2.68	0.82	2.46	0.43	3.63	0.67	0.1	15.2	0.008	87.4
E-3	0.008	0.026	0.009		0.019	0.030	0.74	0.36	4.07	1.03	3.25	0.45	4.09	0.79	0.1	4.4	0.017	169.7
E-4	0.007	0.044		0.015	0.045	0.023	0.13	0.12	1.86	0.53	1.84	0.31	2.52	0.43	0.2	3.4	0.057	58.4
E-5		0.043	0.003		0.073	0.079	1.15	0.42	4.32	1.29	3.94	0.77	6.43	1.26	0.1	6.3	0.008	105.1
E-6	0.001	0.248	0.012	0.056	0.180	0.193	2.37	0.70	6.99	1.96	6.95	1.15	9.98	1.70	0.9	35.4	0.027	49.4
E-7		0.047		0.015	0.053	0.019	0.48	0.28	4.49	1.62	5.76	0.96	6.62	1.01	0.2	6.7	0.030	162.4
E-8		0.049	0.005		0.032	0.012	0.27	0.12	1.22	0.33	1.21	0.23	2.37	0.58	0.1	8.8	0.015	67.7
E-9		0.052	0.006		0.070	0.059	0.96	0.34	3.37	1.13	3.24	0.59	5.36	1.03	0.1	12.7	0.012	90.3
E-10	0.003	0.029	0.002	0.014	0.067	0.070	0.93	0.48	3.59	1.11	3.36	0.65	5.42	0.92	0.2	6.7	0.025	93.6
E-11		0.068			0.018	0.045	0.65	0.22	2.30	0.62	1.68	0.34	2.75	0.52	0.1	12.7	0.005	74.5
E-12	0.047	0.073	0.005		0.037	0.028	0.54	0.25	2.95	0.80	2.91	0.47	3.65	0.71	0.2	11.4	0.021	67.4
E-13		0.170			0.064	0.79	0.38	4.53	1.29	4.60	0.82	5.91	0.91	0.7	9.9	0.073	85.7	
E-14	0.022	0.435	0.005	0.140	0.736	0.642	7.67	1.87	12.64	2.68	7.66	1.22	9.91	1.47	1.4	49.6	0.028	26.7
E-15	0.014	0.088	0.011		0.072	0.033	0.52	0.23	2.72	0.80	2.22	0.38	3.44	0.64	0.2	6.7	0.029	52.8
E-16	0.007	0.187	0.002	0.023	0.013	0.121	1.54	0.54	4.77	1.48	4.71	0.78	7.42	1.19	0.6	21.8	0.027	67.9
E-17	0.003	0.049	0.002	0.014	0.048	0.012	0.36	0.26	2.95	0.82	2.91	0.44	3.95	0.65	0.4	7.3	0.058	98.5

续表

号码	La /10⁻⁶	Ce /10⁻⁶	Pr /10⁻⁶	Nd /10⁻⁶	Sm /10⁻⁶	Eu /10⁻⁶	Gd /10⁻⁶	Tb /10⁻⁶	Dy /10⁻⁶	Ho /10⁻⁶	Er /10⁻⁶	Tm /10⁻⁶	Yb /10⁻⁶	Lu /10⁻⁶	Th /10⁻⁶	U /10⁻⁶	Th/U	HREE /LREE
E-18	0.016	0.174	0.002	0.087	0.130	0.114	0.94	0.27	3.55	0.79	2.46	0.44	3.04	0.59	1.0	22.8	0.044	24.8
E-19		0.042			0.019	0.047	0.18	0.13	1.06	0.30	0.65	0.11	0.88	0.15	0.4	4.1	0.090	33.7
E-20	0.004	0.044				0.001	0.21	0.19	2.78	1.01	4.42	0.74	6.50	1.18	0.2	4.1	0.040	350.0
E-21	0.010	0.119		0.014		0.096	0.86	0.34	4.18	1.28	4.12	0.57	5.22	0.94	0.6	12.4	0.050	77.0
E-22	0.004	0.059		0.015	0.001	0.032	0.93	0.48	4.21	1.16	3.77	0.80	5.99	1.15	0.3	8.6	0.032	174.8
E-23		0.303			0.123	0.145	1.98	0.68	6.19	1.78	5.59	0.99	7.77	1.54	0.4	25.2	0.017	49.9
E-24		0.069	0.002	0.035		0.018	0.25	0.16	2.10	0.67	2.21	0.35	2.79	0.49	0.4	5.8	0.075	74.5

注：空白处为低于检测限。

被变质富水流体影响的锆石具有低的 Th/U（0.02 ~ 0.08），但被熔体影响的锆石 Th/U 为 0.14 ~ 0.85（Xia et al., 2013），这是由于 Th 在流体中的溶解度很低（Ayers et al., 1997；Kessel et al., 2005）。夏日哈木榴辉岩的 Th/U 为 0.005 ~ 0.090，显示的是富水流体的特征。

岩石的微量元素及所代表的深部动力学过程具有明显不同的特征（Pearce et al., 2013）（图 5-5）。图 5-5a 是判断俯冲物质加入程度的图解，图中平行地幔元素分布线的细线代表俯冲带元素（包括俯冲带流体和俯冲带熔体）加入的相对程度，可以看出夏日哈木有很大程度的俯冲带元素加入；图 5-5b 是判断俯冲带浅部与流体有关的元素的加入程度，可以看出夏日哈木超基性岩并没有俯冲带浅部与流体有关的元素的加入，说明超基性岩主要是深部与熔体有关的元素的加入。

图 5-5a 可以看出，夏日哈木超基性岩明显存在俯冲带物质的加入，这些物质可能是浅部的含水流体，也可能是深部的含水熔体；图 5-5b 可以看出，夏日哈木超基性岩未显示浅部含水流体的加入的特征，所以本研究推测夏日哈木超基性岩主要受到了深部（大于 2GPa）含水熔体的影响。

根据现今板块构造理论，一个典型的俯冲碰撞造山带的形成通常是由于大洋地壳在海沟处向另一个板块之下俯冲，在活动大陆一侧形成岛弧岩浆，不断俯冲的洋壳牵引着陆壳向另一个陆壳之下俯冲碰撞，最后深俯冲的洋壳与所拖曳的陆壳断开（break off）（Davies and Blanckenburg, 1995；Chemenda et al., 1996）。由于深俯冲的洋壳与陆壳断开后，陆壳岩石比重在上地幔深度低于周围的岩石，因而浮力作用可以导致其抬升，从而使原本处于深处的榴辉岩发生折返（Davies and Blanckenburg, 1995；Ernst, 2001）。昆中断裂带在早古生代是一个小洋盆，并且昆中断裂中清水泉蛇绿岩最年轻的年龄为 508Ma（李怀坤等, 2006）。同时在东昆仑岛弧花岗岩出现的年龄为 508Ma ［中国地质大学（武汉）, 2003］。这意味着东昆仑在 508Ma 进入了洋壳俯冲的阶段（莫宣学等, 2007）。洋壳俯冲和陆陆碰撞的转换发生在 438Ma（刘彬等, 2013b）。东昆仑温泉地区的榴辉岩以及夏日哈木矿区出现的榴辉岩与陆陆碰撞有紧密的关系（Meng et al., 2013；祁生胜等, 2014）。榴辉岩折返的时间与夏日哈木基性–超基性岩体近乎同期（Zhang et al., 2017a）。结合夏日哈木Ⅱ号岩体的辉长岩的 $\varepsilon_{Hf}(t)$ 6.9 ~ 12.9，平均值为 10.9（Peng et al., 2016），这么高的 $\varepsilon_{Hf}(t)$ 值不太可

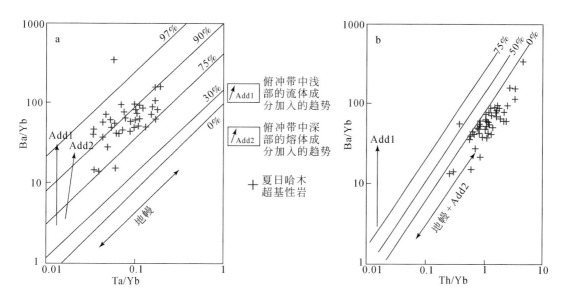

图 5-5　俯冲带物质混染判别图解（Liu et al.，2018；底图据 Pearce et al.，2013）

a-Ba/Yb–Ta/Yb 图解是判断俯冲物质（主要包括俯冲流体和俯冲熔体）加入的指标，图中的数字代表中俯冲对微量元素成分页献程度；b-Ba/Yb–Th/Yb 图解是判断浅部俯冲流体对微量元素贡献程度的指标，图中数字为贡献程度；夏日哈木超基性岩的数据自姜常义等，2015；王冠，2014

能来源于岩石圈地幔，因为岩石圈地幔来源的岩石锆石的 $\varepsilon_{Hf}(t)$ 一般小于 0（Griffin et al.，2000）。故我们推测夏日哈木的母岩浆很可能起源于软流圈地幔。

二、硫化物熔离及铜镍钴富集机理

夏日哈木的硫化物以具备高的 Ni 品位和低的 PGE 品位为特点（$Ni_{100\%}$ 可达 18.11%，$PGE_{100\%} = 46 \times 10^{-9} \sim 235 \times 10^{-9}$）（图 5-6）。Song 等（2016）推测夏日哈木的母岩浆可能是已亏损 PGE，而这种 PGE 亏损的、富镍的母岩浆可能起源于中等部分熔融的辉石岩地幔。地幔橄榄岩中的橄榄石可以与来源于循环洋壳的熔体发生反应而形成辉石，这样导致辉石岩地幔的形成，而起源于这种辉石岩地幔的岩浆就有高的镍含量（Sobolev et al.，2005）。起源于辉石岩地幔很好地解释了夏日哈木具备高的镍品位和低的 PGE 品位特点。但我们认为可能也存在着其他解释。

铜在硫化物熔体/硅酸盐熔体中的分配系数（$D_{Sul/Sil}$）为 $1.06 \times 10^{3} \sim 1.85 \times 10^{3}$，钯的 $D_{Sul/Sil}$ 为 $6.70 \times 10^{4} \sim 5.36 \times 10^{5}$（Mungall and Brenan，2014），故一旦有硫化物熔离 Cu/Pd 值会迅速降低。夏日哈木矿石的 Cu/Pd 值在 $1.2 \times 10^{5} \sim 2.6 \times 10^{5}$，这些值明显高于原始地幔的 Cu/Pd 值（7692）（McDonough and Sun，1995），可能指示其存在深部熔离。

硫化物中金属含量是它们在原生硅酸盐岩浆中的丰度、它们在硫化物熔体/硅酸盐熔体中的分配系数和"R"因子（平衡状态下硅酸盐与硫化物的质量比）的函数（Campbell and Naldrett，1979）：

$$C_i^{\text{sul}} = C_i^{\text{sil}} \times D_i \times (R+1)/(R+D_i)$$

式中，C_i^{sul} 和 C_i^{sil} 分别为元素 i 在硫化物熔体和硅酸盐熔体中的含量；D_i 为元素 i 在硫化物熔体/硅酸盐熔体中的分配系数；R 为平衡状态下硅酸盐与硫化物的质量比。

夏日哈木的母岩浆被认为是高镁玄武岩，其中，Pd 为 14×10^{-9}（Hamlyn et al.，1985），Ni 为 300×10^{-6}（Francis et al.，1981；Zhao and Zhou，2013）。为了计算模拟，我们采用钯和镍在硫化物熔体/硅酸盐熔体中的分配系数分别为 100000 和 800（Peach et al.，1990；Mungall and Brenan，2014）。夏日哈木中钯和镍的含量明显低于没有没有硫化物熔离的曲线，说明夏日哈木经历了深部熔离，这与硫化物高的 Cu/Pd 值是一致的。在硫化物熔离后残余岩浆中的金属量可以根据瑞利分馏公式推算：

$$C_i^{\text{L}}/C_i^{\text{O}} = (1-F)^{(D_i^{-1})}$$

式中，C_i^{O} 和 C_i^{L} 分别为元素 i 在原始岩浆和残余岩浆中的含量；F 为熔离掉的硫化物的质量分数；D_i 为元素 i 在硫化物熔体/硅酸盐熔体中的分配系数。

钯和镍在 100% 硫化物中的含量正好落在 0.005% 程度的硫化物熔离的曲线上，位于 $R=200 \sim 1000$（图 5-6），显示夏日哈木的母岩浆在侵位以前经历了 0.005% 的硫化物熔离。

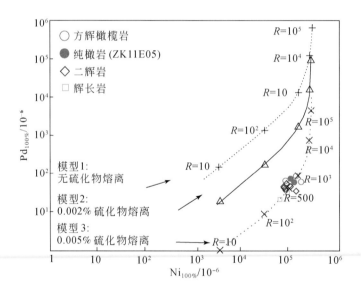

图 5-6　夏日哈木 ZK11E05 的硫化物的 $Pd_{100\%}$ 与 $Ni_{100\%}$ 的关系图（Liu et al.，2018）

钯和镍的 100% 的硫化物含量据 Barnes 和 Ripley（2016）计算。模型 1 显示的是硫化物从富 PGE 的高镁玄武质岩浆中（$Ni_{100\%}=300 \times 10^{-6}$，$Pd_{100\%}=14 \times 10^{-9}$）不混溶时在不同 R 值下的钯和镍的含量；模型 2 显示的是硫化物一定程度亏损 PGE 的岩浆中（$Ni_{100\%}=295.2 \times 10^{-6}$，$Pd_{100\%}=1.89 \times 10^{-9}$，因为 0.002% 的硫化物已经熔离掉）不混溶时在不同 R 值下的钯和镍的含量；模型 3 显示的是硫化物更大程度亏损 PGE 的岩浆中（$Ni_{100\%}=288.3 \times 10^{-6}$，$Pd_{100\%}=0.094 \times 10^{-9}$，因为 0.005% 的硫化物已经熔离掉）不混溶时在不同 R 值下的钯和镍的含量

在侵位之前，硫化物已经经过了熔离可以解释低 PGE 含量，同时也可以解释高 Ni/Cu 值。铜在硫化物熔体/硅酸盐熔体中的分配系数（$D_{\text{Sul/Sil}}$）为 $1.06 \times 10^3 \sim 1.85 \times 10^3$

（Mungall and Brenan，2014），明显高于镍的 575 ~ 836（Peach et al.，1990）。所以硫化物熔离将导致岩浆中铜相对于镍更加亏损（Lesher and Stone，1996），导致硫化物具有高的 Ni/Cu 值。综上所述，我们认为夏日哈木的母岩浆高镁玄武质岩浆可能在深部经历了质量分数为 0.005% 的硫化物熔离或其本身就起源于辉石岩地幔。

第三节　地壳混染对成矿的贡献

一、SiO$_2$ 和 CaCO$_3$ 的混染

　　ZK11E05 钻孔纯橄岩中的辉石主要为斜方辉石，而 ZK1903 钻孔纯橄岩中的辉石为单斜辉石。ZK11E05 钻孔中的辉石橄榄岩是方辉橄榄岩，而 ZK1903 钻孔中的辉石橄榄岩是单辉橄榄岩。在岩体东部 ZK15E05 钻孔的 361m 处和 ZK1105 钻孔的 119m 处可见纯橄岩混染花岗片麻岩，并在橄榄石与花岗质片麻岩交界处见辉石和硫化物。在岩体西部 ZK1903 钻孔中可见小的方解石捕虏体被纯橄岩中的单斜辉石包裹。故推测岩体的东部受到了花岗岩片麻岩的混染，而岩体西部主要受到了碳酸盐岩的混染（Liu et al.，2018）。

　　ZK11E05 钻孔纯橄岩橄榄石的 SiO$_2$ 和 CaO 含量分别为 40.52% 和 0.03%，而 ZK1903 钻孔纯橄岩橄榄石的 SiO$_2$ 和 CaO 含量分别为 40.05% 和 0.04%。橄榄石中的 CaO 含量与共存的熔体中的 CaO 含量遵循下面的关系（Libourel，1999）：

$$CaO_{Olivine} = 0.0877 \times (e^{0.106 \times CaO_{melt}} - 1)$$

　　也就是说，熔体中有越多的钙，那么与其平衡共存的橄榄石中就有更多的钙。东部 ZK11E05 钻孔中的纯橄岩的橄榄石相对于西部的 ZK1903 钻孔中的橄榄石具有高 SiO$_2$ 值和低 CaO 值，很可能说明西部的岩相相对于东部的岩相混染了更多的大理岩，东部的岩相相对于西部的岩相混染了较多的花岗片麻岩。

　　花岗质片麻岩的 SiO$_2$ 高达 73.5%（甘彩红，2014；王冠等，2016），推测可能发生了 Mg_2SiO_4（Ol）$+SiO_2 = Mg_2Si_2O_6$（Opx）的反应，也就是说花岗质片麻岩的混染促进了橄榄岩相斜方辉石的结晶。在 ZK1903 钻孔的 443m 处可见橄榄石粒间的单斜辉石包裹方解石，推测可能发生了（Mg，Fe）SiO_4（Ol）$+2CaCO_3+3SiO_2 = CaMgSi_2O_6$（Cpx）$+ CaFeSi_2O_6$（Cpx）$+2CO_2$ 的反应，即岩石混染大理岩和花岗质片麻岩过程中，大理岩的加入导致了单斜辉石的生成（Liu et al.，2018）。不同地壳成分的混染在不同岩相的形成过程中及橄榄石的成分差异上起到重要作用。

　　硫化物饱和可以通过 SiO$_2$ 的加入来完成，如喀拉通克和 Noril'sk（Lightfoot and Hawkesworth，1997；张招崇等，2003）。硫化物出现在橄榄石与花岗片麻岩捕虏体的交界处，说明可能混染 SiO$_2$ 促进了硫化物饱和。夏日哈木围岩的（$^{87}Sr/^{86}Sr$）$_i$（$t=411Ma$）值为 0.778818，从新元古代岩石的（$^{87}Sr/^{86}Sr$）$_i$ 计算得到（$t=942Ma$）（陈能松等，2007），而亏损地幔的（$^{87}Sr/^{86}Sr$）$_i$ 值为 0.7027（Salters and Stracke，2004），可以看出，亏损地幔的（$^{87}Sr/^{86}Sr$）$_i$ 值明显低于围岩的，故混染更多的围岩，就会有更大的（$^{87}Sr/^{86}Sr$）$_i$ 值。ZK11E05 钻孔具有高全岩镍含量纯橄岩的（$^{87}Sr/^{86}Sr$）$_i$ 要高于低全岩镍含量的方辉橄榄岩

（图4-4a）；ZK1903钻孔全岩镍含量突然增高的部位也显示明显的高（^{87}Sr/^{86}Sr）$_i$值（图4-4b）；二辉岩中高镍含量同样对应了高的（^{87}Sr/^{86}Sr）$_i$值（图4-4a），地壳混染在成矿过程中无疑起到重要的作用。

二、地壳硫的混染

亏损地幔的δ^{34}S$_{V-CDT}$为−1.80‰（Labidi et al.，2013），顽辉石球粒陨石、普通球粒陨石和碳质球粒陨石的δ^{34}S$_{V-CDT}$分别为−0.26‰±0.07‰、−0.02‰±0.06‰、0.49‰±0.16‰（Gao and Thiemens，1993）。所以−1.80‰~0.49‰可以大致代表地幔的硫同位素δ^{34}S$_{V-CDT}$组成。与之对应的是，夏日哈木矿区ZK2105钻孔（216m）的花岗片麻岩的黄铁矿原位硫同位素值δ^{34}S$_{V-CDT}$=11.2‰（Liu et al.，2018）。夏日哈木岩体中硫化物原位硫同位素组成δ^{34}S$_{V-CDT}$为2.5‰~7.7‰，均值为4.5‰（Liu et al.，2018）。这无疑证明夏日哈木岩体存在着明显的地壳硫混染。

硫同位素可以通过两端元混染来进行计算（Ripley et al.，1999），公式如下：

$$\delta^{34}S_{V-CDT}^{mix}=\frac{C_{crust}\times D}{C_{crust}\times D+C_{mm}\times(1-D)}\times\delta^{34}S_{V-CDT}^{crust}$$
$$+\frac{C_{mm}\times(1-D)}{C_{crust}\times D+C_{mm}\times(1-D)}\times\delta^{34}S_{V-CDT}^{mm}$$

式中，C_{crust}和C_{mm}分别为地壳和亏损地幔中硫的含量；δ^{34}S$_{V-CDT}^{crust}$和δ^{34}S$_{V-CDT}^{mm}$分别为地壳和亏损地幔的δ^{34}S$_{V-CDT}$；D为地壳混染程度。

源于亏损地幔的玄武质岩浆作为一个端元，其初始的硫含量在1000×10^{-6}左右（Keays，1995；Lesher and Stone，1996）；对于地壳端元，我们选择大陆地壳平均成分为404×10^{-6}（Rudnick and Gao，2014）。

东昆仑造山带西段元古宙地层的大理岩、夕卡岩、片岩的全岩硫同位素组成δ^{34}S$_{V-CDT}$为10.1‰~18.3‰（Fang，2015）。18.3‰是东昆仑地区元古宙有记录的最高的δ^{34}S$_{V-CDT}$。夏日哈木围岩（片麻状花岗岩）的δ^{34}S$_{V-CDT}$为11.2‰，且夏日哈木铜镍矿硫化物原位硫同位素的平均值为4.5‰（Liu et al.，2018）。所以在模拟计算地壳硫混染程度的时候，对于地幔我们选择高的δ^{34}S$_{V-CDT}$、对于地壳我们选择高的δ^{34}S$_{V-CDT}$，我们就会得到最小的地壳硫混染程度。所以：①我们选择δ^{34}S$_{V-CDT}$=0.49‰，而不选择−0.18‰地幔端元的硫同位素组成；②我们选择最大的δ^{34}S$_{V-CDT}$=18.3‰作为地壳端元的硫同位素组成。也就是说δ^{34}S$_{V-CDT}^{crust}$=18.3‰，C_{crust}=404×10^{-6}，δ^{34}S$_{V-CDT}^{mm}$=0.49‰，C_{mm}=1000×10^{-6}。这样的话得到的最小的地壳硫混染程度为41.8%。如果δ^{34}S$_{V-CDT}^{crust}$=11.2‰（夏日哈木的围岩中硫同位素组成），C_{crust}=404×10^{-6}，δ^{34}S$_{V-CDT}^{mm}$=0.49‰，C_{mm}=1000×10^{-6}，计算得到的地壳硫混染程度为59.7%。因此，我们推测地壳混染的硫占岩浆体系总硫含量的40%~60%。

我们需要强调的是，地壳硫混染程度≠地壳混染程度（Liu et al.，2018）。采用两端元Hf同位素混染模型，Li等（2015a）认为夏日哈木的母岩浆最高经历15%的地壳混染，这个地壳混染程度明显低于最小的地壳硫混染程度（41.8%）。这种差异可能是因为夏日哈木的母岩浆在上升过程中受到了富含硫地壳的混染。因此，我们推测地壳混染的硫占岩浆体系总硫含量的 40% ~ 60%（Liu et al., 2018）。

第四节　成矿岩浆就位即成矿机制

一、结晶分异

（一）结晶分异过程

随着橄榄石结晶分异的进行，橄榄石的 MgO 逐渐降低，FeO 含量逐渐升高（图 4-21a 和图 4-22a）。ZK11E05 和 ZK1903 钻孔橄榄石的 MgO 和 FeO 含量整体没有多大差别，只是 ZK11E05 钻孔 129m 处和 135m 处出现了 MgO 大于 48.5% 的值，而 ZK1903 钻孔橄榄石的 MgO 均小于 48.5%，这说明可能 ZK11E05 钻孔的橄榄石稍稍早于 ZK1903 钻孔的橄榄石结晶。在这最早的橄榄石结晶之后，ZK1903 钻孔和 ZK11E05 钻孔的橄榄石开启了共同结晶的序幕。

夏日哈木 ZK11E05 钻孔的橄榄石 Fo 值从橄榄岩相的中间向上、下边缘相降低（图 4-22a），且橄榄石整体表现出正序环带的特征（图 4-21a），表明橄榄石是从中间相到上下边缘相由早到晚结晶的。上部岩相的橄榄石的边部表现出反序环带特征（图 4-21a），可能反映了部分橄榄石晚期从上部边缘相到中间相的结晶情况。

橄榄岩相铬铁矿的 Cr_2O_3、FeO、TiO_2 含量从岩相上部到下部逐渐降低（图 4-22b），说明铬铁矿是从上到下依次结晶的。橄榄岩相斜方辉石的 MgO 和 SiO_2 含量从岩相的上部到下部逐渐降低（图 4-22c），基本上说明斜方辉石是从上到下依次结晶的。

全岩镍含量与橄榄岩相铬铁矿的 Cr_2O_3、FeO、TiO_2、斜方辉石的 MgO、SiO_2 含量呈负相关（图 4-22b），说明在铬铁矿和斜方辉石结晶过程中，硫化物已经得到了饱和。镜下看到的硫化物存在于铬铁矿和斜方辉石中的现象也是对此认识的一个强有力的证明。

ZK1903 钻孔橄榄岩相橄榄石迅速变化的位置（300 ~ 250m、450 ~ 490m）与矿体位置具有很好的对应关系（图 4-21a），说明橄榄石的结晶分异在硫化物饱和中起到了一定重要的作用。ZK1903 钻孔的 300 ~ 445m，全岩镍含量几乎没有变化（图 4-21a），很可能说明 ZK1903 钻孔的最初的硫化物饱和发生在下部岩相的 449m 附近及上部岩相的 271m 或 317m 附近。这些地方对应了晚期橄榄石结晶的位置。Fo 值最低的位置并不对应镍含量最高（图 4-22a），很可能说明单独的结晶分异不足以导致岩浆体系达到硫化物饱和的程度。ZK1903 钻孔高镍含量对应了明显的地壳混染（图 4-4b），所以可以认为地壳混染和结晶分异共同作用下 ZK1903 钻孔得到了硫化物饱和。

铬铁矿的 $Cr^#$ 在方辉橄榄岩（ZK11E05）、纯橄岩（ZK11E05）、纯橄岩（ZK1903）和单辉橄榄岩（ZK1903）中有逐渐降低的趋势（图 5-3）。所以总体上，东部岩体比西部岩体结晶要早。

辉石岩的 $PGE_{100\%}$ 含量低于橄榄岩相（图 4-1），说明辉石岩的硫化物形成稍晚于橄榄岩相的。

二辉岩中大颗粒斜方辉石的 $Mg^#$ 含量从上到下逐渐降低（图 4-22c）且斜方辉石显示正序环带（图 4-21b），说明斜方辉石由上到下依次结晶。二辉岩全岩镍含量与大颗粒斜方辉石的成分 $Mg^#$ 成反比，但与全岩硫含量成正比（图 4-22c），说明很可能在大颗粒斜方辉石结晶过程中硫化物达到了饱和，并且硫化物得到了富集（张照伟等，2022）。在二辉岩中可见少量的硫化物存在于大颗粒的斜方辉石中也是上述观点的一个强有力的证明。

ZK11E05 钻孔的辉长岩具有接近最低的 $PGE_{100\%}$ 含量（图 4-1），并且偶见辉长岩中的硫化物后期侵入的现象和硫化物侵入辉长岩的现象，所以我们推测辉长岩中的硫化物是最晚期的产物。

（二）结晶分异对硫化物饱和的影响

前人研究表明橄榄石、尖晶石结晶过程中对岩浆熔体中 FeO 的消耗是硫化物饱和的一个重要的因素（Park et al.，2004；Wykes et al.，2015；Liu et al.，2017）。ZK1903 钻孔橄榄岩相橄榄石 Fo 值迅速降低的位置、单斜辉石的 $Mg^#$ 迅速降低的位置（300～250m、450～490m）与矿体的位置有很好的对应关系（图 4-22a 和 c），说明矿物的结晶分异在硫化物饱和中起到了一定重要的作用。在 ZK11E05 钻孔中，橄榄岩全岩镍与尖晶石的 FeO含量成反比，二辉岩中全岩镍的含量与斜方辉石的 $Mg^#$ 成反比，所以在尖晶石、斜方辉石结晶过程中更多的硫化物形成了。有一些硫化物存在于尖晶石、斜方辉石中也支持这种观点。

采用镍在橄榄石/玄武质岩浆中的分配系数为 11（Pedersen，1979；Nabelek，1980），Liu 等（2018）通过模拟发现橄榄石的 Fo-Ni 关系不能单独用橄榄石的结晶分异来解释（图 5-7）。采用镍在硫化物熔体/玄武岩岩浆中的分配系数为 800（Peach et al.，1990；Patten et al.，2013），我们发现橄榄石的 Fo-Ni 值大多落在橄榄石/硫化物的质量比为 10～50 的区域（图 5-7），与橄榄石/硫化物质量比为 25 的曲线更为匹配（图 5-7）。此外，Li 等（2015a）在 ZK902 钻孔中发现了硫化物作为包裹体存在于橄榄石中。综上所述，我们认为在橄榄石刚开始结晶的时候，夏日哈木的岩浆已经得到了硫化物饱和（Liu et al.，2018）。

PGEs 在硫化物/硅酸岩熔体中的分配系数（$D_{Sul/Sil}$）为 $4 \times 10^5 \sim 3 \times 10^6$（Mungall and Brenan，2014），镍的 $D_{Sul/Sil}$ 为 575～836（Peach et al.，1990）。所以，PGEs 和 Ni 高度溶于硫化物，早期形成的硫化物会有更多的 PGE 和 Ni 的含量。在 ZK11E05 钻孔中，橄榄石 Fo 值最高的位置同样有最高的 $PGE_{100\%}$ 和 $Ni_{100\%}$（图 4-1）。所以，我们认为橄榄石刚开始结晶的时候硫化物已经达到饱和（Liu et al.，2018）。但这并不是说夏日哈木就位过程中最初的硫化物饱和是通过结晶分异来完成的，我们认为在结晶分异过程中有更多的硫化物形成。为了确定结晶分异对硫化物饱和的贡献，我们进行了模拟计算。

在结晶分异过程中岩浆成分的变化和温度的变化均对 SCSS 有影响（Liu et al.，2018）。为了区分这两个因素对 SCSS 的影响，我们采用 Rhyolite-Melts 软件来进行模拟（图 5-8）。模拟过程中我们采用 Liu 等（2018）确定的夏日哈木母岩浆成分：MgO 8.58%，FeO 6.79%，Fe_2O_3 0.75%，SiO_2 52.62%，Al_2O_3 15.06%，CaO 10.48%，K_2O 0.39%，MnO 0.19%，

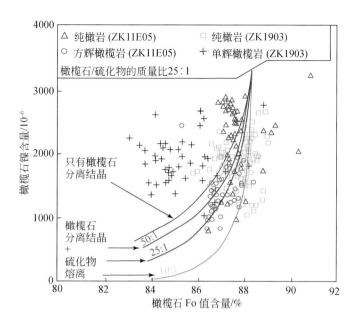

图 5-7　橄榄石结晶分异以及橄榄石结晶分异伴随硫化物熔离的定量模拟（Liu et al.，2018）

Na_2O 0.28%，Cr_2O_3 0.11%，P_2O_5 0.14%，TiO_2 0.62%，H_2O 4.00%。

我们采用 Rhyolite- Melts 软件（http：//melts. ofm- research. org/macosx. html ［2023-05-09]）（Ghiorso and Sack，1995；Gualda et al.，2012；Ghiorso and Gualda，2015）模拟了夏日哈木母岩浆在 1kbar（10^5 kPa）、FMQ+1 氧逸度条件下，在 1300～1050℃ 的结晶序列。SCSS 通过 Liu 等（2007）与 Li 和 Ripley（2009）分别计算。橄榄石、尖晶石、斜方辉石、单斜辉石分别在 1174℃、1150℃、1102℃、1094℃ 出现（图 5-8）。当斜方辉石出现的时候，橄榄石停止结晶。SCSS 在结晶过程中逐渐降低，所以如果橄榄石刚结晶的时候硫化物已经得到了饱和，在结晶过程中将会有更多的硫化物形成。为了计算岩浆成分和温度这两个因素对 SCSS 的影响，我们固定岩浆成分只让温度降低，这样在每一个温度点都会有对应的 SCSS，我们命名为 $SCSS_T$。当温度从温度 $T1$ 降低到 $T2$，温度对 SCSS 的影响为 $\Delta SCSS_T = SCSS_{T1} - SCSS_{T2}$。在正常岩浆结晶过程中（不固定岩浆成分）的 SCSS 值，我们命名为 $SCSS_{normal}$，其减去 $SCSS_T$，即为岩浆成分对 SCSS 的影响，我们将其命名为 $\Delta SCSS_C = SCSS_{normal} - SCSS_T$。如图 5-8 所示，当温度从 1300℃ 降低到 1050℃ 的时候，经 Liu 等（2007）与 Li 和 Ripley（2009）计算得到的 $\Delta SCSS_T$ 分别为 510×10^{-6} 和 518×10^{-6}，$\Delta SCSS_C$ 分别为 54×10^{-6} 和 138×10^{-6}。因此，温度对硫化物饱和的贡献为 510/（510+54）≈90% 或者 518/（518+138）≈79%。故结晶分异过程中 SCSS 的降低主要受温度影响，岩浆成分的变化是个很小的因素。

从 1300℃ 到 1050℃，$SCSS_{normal}$（$\Delta SCSS_C + \Delta SCSS_T$）通过 Liu 等（2007）与 Li 和 Ripley（2009）计算得到的值分别为 564×10^{-6} 和 656×10^{-6}。因此，大概有 565×10^{-6} 或 656×10^{-6} 的硫从熔体中析出变为硫化物。夏日哈木超基性岩体的平均硫含量为 2%。因此，结晶分异对夏日哈木硫的贡献为 656×10^{-6}/2% = 3.28%。在温度为 1300℃ 的时候，SCSS 为 $1200 \times$

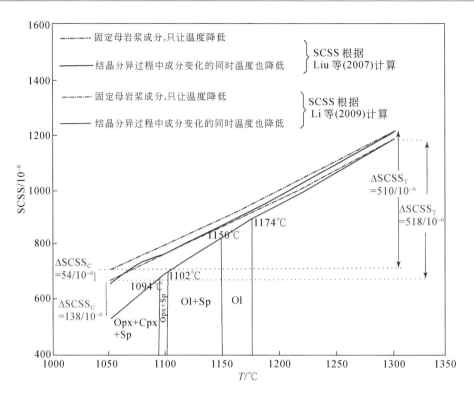

图 5-8　结晶过程中 SCSS 变化情况的定量模拟（Liu et al.，2018）

Ol-橄榄石；Sp-尖晶石；Opx-斜方辉石；Cpx-单斜辉石

10^{-6}，即使所有的硫从熔体中析出变为硫化物，那么结晶分异对全岩硫的贡献率为 $1200 \times 10^{-6}/2\% = 6\%$（Liu et al.，2018）。我们之前推测了地壳硫对全岩硫的贡献为 $40\% \sim 60\%$，所以结晶分异相对于地壳硫混染是很小的因素，夏日哈木成矿主要受益于地壳硫的混染（Liu et al.，2018）。

如果橄榄石发生了重力分异，那么橄榄岩相的高 Fo 值会出现在底部，然而夏日哈木橄榄岩相底部橄榄石的 Fo 值明显小于中部的 Fo 值（图 4-22a）；如果硫化物发生了重力分异，那么按道理橄榄岩的顶部有很少的硫化物或没有硫化物，然而 ZK1903 钻孔是橄榄岩相中部没有硫化物，却在橄榄岩相的顶部有硫化物（图 4-22a）。所以，橄榄石和硫化物均没有发生重力分异。尽管结晶分异促进了一小部分硫化物的形成，但硫化物倾向在结晶晚期富集，这种现象可能是硫为不相容元素造成的（Liu et al.，2018）。

二、硫化物的分异和 SO_2 的脱气作用

硫化物的分异现象在许多超大型 Cu-Ni 矿，如在 Noril'sk 和 Sudbury 发现过（Ballhaus et al.，2001；Mungall，2007；Kalugin and Latypov，2012）。通常情况下，从硫化物熔体中最先结晶出来的是富铁的单一硫化物固溶体（MSS），之后为富铜的硫化物熔体（Naldrett，2004；Holwell and Mcdonald，2010）。

Pd 在 MSS 和硫化物熔体之间的分配系数为 0.07 ~ 0.12（Mungall et al., 2005），而 Ir 为 3.2 ~ 12.4（Mungall et al., 2005；Liu and Brenan, 2015）。所以，MSS 占的比例更多的硫化物会有低的 Pd/Ir 值。在 ZK11E05 钻孔的二辉岩相，全岩 Pd/Ir 和斜方辉石的 $Mg^{\#}$ 值（图 4-1）从岩相的上部到下部逐渐减少。所以，我们推测在斜方辉石的结晶过程中，硫化物的分异也在进行，且在晚期有更多的 MSS 形成。

方辉橄榄岩、纯橄岩、二辉岩、辉长岩 Po 的 $\delta^{34}S_{V-CDT}$ 均值分别为 5.145‰、4.41‰、4.98‰、5.5‰。随着岩相平均硫同位素的增加，岩相的镍、硫含量也在增加（图 4-8），可见地壳硫混染对提升镍品位和硫含量具有重要意义。但二辉岩相 Po 的 $\delta^{34}S_{V-CDT}$ 具有从浅部到深部逐渐减小的趋势，与镍含量并没有对应关系（图 4-8）；二辉岩从浅部到深部硫含量有增加的趋势（图 4-1），这与从岩相整体看随着 $\delta^{34}S_{V-CDT}$ 增加硫和镍含量增加的趋势矛盾。夏日哈木围岩的 $\delta^{34}S_{V-CDT}$ 为 11.2‰，所以二辉岩从浅部到深部的 $\delta^{34}S_{V-CDT}$ 降低但硫增加的现象并不能靠地壳硫混染的逐渐降低来解释。此外，R 因子可以影响硫同位素组成，因为夏日哈木围岩 $\delta^{34}S_{V-CDT}$ 为 11.2‰，R 值增大伴随着 $\delta^{34}S_{V-CDT}$ 的增大，二辉岩相从浅部到深部硫化物增多意味着 R 值增大，但 $\delta^{34}S_{V-CDT}$ 并未增大，所以 R 值也不能解释硫同位素逐渐变小的现象。

在地幔起源的岩石中，大的全岩 $\delta^{34}S_{V-CDT}$ 通常与较低的硫含量伴生（Torssander, 1989；Kyser, 1990）；在火山系统中也观察到 $\delta^{34}S_{V-CDT}$ 的降低与岩浆去气成分中 SO_2/H_2S 的增加有关（Piochi et al., 2015）。以 S^{2-} 为主的熔体相对于 SO_2 会有低的 ^{34}S 同位素（de Moor et al., 2013）。因此，如果岩浆脱气过程中以 SO_2 为主，那么残余硫化物的 $\delta^{34}S_{V-CDT}$ 就会降低（Yallup et al., 2013；Piochi et al., 2015）。这个只发生在低的氧逸度条件下，因为在高的氧逸度条件下（以 SO_4^{2-} 为主的岩浆），任何比例的 SO_2/H_2S 脱气作用都会造成残余熔体 ^{34}S 的富集；在低氧逸度条件下，SO_2 与熔体中二价硫的分异可能是导致熔体中 ^{34}S 富集的原因（Mandeville et al., 2009），其分异系数用下列的公式来推算（T 的单位为 K）（Liu et al., 2018）：

$$\delta^{34}S_{SO_2} - \delta^{34}S_{S^{2-}} = 1000\ln\alpha_{SO_2-S^{2-}}$$
$$= -0.42(10^3/T)^3 + 5.467(10^3/T)^2 - 0.105(10^3/T) - 0.6$$

夏日哈木各岩相的气体中均未检测到 SO_2，且所有岩相中二辉岩中的 H_2S 含量最高（李建平, 2016）。所以可见二辉岩处于低氧逸度条件下。当温度为 1000℃ 的时候，依据上述公式可以算出 $\delta^{34}S_{SO_2} - \delta^{34}S_{S^{2-}} = 2.49‰$。这个过程可以导致熔体二价硫的硫同位素降低。所以我们推测在二辉岩由上到下结晶过程中，发生了 SO_2 的脱气作用（图 5-9）。SO_2 为主的脱气过程可以带走更多的 ^{34}S 的现象在太古宙科马提岩中也发现过（Caruso et al., 2017）。

三、成矿岩浆就位机制

根据上述证据，Liu 等（2018）总结了夏日哈木 I 号岩体结晶混染及成矿过程（图 5-10），成矿过程总体分为七个阶段，现分述如下。

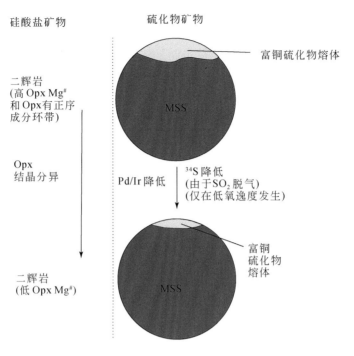

硅酸盐矿物　　　　　　硫化物矿物

富铜硫化物熔体

二辉岩
(高 Opx Mg#
和 Opx 有正序
成分环带)

MSS

Opx
结晶分异

Pd/Ir 降低

34S 降低
(由于 SO₂ 脱气)
(仅在低氧逸度发生)

二辉岩
(低 Opx Mg#)

富铜
硫化物
熔体

MSS

图 5-9　二辉岩结晶过程中的硫化物分异（Liu et al.，2018）

　　PGE 耗尽的岩浆侵入新元古代岩石（花岗质片麻岩和大理石）（图 5-10a）。岩浆经历了大约 0.005% 的硫化物分离，并且在进入之前被富含硫的岩石混染。最早的橄榄石晶体发生在橄榄岩内的近中心位置。东部的岩浆被花岗质片麻岩污染（图 5-10a），也就是说，SiO_2 是 ZK11E05 钻孔中岩浆混染的主要成分。相反，西部的岩浆被花岗质片麻岩和大理石污染（图 5-10a），因此混染的成分为 SiO_2 和 $CaCO_3$。围岩硫化物的 $\delta^{34}S_{V-CDT}$ 值为 11.16%。地壳硫占整个岩石系统硫含量的 40% ~ 60%。混染发生在所有阶段，并且直到岩体完全固结才结束。当原始橄榄石在岩浆中结晶时，岩浆已经得到硫化物饱和。因此，在我们的模型中，硫化物也存在于最早形成橄榄石的地方（图 5-10a）。两个钻孔中橄榄石的 Fo 值从中间相向下部边缘相减小，橄榄石颗粒具有正序环带，表明橄榄石从中间相到下部边缘相依次结晶（图 5-10a ~ c）。总的来说，橄榄石从中心相向上部边缘相 Fo 值减少。橄榄石核心的值显示正序环带，而在橄榄石边缘为反序环带，甚至比在 ZK1903 钻孔的橄榄岩中心相的橄榄石边缘的 Fo 值高于核心的 Fo 值，这可能表明早期岩相为由中心相到上部边缘相结晶，而在橄榄石结晶后期，从上部边缘相到中心相依次结晶（图 5-10c）。

　　尖晶石主要沿着橄榄石颗粒的边缘或产在橄榄石颗粒之间的间隙。因此，橄榄石先结晶，尖晶石后结晶。因为 ZK11E05 钻孔中尖晶石的 Cr# 和 FeO 含量向下减少（图 4-22b），尖晶石可能在顶部较早地结晶，然后在底部结晶（图 5-10b 和 c）。尖晶石没有经历重力沉降。虽然 ZK1903 钻孔中的尖晶石 Cr# 值没有向下显示明显的下降（图 4-22b），但是如在 ZK11E05 钻孔（图 4-22b）中观察到的，FeO 含量从顶部到底部逐渐减小（图 4-22b）。因此，ZK1903 钻孔中的尖晶石也可能向下结晶。ZK1903 钻孔的大部分尖晶石 Cr# 值低于钻

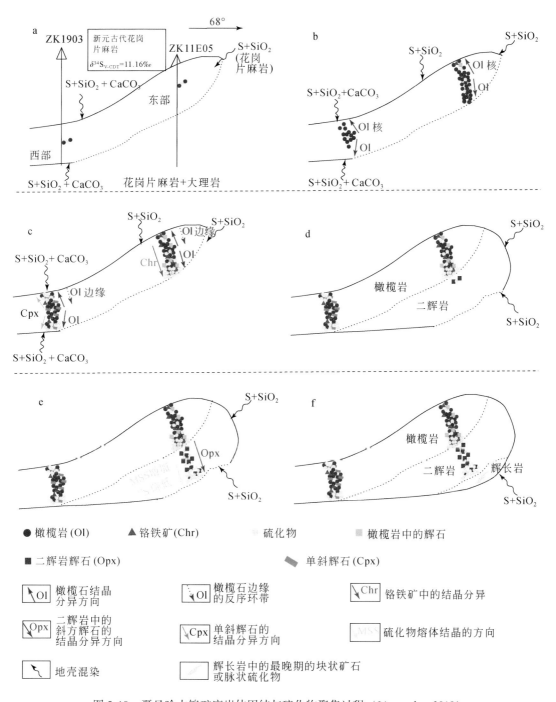

图 5-10　夏日哈木镍矿床岩体固结与硫化物聚集过程（Liu et al.，2018）

心 ZK11E05 钻孔中的方辉橄榄岩，而 ZK1903 钻孔中的单辉橄榄岩具有最低的尖晶石 Cr#
值（图 5-3）。因此，最早的尖晶石结晶发生在方辉橄榄岩（ZK11E05）中（图 5-10b）。
ZK11E05 钻孔的橄榄岩中的斜方辉石 Mg# 值没有显示任何明显的趋势（图 4-22c），这意味

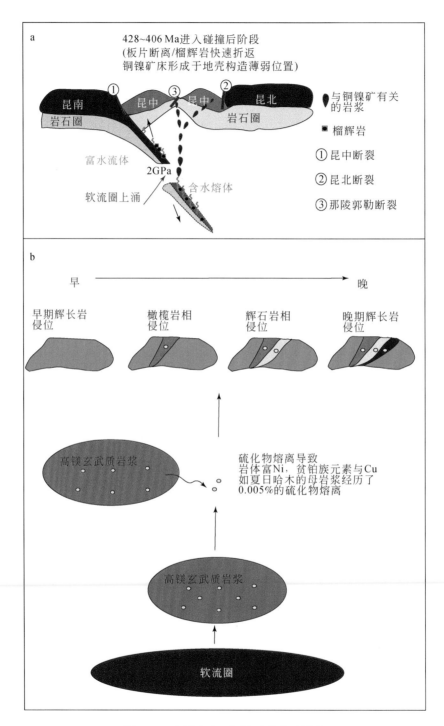

图 5-11 东昆仑地区铜镍矿的成矿模式

着斜方辉石随机结晶（图 5-10b 和 c）。ZK1903 钻孔的橄榄岩中的单斜辉石 Mg# 值向下和向上都降低（图 4-22c），表明单斜辉石从中心相逐渐结晶到边缘相（图 5-10c）。在矿物分异结晶期间，温度降低和熔体成分均发生变化。这两个因素，主要是温度的降低，促进了硫化物熔离。尽管矿物分异结晶仅促进了一小部分硫化物形成，但具有最富硫化物的矿体位于橄榄岩中最晚结晶的位置（图5-10b和c）。这种现象存在可能是因为硫是一种不相容的元素。

当橄榄岩几乎固结时，二辉岩侵入橄榄岩。由于ZK11E05钻孔中的二辉岩的粗粒斜方辉石的Mg#值倾向于向下减小（图4-22c），并且斜方辉石表现出正常环带（图4-21b），因此斜方辉石在顶部较早结晶（图5-10d）。全岩镍含量与斜方辉石Mg#值呈负相关（图4-22c），与硫含量正相关（图4-1），表明在斜方辉石结晶过程中硫化物达到饱和或硫化物聚集（图5-10d和e）。在斜方辉石分异结晶期间，硫化物发生了分馏。并且在晚期形成了更多的单一硫化物固溶体（MSS）（图5-10e）。

之后辉长岩形成，并有后期少量脉状或块状的硫化物侵入到辉长岩中（图5-10f）。

本书综合各方面研究总结了夏日哈木的成矿模式（图5-11）。东昆仑地区的早泥盆世的基性–超基性岩形成于碰撞后伸展环境（图5-11a），板片断裂引起的软流圈岩浆上涌，榴辉岩折返过程中受到了俯冲带浅部富水流体的影响，而夏日哈木母岩浆受到了俯冲带深部含水熔体的影响，岩浆最终在昆中的薄弱位置就位（图5-11a）（Liu et al.，2018）。基性–超基性岩的母岩浆为高镁玄武质岩浆，源于软流圈地幔的部分熔融；高镁玄武质岩浆在侵位以前经历了硫化物的熔离（图5-11b），如夏日哈木的母岩浆经历0.005%的硫化物熔离，导致夏日哈木铜镍矿以富镍为主，贫铂族元素和铜元素（张照伟等，2021b）。在地壳就位之前，岩浆已经达到了硫化物饱和（图5-11b）。在侵位过程中，基性–超基性岩岩体表现出多期次侵入的特征（图5-11b），大致分为四期，早期的不成矿的辉长岩最早侵位，然后含矿的纯橄岩、含矿的辉石岩、晚期的辉长岩依次侵位（图5-11b）。

第六章　东昆仑及邻区找矿潜力及勘查示范

夏日哈木矿床是我国镍储量仅次于金川的超大型岩浆铜镍硫化物矿床，同时，也是首次在造山带内发现的超大型岩浆铜镍硫化物矿床。不仅如此，在柴北缘及南祁连造山带中，同样发现了多处铜镍矿化的镁铁-超镁铁质岩体，充分显示了东昆仑及邻区巨大的铜镍矿成矿潜力。本章从成矿地质条件分析、地球化学、地球物理方面总结了青海东昆仑地区岩浆铜镍硫化物矿床的勘查经验，提出了一些可能对东昆仑地区铜镍矿勘查有一定借鉴意义的找矿标志。

第一节　成矿地质条件分析

一、区域成矿地质条件

大陆裂谷是孕育超大型岩浆铜镍硫化物矿床的绝佳构造背景，夏日哈木矿床属于东昆仑造山带，整体处于特提斯构造缝合带内，区域岩浆铜镍成矿潜力与其关系密切。缝合带是地质历史上消失洋盆的残余洋壳，是判定造山带中洋-陆转化的重要标志。对青藏高原及东北周缘秦岭、祁连和昆仑的长期研究，已判别出三条重要的早古生代原特提斯蛇绿岩缝合带：①北祁连-宽坪缝合带；②柴北缘-商丹缝合带；③库地-中昆仑缝合带。它们代表了罗迪尼亚超大陆裂解形成的南华纪—古生代早期原特提斯大洋，南面的块体不断向北移动，与塔里木-华北之间的原特提斯洋在志留纪（440~420Ma）期间关闭，发生影响广泛的"原特提斯造山作用"，泥盆纪发育了大量的磨拉石建造。库地洋向东至东昆仑，与中昆仑洋（昆中缝合带）相连，昆中缝合带北侧是昆北地体，夏日哈木超大型岩浆铜镍钴硫化物矿床包含其中，昆北地体为柴达木地块的南缘，西南缘即为祁漫塔格构造带，金水口（岩）群为其变质基底。南侧昆南地体以大规模的岩浆弧为特征，变质基底为苦海岩群。昆中蛇绿岩以西段的纳赤台群蛇绿混杂岩和东段的清水泉蛇绿岩为代表，吴福元等（2020）总结昆中洋洋盆于580~520Ma打开，于510~450Ma俯冲，于440Ma左右关闭。昆北金水口（岩）群和昆南苦海岩群具有相同的碎屑锆石年龄，昆中洋并不被认为是非常重要的洋，因此这个小洋盆的俯冲消减可能会造成夏日哈木超大型矿床存在能量交换上的不对称。这是三条原特提斯缝合带在秦祁昆中央造山带的分布及目前的认识，再向西特别是境外的分布情况并不十分清楚。

李文渊等（2022）总结判定出晚古生代古特提斯蛇绿岩缝合带三条：①康西瓦-阿尼玛卿-勉略缝合带；②西金乌兰-金沙江-甘孜-理塘-哀牢山缝合带；③龙木错-双湖-昌宁-孟连缝合带。它们代表了南华纪—古生代早期原特提斯大洋闭合后，冈瓦纳超大陆裂解形成的晚古生代大洋，然后又自北而南于三叠纪关闭。或者不是新裂解的洋，而是西面非洲和欧洲之间的 Rheic 大洋闭合后的残留洋，在原特提斯洋闭合前就已存在。可见，古特提斯洋是裂解新打开的洋还是与原特提斯洋并存继续演化的洋，目前的研究并没有明确的结论。但大家都承认早古生代和晚古生代两套蛇绿岩的存在，而且承认原特提斯洋闭合后存在广泛的"原特提斯造山作用"，广泛发育泥盆纪磨拉石建造。因此，即使有所谓古特提斯残留洋存在，也并不妨碍古特提斯新的大洋的裂解形成（李文渊等，2022）。

二、镁铁–超镁铁质岩

　　东昆仑及邻区主体位于青海省境内，地理坐标为 85°00′E ~ 105°00′E、34°00′N ~ 41°00′N。东昆仑造山带是青海省境内重要成矿带之一，前期工作发现了众多金、铁、铜、铅锌、钴、钒、钼等矿床（点），近年随地质工作投入不断加大，地质找矿成果逐步扩大，特别是 2011 年发现了夏日哈木超大型岩浆铜镍钴硫化物矿床，实现了该区地质找矿的又一革命性突破。近年陆续又在其外围发现了冰沟南、阿克楚克塞、拉陵高里沟脑、石头坑德、呼德生、浪木日、希望沟等一批含铜镍矿化的镁铁–超镁铁质岩体（图 6-1）。东昆仑及邻区目前已控制镍资源量达 150 万 t，远景资源量有望达 200 万 t。这些岩体与区域上 Ni、Cu、Co 化探异常具有很好的套合关系。除东昆仑造山带之外，在阿尔金、南祁连造山带也发育了多处铜镍矿化镁铁–超镁铁质岩体。

　　东昆北、东昆中和东昆南断裂三条东西向区域性主断裂构造分割东昆北早古生代弧后裂陷带、东昆中基底隆起和花岗岩带、东昆南复合拼贴带及其南邻巴颜喀拉印支期褶皱带等四个构造带，三条岩石圈断裂切割深达上地幔，不同时期的伸展作用导致上地幔物质部分熔融，形成近东西向分布的镁铁–超镁铁质侵入岩浆岩带。如早中元古代镁铁–超镁铁质岩空间上零星分布于昆北断裂带附近，与万宝沟玄武岩伴生的中元古代晚期镁铁质岩沿昆中断裂带分布，包括夏日哈木在内的晚加里东期至早海西期镁铁质–超镁铁质岩沿昆北断裂带两侧分布，印支晚期镁铁质–超镁铁质岩主体沿昆南断裂带分布。

　　以夏日哈木矿床为代表的泥盆纪初期发生了南祁连–东昆仑–阿尔金岩浆 Cu-Ni-Co 硫化物成矿作用，东昆仑的夏日哈木矿床是成矿中心，向东至南祁连有拉水峡、裕龙沟等成矿表现，向西至阿尔金有牛鼻子梁矿产地的发现（图 6-1）。近来在祁漫塔格发现了含铜镍钴矿化的玉古萨依镁铁–超镁铁质岩体（405±2.8Ma），形成于古特提斯裂解的成矿背景，但其成矿物质建造是在原特提斯洋闭合造山带建造基础上完成的（图 6-1），幔源岩浆肯定保留有原特提斯洋壳俯冲物质的特征。Zheng 等（2020）研究认为，俯冲消减的洋壳在不同的俯冲深度产生不同的液相组成，俯冲深至弧后深度（postarc depths）远离俯冲带抵达洋岛之下时，洋壳俯冲隧道板片–地幔楔软流圈交换反应，引起地幔楔软流圈橄榄岩水化，水化橄榄岩由于温度低并不发生部分熔融，只有当减压发生（更可能是地幔柱或地幔上涌提供热动力源）时，才可能使水化的橄榄岩发生部分熔融形成镁铁质熔体，从而构成板内洋岛玄武岩（OIB）的源区，因此 OIB 便有了弧的地球化学特征，LILE、Pb 和 LREE 的富集与 HFSE 的亏损、全岩 Sr–Nd 同位素及锆石 Hf-O 同位素富集。这种地球化学模式，同样可以用于碰撞造山后新生陆壳的破裂幔源镁铁质岩浆的上侵成矿的解释。

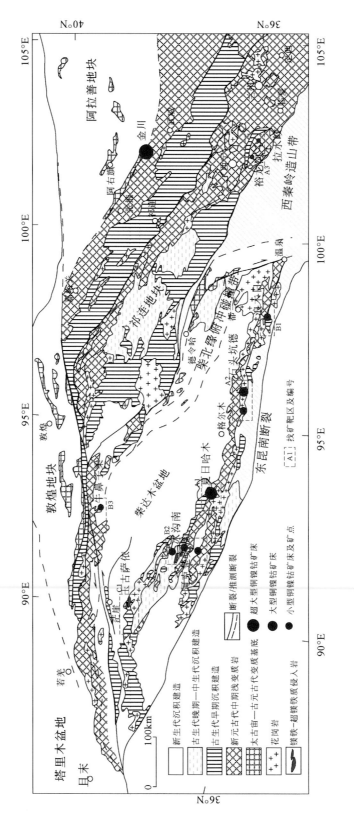

图6-1　东昆仑及邻区岩浆铜镍钴矿区域地质及重要找矿远景图

伴随古特提斯洋开裂构造演化的开始，深部地幔岩浆上涌，于构造薄弱部位形成多处岩浆中心（图6-1），这些岩浆中心具有较好的铜镍成矿地质条件和找矿潜力。

第二节　物化遥找矿指示信息

一、地球物理找矿信息

东昆仑及邻区1：50万航磁（ΔT）异常图上显示：东昆仑在航磁化极异常图上有一条北西西-近东西向的磁力梯级带。以此带为界，北部为一系列北西西-近东西向的狭长条带状、线状和串珠状磁异常，磁场值较高，起伏变化大，强度不等，以正异常为主，同时伴有局部负异常。南部则为较平静的磁场区多为负异常，幅值较小并且很平缓，在巴颜喀拉一带表现为平静磁场区。磁异常沿北西向、东西向呈线状、条带状展布，其主要与切割较深、规模巨大的断裂带有关，沿断裂分布的镁铁-超镁铁质侵入岩和火山岩是线状磁异常产生的重要场源。沿东昆北断裂有连续性较好的条带状和串珠状航磁异常。东昆中断裂呈现为条带状、串珠状、线状强异常。东昆南断裂沿断裂出现串珠状线性磁异常，随弧形分段向南弯凸，北侧为条带状较强磁异常，南部磁异常平缓。

总体上看，与铜镍矿化有关的镁铁-超镁铁质岩体在1：50万航磁图上异常表现不明显，而是被区域性的大面积磁异常所掩盖，如蛇绿岩带、金水口（岩）群含铁岩系、万宝沟群玄武岩等。而在1：5万地磁异常表现为明显的正异常，如夏日哈木岩体。通常磁法测量是岩浆铜镍硫化物矿床找矿和靶区圈定非常有效的方法，但东昆仑地质体分布具有其特殊性，对磁异常的分析和解释要慎重。总结发现，东昆仑1：50万大面积的航磁异常亦主要与东昆中断裂、东昆南断裂中的蛇绿岩带、金水口（岩）群含铁岩系、万宝沟群玄武岩分布区一致。含矿的镁铁-超镁铁质岩体均为小岩体，虽本身有较强的磁性，但在小比例尺航磁中基本被掩盖，在大比例尺高磁异常显示较好，古老岩层中的隐伏岩体显示为弱的正异常。

区域性重力梯级带反映了地壳深部构造的深大断裂带，上地幔物质的埋藏深度在此带发生了剧烈的变化。因此在地壳运动中其活动性也最为强烈。从板块构造角度来看，它是板块与板块之间相互挤压碰撞的"缝合线"。从布格重力图可看出，东昆仑明显存在一条主体呈北西西向展布的陡变重力梯级带，宽约80km，布格异常值范围为（−480～−410）×10^{-5} m/s^2，梯级带两侧地壳厚度相差近7km。显然该梯级带为一巨大的密度分界面，其位置在本区地质构造图上基本与昆中断裂带吻合。可以看出，区内的布格重力梯级带也是铜镍矿床（点）密集分布的重要地带，已发现矿床、矿点在剩余重力异常图上表现为条带状或圈闭剩余重力高异常的边界部位、剩余重力高异常到低异常的过渡带。可根据重力异常进一步圈定找矿远景区。

航磁异常显示东昆仑地区的磁异常近东西向展布，异常连续性好，强度高，正负伴生，表明该区由多条近东西向展布的地质块体组成，各块体间以深大断裂为界，这些块体中分布有大量强磁性深变质岩或基性-超基性岩体。部分磁异常表现为串珠状正异常带，揭示该带基性–超基性岩体的存在。具有高磁性或中高磁性的铜镍矿通常沿岩体和地层接触带产出，大多分布于呈团块状、条带状展布高磁异常边部或磁异常梯级带。可根据航磁异常进一步圈定找矿远景区。

　　针对柴南缘地区，可以首选小比例尺磁重数据梳理地质块体边界，梳理控岩–控矿构造、磁重异常，结合地质筛选找矿有利地区。结合1∶20万水系沉积物地球化学和1∶5万地球化学数据，对Cu、Ni、Co异常区进行调查研究，在1∶5万地质填图的基础上利用1∶5万航磁资料的化极和向上延拓图（关注高磁异常）圈定基性–超基性岩。重点关注黑山–那陵郭勒大断裂及昆中断裂附近的基性–超基性岩体。有孔雀石化、有黄钾铁矾化、镍华等蚀变或风化，存在纯橄岩→辉石橄榄岩→辉石岩的分异的岩体，$m/f_{max}-m/f_{min}$大于2.5且m/f_{max}大于5.5的岩体，橄榄石和单斜辉石具有高MgO、低FeO和低CaO的岩体，存在大量斜方辉石的岩体，围岩为含硫化物的花岗片麻岩或镁质大理岩的岩体是重点评价的对象。

二、地球化学找矿信息

　　从东昆仑地区镍地球化学场及异常特征（图6-2）可以看出，镍高场值及异常主要沿近东西向昆南、昆中断裂分布，在昆北断裂带也有较好的显示。这些大范围异常主要反映的是古老缝合带蛇绿岩带（包括德尔尼VMS型铜钴矿）、昆南带万宝沟群玄武岩和印支晚期镁铁质–超镁铁质杂岩体的位置，个别反映了滩间山群/祁漫塔格群火山岩，弱或较弱异常（异常带）反映了成矿位置。

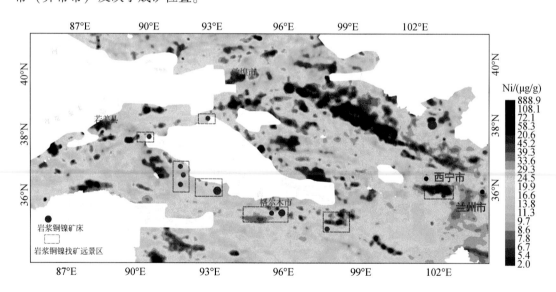

图6-2　东昆仑及邻区镍元素地球化学图

　　已发现的超大型夏日哈木镍（钴）矿1∶25万化探有良好的异常显示，该矿床为解剖1∶5万化探Ni、Cr、Cu、Co综合异常所发现。结合夏日哈木异常特征，在昆中带及昆北带都有 Ni 异常带显示，并和 Cr、Cu、Co 异常带套合较好，带内异常呈串珠状近东西–北西向带状展布，这些异常带是重要的成矿远景区。充分解剖中大比例尺 Ni、Cr、Cu、Co 综合异常，同时要考虑不同成矿带成矿后保存条件，如东昆北带后期剥蚀较小，可能存在较多隐伏岩体，化探综合异常并不明显。通过 1:50 万化探异常及 1:25 万地球化学图特征对比，Ni、Cu、Co 异常范围和强度基本套合，特别是 Ni 和 Co 套合好（图 6-2、图 6-3）。

东昆仑发育的中小型热液铜矿床和铜矿点分布区 Cu 异常较高，而 Ni、Co 异常较低，而且 Cu 异常表现出个数多、异常范围小的特点，如祁漫塔格卡而却卡–乌兰乌珠尔一带。总之除了对含镍的化探异常进行评价外，与镍矿有关的 Cu、Co 化探异常和矿化远景区也值得重视（图 6-3、图 6-4）。东昆仑西段已发现的夏日哈木镍（钴）矿、冰沟南等矿点在 1:25 万化探表现为串珠状中小异常，1:5 万 Ni、Cr、Cu、Co 综合异常套合较好。充分解剖中大比例尺物化探综合异常，同时结合不同成矿带成矿后保存条件，如东昆北带后期剥蚀较小，可能存在较多隐伏岩体，化探综合异常并不明显，如冰沟南。古老岩层中的这类化探异常是寻找这类含矿岩体和矿床的重要标志，特别是沿一定构造带分布的这类串珠状化探异常。

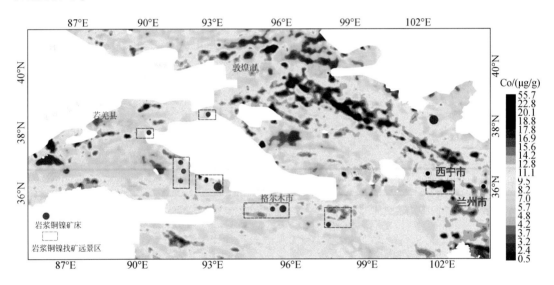

图 6-3　东昆仑及邻区钴元素地球化学图

三、遥感影像找矿信息

区内遥感异常有较明显的分带现象，体现出不同构造分带的遥感异常差异性。一些大面积条带状展布的遥感异常与地层分布基本一致，展现出了地层中铁染和泥化矿物的分布状况。侵入岩中的遥感异常主要表现为团块状，展布于岩体内或外接触带，展现出岩体的本身蚀变或接触变质特征。岩浆侵入往往在岩体与围岩内外接触带发生接触交代蚀变，而岩体自身还会发生自蚀变作用，因此岩体出露区域多存在遥感蚀变异常。多为与中酸性岩

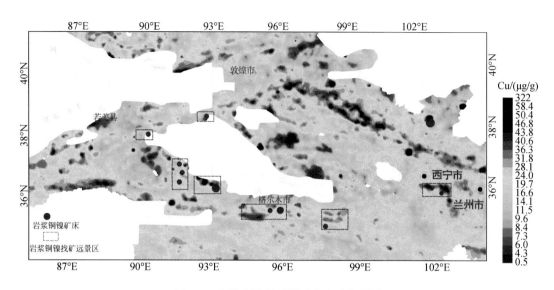

图 6-4　东昆仑及邻区铜元素地球化学图

体有关的异常，西北地区中酸性岩体出露范围广，蚀变作用强烈，蚀变类型繁多，因而遥感异常十分发育（图6-5）。

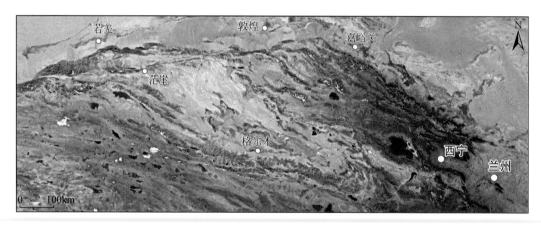

图 6-5　东昆仑夏日哈木矿床及外围遥感影像特征

与基性-超基性岩有关的羟基异常发育。在西北地区与基性-超基性岩有关的矿床中，大多发育一定规模的遥感异常，特别是羟基异常。这些异常多呈斑块状或带状展布，与基性-超基性杂岩体的空间分布具有一致性，在矿化的基性-超基性杂岩体中亦有斑块状或斑点状异常分布，如金川铜镍矿，而夏日哈木岩浆铜镍钴硫化物矿床因被第四系覆盖，遥感异常不明显。这些异常往往反映的是已经蚀变的基性-超基性岩体或蚀变带。如超基性岩体主要蚀变有蛇纹石化、透闪石化、滑石化、绿帘石化，岩体围岩蚀变主要为大理岩化、夕卡岩化、硅灰石化、透辉石化，以及自变质的滑石-绿泥石化、蛇纹石化等。这些蚀变矿物多含有羟基基团，从而在多光谱的红外光谱段产生与羟基有关的遥感异常（图6-6）。

图 6-6　东昆仑及邻区遥感组合异常分布图

第三节　找矿远景区及勘查示范

一、重要找矿远景区

东昆仑造山带大量镁铁–超镁铁质岩体的形成，是碰撞后伸展环境的结果，可能与古特提斯洋裂解相联系，柴达木盆地西北缘及南祁连化隆地区镁铁–超镁铁质岩带的发育可能也与此时期的大陆裂解关系密切。柴达木盆地西北缘在相继发现牛鼻子梁岩体、盐场北山岩体之后，又陆续发现了人通沟南山、青新界山西、柴达木人门口、盐场北山东等一系列成矿岩体，具较好的找矿潜力。在南祁连化隆地区绵延超过 200km 的镁铁–超镁铁质岩带中，除了拉水峡、裕龙沟矿床外，在冲沟中还发现了乙什春、下什堂及亚曲等含铜镍岩体，在深厚红层覆盖下发现了隐伏的含有铜镍矿化的镁铁质杂岩体，具有一定找矿潜力（图 6-1）。综合东昆仑及邻区岩浆铜镍硫化物矿床成矿理论认识、成矿构造背景、成矿地质条件、成矿地球化学条件、成矿地球物理条件及成矿遥感组合异常特征等信息，发现多处岩浆中心都对应着地物化遥组合异常，具有叠加套合较好的岩浆铜镍成矿环境和成矿条件，表现出巨大的找矿潜力，夏日哈木外围等七处岩浆中心区域（图 6-1）是下一步找矿勘查的重点方向。

根据古特提斯洋构造转换及岩浆活动波及范围，综合地球物理、地球化学及遥感异常特征，聚焦东昆仑及邻区镁铁–超镁铁质岩体含矿性特点，优选出七处岩浆铜镍找矿远景区。考虑到找矿远景区内矿化特征和已有岩浆铜镍硫化物矿床特点，结合地物化遥及综合异常信息，将找矿远景区进一步分为三个 A 类、三个 B 类及一个 C 类岩浆铜镍找矿远景区。A 类找矿远景区主要包括夏日哈木及外围、石头坑德及外围、拉水峡–裕龙沟一带；B 类找矿远景区主要包括浪木日及外围、冰沟南–阿克楚克赛及外围、牛鼻子梁矿区及外围；玉古萨依及外围属于 C 类找矿远景区。

夏日哈木及外围为 A1 找矿远景区，区内有东昆仑造山带近几年新发现的夏日哈木超大型岩浆铜镍钴硫化物矿床，铜镍金属基本赋存于夏日哈木Ⅰ号镁铁–超镁铁质岩体内，矿区范围及外围还发育多个镁铁–超镁铁质岩体，地球化学综合异常显示范围已发现铜镍矿化，进一步找矿潜力巨大。石头坑德及外围为 A2 找矿远景区，区内有东昆仑造山带内近几年新发现的石头坑德大型岩浆铜镍硫化物矿床，其镁铁–超镁铁质岩体规模较大，由多个小岩体构成且埋深较大，并且发现了较好的铜镍矿化，地球物理异常相对比较明显，进一步找矿潜力较大。拉水峡–裕龙沟为 A3 找矿远景区，处于南祁连化隆镁铁–超镁铁质岩带内，区内有上百处规模较小的镁铁–超镁铁质岩体，多数发现有铜镍矿化。像拉水峡岩浆铜镍硫化物矿床，其岩体矿化率超过 90%，基本是全岩矿化，块状矿石镍品位超过 10%。但是地表红层覆盖较厚，镁铁–超镁铁质岩体基本都隐伏于红层之下，进一步找矿潜力较大。

浪木日及外围为 B1 找矿远景区，区内发育多处镁铁–超镁铁质岩体，并且伴有铜镍矿化，其中几个岩体已经探获相应资源量，地球化学综合异常十多处，与已知矿化岩体对应较好，进一步找矿潜力较大。冰沟南–阿克楚克赛及外围为 B2 找矿远景区，区内发现有冰沟南、阿克楚克赛等铜镍矿点，外围仍有多处镁铁–超镁铁质岩体，且表现了较好的地球化学组合异常，进一步找矿潜力较大。牛鼻子梁矿区及外围为 B3 找矿远景区，牛鼻子梁矿区发育有三个镁铁–超镁铁质岩体，目前仅发现一个岩体含铜镍矿，在其外围仍有多处同时代的镁铁–超镁铁质岩体，进一步找矿潜力较大。玉古萨依及外围属于 C1 找矿远景区，区内已发现几处镁铁–超镁铁质岩体，个别岩体有铜镍矿化，与夏日哈木岩体同时期，有进一步找矿潜力。

二、找矿勘查示范

（一）石头坑德找矿勘查区

在全面总结石头坑德找矿勘查区内地质、地球物理、地球化学、遥感等成果资料的基础上，对石头坑德–拉忍等地区已发现的含铜镍矿（化）超基性杂岩体，利用地表槽探揭露、深部钻探验证，大致查明矿体的分布、规模、产状及品位变化等情况，评价资源远景；开展 I47E001001、I47E001002 两幅地质矿产调查。调查与成矿相关的地质体尤其是铜镍有关的基性超基性体及与金有关的中酸性侵入体、构造、矿化蚀变等的特征、空间分布及其相互关系，矿床、矿点、矿化点的空间分布及其数量质量特征，全面总结及分析石头坑德铜镍矿床控矿因素及找矿标志，掌握区域成矿地质条件，研究成矿规律，并结合物、化探异常解释资料及遥感地质解译成果，开展找矿预测，评价资源潜力，提出找矿方向，圈定找矿靶区，并力争提交矿产地。

在前期地球化学及地球物理调查的基础上，经综合异常检查，发现石头坑德镁铁–超镁铁质岩体主要由Ⅰ号、Ⅱ号和Ⅲ号岩体组成，岩性为辉石岩、橄辉岩、橄榄岩、辉长岩等，岩体整体侵位于金水口（岩）群白沙河岩组及万保沟大理岩凝灰岩中。区域内岩浆构造活动发育，闪长岩、花岗岩及后期脉岩均有不同程度出露（图 6-7）。岩浆铜镍矿体基本赋存于Ⅰ号岩体的辉石岩及橄榄岩中。

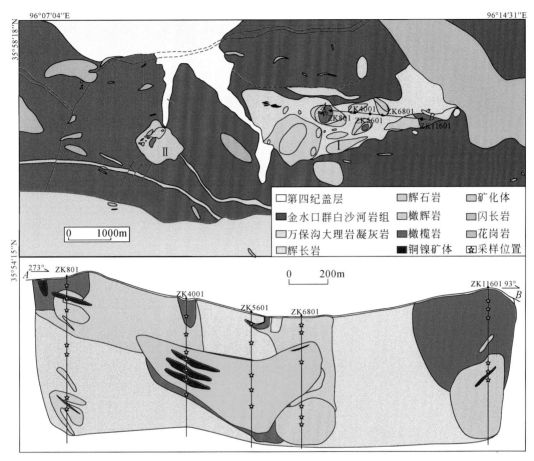

图6-7　东昆仑石头坑德镁铁-超镁铁质岩分布略图（Zhang et al.，2018）

Ⅰ号岩体出露面积约5.8km²，超镁铁质岩体呈不规则形状侵位于早期辉长岩内，出露面积不等，其中最大者达1.4km²，地表主要出露四个规模较大的超镁铁质岩，呈岩株状产出。岩体整体倾向南东，倾角变化较大。镁铁质、超镁铁质岩相均有发育，表明岩浆分异较充分，野外观察各岩相间的侵位先后顺序为辉长岩→超镁铁岩（多期次侵位）→中酸性岩脉。

辉长岩呈灰色，中-细粒结构、辉长结构、堆晶结构，块状构造。主要由斜长石（50%~60%）、单斜辉石（30%~45%）、斜方辉石（10%~15%）及少量不透明矿物（1%）组成。斜方辉石和单斜辉石构成主要的堆晶相矿物，斜长石为填隙相。斜长石为半自形-自形板条状，一般在1.5~2.0mm，聚片双晶清晰可见，绝大部分斜长石较新鲜，只有少数斜长石颗粒见有钠黝帘石化。单斜辉石为半自形短柱状，粒径多在1.5mm左右，发育不同程度的次闪石化，有的完全蚀变为次闪石，次闪石为纤维状、针状集合体，主要为透闪石，以此推测单斜辉石多为透辉石，个别辉石也见绿泥石化。斜方辉石亦为半自形-他形短柱状，以蛇纹石化为主。岩石总体为辉长结构，在局部范围内可见牌号较低的斜长石包裹辉石，形成包辉结构。不透明矿物主要为磁黄铁矿、镍黄铁矿等，它们经常生长于造岩矿物的粒间或晶内。

　　辉石岩主要表现为深灰色，中–细粒结构、包辉结构、堆晶结构，块状构造。主要由斜方辉石（40%～50%）、单斜辉石（30%～40%）、斜长石（5%～10%）及少量不透明矿物（3%～5%）组成。斜方辉石多为自形–半自形短柱状，粒径多在1.5～2.0mm，单斜辉石为半自形短柱状，1.5mm左右居多。岩石中局部可见堆晶结构，斜方辉石和大部分单斜辉石为堆晶相，斜长石和少部分单斜辉石为填隙相。各矿物均较新鲜，在斜长石较集中部位可见大颗粒斜长石包裹斜方辉石，形成包辉结构。

　　橄辉岩多呈深灰色，中–细粒结构、包橄结构、堆晶结构，块状构造。主要由斜方辉石（45%～50%）、橄榄石（15%～10%）、单斜辉石（30%～25%）和斜长石（2%～5%）组成。斜方辉石半自形–自形短柱状，平均为1mm，最大者达1.5mm，四方形切面明显。只有极个别斜方辉石表面见有蚀变的蛇纹石脉，脉宽不足0.02mm，大部分斜方辉石较新鲜。单斜辉石呈半自形短柱状，也见他形粒状，粒径一般在1.5mm。单斜辉石较新鲜。斜长石为他形粒状，充填于辉石颗粒所组成的空隙中。橄榄石他形浑圆粒状，1.5～2.0mm，裂理发育，较新鲜，可见小颗粒橄榄石被颗粒较大的斜方辉石所包裹，形成包橄结构（图6-8f）。

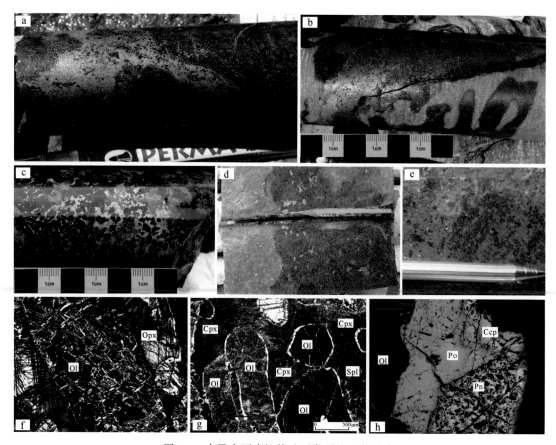

图6-8　东昆仑石头坑德矿石类型及显微照片

a-团块状矿石；b-块状矿石；c-稠密浸染状矿石；d-稀疏浸染状矿石；e-块状矿石；

f-包橄结构；g-橄榄辉石岩；h-磁黄铁矿–镍黄铁矿–黄铜矿共生。

Ol-橄榄石；Opx-斜方辉石；Cpx-单斜辉石；Spl-铬铁矿；Po-磁黄铁矿；Pn-镍黄铁矿；Ccp-黄铜矿

　　橄榄岩表现为深灰色-黑色，中-细粒结构、堆晶结构、包橄结构，块状构造。由橄榄石（95%左右）、辉石（5%左右）组成。橄榄石组成主要的堆晶相，其他矿物为填隙相，局部范围斜方辉石较多且集中。橄榄石呈他形浑圆粒状，1.0～1.5mm，橄榄石内部可见四方形尖晶石，且大部分橄榄石多已完全蛇纹石化，并伴有微-细粒磁铁矿脉析出。个别橄榄石颗粒被大颗粒的单斜辉石包裹，形成包橄结构（图6-8g）。辉石呈半自形-他形短柱状，1.5mm左右，单斜辉石较新鲜，斜方辉石次闪石化强烈。

　　择优地球物理异常进行深部验证，结合地表地质填图和探槽揭露，发现深部矿体，新增镍资源量约为12万t。石头坑德铜镍矿体基本赋存于中-粗粒辉石岩和含长橄辉岩及橄榄岩中，属于Ⅰ号岩体北西部，多为贯入式矿体，两侧围岩为中-细粒橄辉岩。①号铜镍矿体，位于岩体北西部，属后期贯入式矿体，赋矿岩石为中-粗辉石岩和含长橄辉岩，两侧围岩均为中-细粒橄辉岩。该矿体长约1150m，宽4.06～30m，走向近25°，倾向约115°，倾角约75°，地表镍平均品位为1.21%，深部钻孔已控制，镍品位变化为0.31%～1.91%，变化较大。深部工程验证具有典型的贯入式矿体特征（图6-8a、b）。

　　矿石类型主要为团块状、斑杂状以及海绵陨铁状，矿体与围岩接触界线较为明显，具有典型的贯入式矿体特征（图6-8c～e）。磁黄铁矿呈金黄色，强金属光泽，半自形-他形粒状，为多呈细粒状、粒状集合体分布，粒度为0.05～0.7mm，主要为浸染状和细脉状。镍黄铁矿属于等轴晶系硫化矿物，在偏光镜下呈淡黄色和乳黄色，无多色性，无内反射，正交偏光镜下呈均质性（图6-8f、g）。银白灰色，强金属光泽，半自形-他形粒状，呈浸染状、细脉状分布，具交代磁黄铁矿的现象。且镍黄铁矿、磁黄铁矿、黄铜矿多为共生关系（图6-8h）。黄铜矿呈古铜色，多为细粒状颗粒零星分布于磁黄铁矿中或沿裂隙浸染状分布，粒度多在0.03～0.1mm。

（二）浪木日找矿勘查区

　　在前期优选找矿勘查区的基础上，首先对浪木日找矿勘查区开展了1:2.5万水系沉积物测量，共圈出综合异常96处，涉及镁铁-超镁铁质岩体有14处综合异常，其中乙类异常5处、丙类异常9处。异常是以镍、钴为主的多金属综合异常，由镍、钴、铜、铅、锌、锡等元素组成，套合性较好。异常总体呈北西向展布，长约3km，宽约1km，面积约3km^2，浓集中心明显，镍、锡元素异常规模较大，其中镍元素异常呈不规则状展布。Ni 120峰值为100.7×10^{-6}，具二级浓度分带，Ni 121峰值为185.8×10^{-6}，具二级浓度分带，Ni 124峰值为126.2×10^{-6}，具二级浓度分带；钴元素异常呈不规则状展布，Co 48峰值为42.3×10^{-6}，具二级浓度分带；锡元素异常呈长条状北西向展布，Sn 120峰值为15.60×10^{-6}，具二级浓度分带，Sn 121峰值为14.79×10^{-6}，具二级浓度分带；其他元素异常值均较低，异常规模较小。

　　针对14处地球化学综合异常区开展1:1万磁法测量工作，圈定1:1万磁异常25处（C1～C25），相对于勘查区南部，总体北部异常显示较强，通过对北部15处磁异常开展查证，正负伴生异常基本由基性、超基性岩体引起，其中矿致异常8处，均由含矿辉石岩及辉橄岩引起，异常值为-1000～+2300nT，磁异常形态基本为圆形、椭圆形，其中C1、C14磁异常为本区规模最大的磁异常，面积各为4.07km^{2}和5.0km^2，C8磁异常规模最小，面积为 0.1km²，本区第四系覆盖较厚，磁异常为目前最有效直接的找矿线索，北部磁异常查证程度不均，南部异常尚未查证，因此体现面上较好的找矿前景。根据遥感地质解译及磁法构造解译工作，解译构造 19 条，近东西向延伸规模较大的构造基本为本区区域性构造，北西向构造为导岩成矿构造，北东向构造后期对导岩构造进行了错段改造，因此ΣΣ2 ~ Σ4、Σ7、Σ8 含矿岩体推测为同一岩体，后期应为构造改造，位置错段。

基于地球化学、地球物理工作成果，通过地质草测工作，初步查明了区内北部地层、构造、岩浆岩、矿化岩体的分布特征，确定预查区成矿地质背景为白沙河岩组，发现基性超基性岩体 17 处（Σ1 ~ Σ17），含矿辉橄岩体 6 处。基性辉长岩分布在预查区边部位置，出露广泛，面积较大，其中Σ1 辉长岩体位于 C1 磁异常区，形态最为完整，面积约 0.8km²，Σ13 辉长岩体位于 C13 磁异常区内，面积为 0.41km²，Σ9 辉长岩体面积最大，约 5.0km²，几处辉长岩岩体浅地表基本不含矿，深部有辉石岩或熔离产出的磁黄铁矿发育，含矿性有待进一步验证。超基性辉橄岩都出露在辉长岩包围的中心地带，共有 5 处（Σ2 ~ Σ4、Σ7、Σ8），由于覆盖岩体不完全出露，根据露头圈定岩体面积为 0.02 ~ 0.1km²，Σ4 岩体规模最大，长约 850m，宽 30 ~ 100m，辉橄岩总体都具较好的含矿性。本区岩体中含矿岩性主要为辉橄岩，其次为辉石岩，主要矿石矿物为磁黄铁矿、黄铜矿、镍黄铁矿、磁铁矿，脉石矿物为蛇纹石、蛇纹石石棉、橄榄石、透辉石、金云母。

通过槽钻探工程对含矿岩体验证控制。圈定镍钴矿体 27 条，新圈定 14 条：Σ2 岩体位于 C2 磁异常区，出露长约 100m，探槽揭露圈定岩体宽 120m，通过钻孔深部验证，岩体控制斜深达 300m，总体经由探槽及钻孔控制，圈定镍矿体 6 条（M2-1 ~ M2-7），其中 M2-1、M2-4 为工业矿体：M2-1 矿体由 TC6301 及 17ZK02 两个工程控制，矿体长 160m，平均厚度为 6.37m，镍平均品位为 0.30%，钴平均品位为 0.01%，矿体以星点状、小团块状分布的磁黄铁矿、镍黄铁矿为主；M2-4 矿体由 TC6301 及 ZK1702 两个工程控制，矿体长 80m，平均厚度为 11.92m，镍平均品位为 0.30%，钴平均品位为 0.01%，铜平均品位为 0.08%，矿体以星点状及细小星点状分布的磁黄铁、镍黄铁、黄铜矿为主。

Σ3 岩体位于 C3 磁异常区，隐伏于蚀变斜长片麻岩下部，地表有零星出露，镍为 0.13%、钴为 0.011%。深部受两个钻孔控制（17ZK03、ZK1201），圈出镍钴工业矿体 1 条（M3-1），矿体长 500m，平均厚 8.53m，镍品位为 0.76%，单样最高为 1.79%，钴品位为 0.04%，单样最高为 0.076%，铜品位 0.16%，单样最高为 0.38%（图 6-9）。在 ZK1201 钻孔控制矿体厚 10.1m，在下盘位置圈定铂、钯矿体厚 2.0m，品位为 0.3 ~ 0.67g/t。

Σ4 岩体位于 C4 磁异常区，地表出露长约 850km，宽 30 ~ 100m，地表镍品位为 0.32% ~ 0.54%、铜品位为 0.3% ~ 0.55%、钴品位为 0.017% ~ 0.044%，Σ4 岩体总体由 2 条探槽及 7 个钻孔控制，圈定镍矿体 16 条（M4-1 ~ M4-16），其中 M4-1、M4-2、M4-8、M4-10 四条矿体规模较大：M4-1 矿体由 17ZK01 及三条探槽工程控制，矿体长 570m，厚 4.15m，镍平均品位为 0.49%，钴平均品位为 0.01%，铜平均品位为 0.18%，矿体以星点状、团块状分布的磁黄铁矿、镍黄铁矿、黄铜矿为主；M4-2 矿体由 17ZK01、ZK1201、ZK2403、ZK4001 四个工程控制，矿体长 800m，厚 6.85m，镍平均品位为 0.34%，钴平均品位为 0.01%，铜平均品位为 0.1%，矿体以星点状、细脉状、小团块状

图6-9 浪木日矿床 M3-1 矿体海绵陨铁结构及致密块状磁黄铁矿

分布的磁黄铁矿、镍黄铁矿、黄铜矿为主；M4-8 矿体由 ZK2403 和 ZK4001 钻孔控制，矿体长 460m，厚 1.1m，镍平均品位为 0.27%，钴平均品位为 0.015%；M4-10 矿体由 TC0801 和 17TC02 探槽控制，矿体长 350m，厚 4.49m，镍平均品位为 0.30%，钴平均品位为 0.01%，铜平均品位为 0.09%。

Σ7 含矿岩体位于 C7 磁异常区，长 600m，宽 80m，镍品位为 0.21%。深部有一个钻孔控制，深部圈定矿体两条：M7-1 矿体长 160m，厚 1.9m，镍品位为 0.21%，钴品位为 0.01%；M7-2 矿体长 160m，厚 2.6m，镍品位为 0.21%，钴品位为 0.01%。C14 磁异常区通过钻孔深部验证，在含矿辉石岩中圈定 11.4m 厚镍矿化体一条，镍品位为 0.17%，其中圈定镍矿体一条，厚 3.6m，镍品位为 0.21%。

（三）拉水峡–裕龙沟找矿勘查区

化隆岩带的镁铁–超镁铁质岩体均无一例外地侵位到化隆群中深变质岩系内。带内所发育的镁铁–超镁铁质岩体，规模普遍较小，单个岩体多数长几十至百余米，最大者长 1300m、宽 10~78m，小者长度仅几米（图6-10）。岩体形态多呈短轴状，平面形态为透镜状及脉状，次为巢状、团块状、不规则状、等轴状和椭圆状等。岩体总的展布方向以北西向为主，倾向以北东为主，倾角中等。单个岩体 114 个，共有岩体（群）32 处。已发现的几处铜镍矿床（点）与镁铁–超镁铁质岩侵入岩关系密切，其中拉水峡含矿岩体矿化率达到 90% 以上，岩体规模较小，延伸仅几十米，但其产出的镍金属量达 2 万多吨（张照伟等，2012）。由于大面积的红层高度覆盖，镁铁–超镁铁质岩体地表出露较少，多数为隐伏的岩体。岩体规模小是化隆镁铁–超镁铁质岩带最突出的特点，目前区内发现的最大镁铁–超镁铁质岩体规模也不到 0.5km²，可能与构造背景及形成环境存在一定的联系。

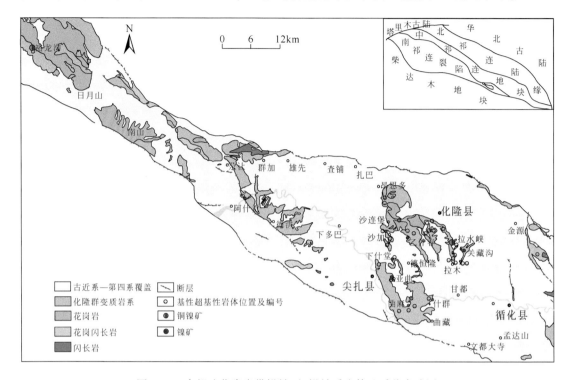

图 6-10　南祁连化隆岩带镁铁–超镁铁质岩体地质分布略图

各岩体的岩石类型主要是橄榄岩、辉石岩、角闪石岩及辉长岩等。角闪石岩型岩体全部或绝大部分由角闪石岩或黑云母角闪石岩、辉石角闪石岩、橄榄角闪石岩所组成，代表岩体有裕龙沟、拉水峡、拉木北等岩体，是岩带内重要的成矿岩体类型。橄榄岩型岩体由橄榄岩组成，有少量的二辉辉石岩、角闪石岩、紫苏辉长岩，代表岩体有阿什贡、尕吾山村等。二辉辉石岩–紫苏辉长岩型岩体则由二辉辉石岩及紫苏辉长岩组成，岩石中以含斜方辉石为特征，斜长石牌号为 An 50～80，化学成分是镁高钙低，岩体铜镍矿化普遍，代表岩体有加家、沙加、刘什东等。而单辉辉石岩–辉长岩型岩体由单辉辉石岩、辉长岩或其中一种岩石组成，其特征是岩石中不出现斜方辉石，辉石岩与辉长岩常常由于辉石和斜长石的增减而彼此过渡。岩石化学成分是钙高镁低，岩体无铜镍矿化或矿化微弱。该类型岩体在岩带内出露相对较多，代表岩体有亚曲、乙什春、下什堂和沙加等。

1. 裕龙沟岩浆铜镍矿床

裕龙沟岩体受一组北西西向构造断裂控制。由几个岩体组成，其中最大的一个岩体出露长 1300m，东段宽 40～78m，中段宽 10～15m，西段宽 68m，向两端尖灭，已控制最大延深 430m。岩体呈 340° 延伸，倾向北北东，倾角为 40°～60°，为一上陡下缓的单斜岩体。岩石类型有黑云角闪辉石岩、黑云斜长角闪石岩、黑云角闪石岩、黑云辉石角闪石岩和辉石岩。岩体可分为三个岩相带，岩体东段深部为单一黑云角闪石岩，中段为斜长角闪石岩，其余地段为黑云角闪石岩-黑云母角闪辉石岩的杂岩。黑云母角闪辉石岩中的辉石多数为斜方辉石，仅在岩体边部出现少量单斜辉石。

铜镍矿体处于岩体的东端位置。在单一黑云角闪岩、斜长角闪岩及黑云角闪岩-黑云母角闪辉长岩的杂岩三个岩相带中，各岩相带均呈过渡关系，前两个岩相带具矿化。岩石蚀变较普遍，以硅化为主，其次有绿泥石化、滑石化、绢云母化、碳酸盐化以及少量次闪石化等。目前已发现10个铜镍矿（化）体，主要分布于岩体东段，形成一牛轭状含矿带。最大的矿体呈扁豆状，沿走向长130m，侧伏方向长360m，平均厚10.4m，走向285°左右，侧伏方向345°左右，侧伏角40°左右。从钻孔剖面图上也可以看出矿体有向下变厚、镍金属品位变富后尖灭的趋势，也有的矿体向深部直接尖灭。矿体严格受岩相控制，角闪-辉长岩相矿化最好，黑云角闪岩-黑云角闪辉石杂岩相次之。矿石构造以稀疏-中等浸染状构造为主，局部呈稠密浸染状构造，以硫化物为主组成的矿石结构具有典型的填间结构，局部有似海绵陨铁结构分布。矿石的主要矿物由紫硫镍铁矿、少量磁黄铁矿、黄铜矿、磁铁矿、镍黄铁矿等构成。

2. 拉水峡岩浆铜镍矿床

拉水峡岩体侵入于关藏沟岩组下岩段，平面上表现为透镜状，顺层侵入。处于拉水峡背斜转折端。岩体呈南东东-北西西产出，最宽约为60m，平均宽约11m；岩体深部向南东侧伏，控制延深210m，长60~69m，厚5.7~8.4m，具体表现为上缓下陡的板柱状，近地表倾向可达5°，倾角为40°~60°，深部倾向则为40°~50°，而倾角高达70°~80°。拉水峡岩体具强烈蚀变，原岩特征基本完全消失，露头所见都表现为"闪石化"，如角闪石岩、斜方角闪石岩、斜长角闪石岩、黑云母透闪石岩、黑云阳起石岩。原岩明显发生硅化、铝化、钾化及轻稀土化，镍、铜硫化物矿化率高达90%以上。依据薄片鉴定和岩石化学恢复拉水峡岩体原岩为二辉橄榄岩。

已查明有Ⅰ、Ⅱ号含铂铜镍矿体及一些零星小矿体。其中Ⅰ号矿体规模较大，主要产于角闪岩体与片麻岩接触带的岩体一侧，部分矿体进入片麻岩；Ⅱ号矿体规模次之，产于古元古界片麻岩中的石英角闪片岩层间。Ⅰ号矿体走向长150m，倾向延深200m，厚14.17~23.37m，呈不规则、透镜状，贯入角闪石岩和片麻岩的断裂或裂隙中，呈北西西向展布；Ⅱ号矿体产于北西向和北东向断裂交汇处，长30m，宽38.21m，延深23m，为一近南北向产出的、上宽下窄的楔形体。矿石具他形粒状结构、溶蚀、交代结构、变余海绵陨铁结构，块状、浸染状、角砾状、环状、细脉状构造；氧化矿石具土状结构，块状、多孔状构造。主要金属矿物有黄铁矿、紫硫镍铁矿、黄铜矿、辉铁镍矿，还有少量镍磁黄铁矿等。

3. 乙什春找矿勘查示范

利用6景Landsat 7 ETM影像数据，制作了化隆地区经几何精校正的TM543假彩色合成影像图，面积4.68万km²。影像图总体色调均匀、反差适中、纹理清晰、层次感强、信息丰富、几何精度高。仅图像中部湟水河与黄河之间云层覆盖较严重，但对岩石地层及构造信息解译尚无太大影响。区内虽有不同程度的植被覆盖，但不同岩石地层所表现出的山脊发育特征、水系类型、微地貌形态等差异较大。如化隆-循化一带均为红土层，沟谷深切宽阔。地质构造及不同岩石类型单元边界较清楚，地质可解译程度较高。化隆地区断裂构造十分发育，特别是中祁连南缘断裂带北西、北西西向断裂非常密集，并常常被北东向断裂切割。南部大面积被黄土覆盖，解译断裂较少。

在上述研究认识的基础上，对乙什春地区进行 1∶1 万地质草测，其北部区域主要出露二长花岗岩及似斑状花岗岩，并被花岗伟晶岩脉所穿插，构造-岩浆活动较为复杂；南部出露有乙什春岩体，以苏长岩、辉长岩为主，蚀变较为强烈，侵入于化隆群关藏沟组中，岩体走向与 1∶5 万及 1∶1 万磁法剖面工作所圈定异常的总体趋势有一定的相近性，推测其南部可能存在隐伏岩体，并在该区布置槽探工程，经刻槽取样分析，镍品位为 0.13% ~ 0.19%，该区岩体深部可能存在铜镍矿化的隐伏镁铁-超镁铁质岩体。

从 1∶10000 磁法测量来看，乙什春异常形态与 1∶5 万磁法测量基本一致，只是将其进一步分解为四个小异常，其中两个异常被已有采矿权所占据，在另外两个小异常中，北东方向的异常只有中间一条测线控制，且从地表来看，零星出露一些小脉，而乙什春岩体整体向南西倾斜，可见此异常规模较小，其实际意义不大。对于南边异常，地表基本为全覆盖，且有多条线控制其形态，无论是从地质地表，还是磁法测量结果及异常形态来看，相对于北东方向的异常都要好。沙连堡异常形态与 1∶5 万磁法测量也基本一致，只是将其进一步分解为两个小异常，其东部异常形态稳定，较西边异常要好。从地表来看，此异常全部被第四系覆盖，无明显露头。综合乙什春、沙连堡两异常，可见其具有北东向延伸的趋势，故推测两异常可能由同一镁铁-超镁铁质岩体引起，但沙连堡地区埋深较乙什春地区要深。

在测区激电异常不明显的情况下，对乙什春南部异常进行了 1∶2000 磁法测量，其结果与 1∶10000 磁法剖面异常形态基本一致。综合地质、物探工作，为钻探深部验证提供了依据。从该处的钻孔施工情况来看，开孔到 13.85m 即见浅棕色-灰褐色帘石化、绢云母化的辉长岩体，岩石呈浅棕色，局部灰褐色，块状构造，斑状结构，基质为细粒结构。主要组成矿物有以下几种：斜长石斑晶约占 40%，晶体大小为 0.5 ~ 3mm；辉石斑晶约占 25%，晶体大小为 0.5 ~ 5mm；斑晶中有少量云母约 5%；基质约 30%，主要由细粒的斜长石、辉石、云母组成。13.85 ~ 59.09m 亦是此浅棕色-灰褐色帘石化、绢云母化的辉长岩体。其中 17.73 ~ 20.66m 见蚀变辉长岩破碎带，宽 2.8m；48.45 ~ 49.15m 夹 0.70m 宽的灰绿色辉长岩脉；58.61 ~ 59.09m 夹 0.48m 宽的灰绿色辉长岩脉，两条辉长岩脉应为后一期次。

59.09 ~ 96.40m 为深灰色绿泥石化、帘石化辉石岩，岩石呈深灰色，片状纤维状变晶结构，块状构造，主要组成矿物为角闪石、辉石、云母。蚀变主要为褐铁矿化，其次为微弱的绿泥石化、帘石化等，褐铁矿含量约 10%。其中 84.62 ~ 85.32m 见 0.7m 蚀变辉石岩破碎带，90.30 ~ 92.98m 见 2.68m 蚀变辉石岩破碎带，94.98 ~ 95.98m 见 1.0m 蚀变辉石岩破碎带。96.40 ~ 110.27m 为一条石英岩的破碎带。110.27 ~ 131.96m 亦有上面所见的深灰色绿泥石化、帘石化辉石岩，其中 114.54 ~ 119.85m 为蚀变辉石岩破碎带，破碎带底部见 0.30m 石英脉。131.96 ~ 173.75m 为深灰色-黑色次闪石化、帘石化辉橄岩，岩石呈深灰色-黑色，斑状结构，基质为细粒结构，块状构造。斑晶主要组成矿物为：橄榄石约 38%、辉石 26%、金云母 10%，基质的主要组成为橄榄石 5%、辉石 12%、金云母 6%、金属矿物3%。橄榄石多蛇纹石化，辉石多次闪石化和帘石化。173.75～175.35m为一层石英岩。175.35～179.62m为上面所述的浅棕色-灰褐色帘石化、绢云母化的辉长岩。179.62～184.90m为灰白色花岗岩破碎带。184.90～200.45m为深灰色-黑色次闪石化、帘石化辉橄岩，之后为灰白色细粒斜长花岗岩以及老基底片麻岩、片麻花岗岩、石英岩及斜长角闪片岩英云闪长岩等。

总体来说，岩体在前200m出露，第四系及隔水砂岩过后即见基岩，一直到110.27m为蚀变辉长岩、辉石岩，岩体出露连续。110.27～200.45m出露蚀变辉石岩及橄榄辉石岩，岩体不连续，中间有石英岩且多破碎带。物探异常很可能就是前200m的基性岩体引起的。200m后为花岗岩以及老基底片麻岩、片麻花岗岩、石英岩及角闪片岩，再无基性岩体，与物探工作较为吻合。蚀变辉长岩辉石晶体蚀变过程中分解或交代形成金属矿物，特别细小，呈集合体出现，疑为镍的化合物；见磁铁矿呈微细浸染状分布，矿物晶体呈细小粒状，粒径多小于0.01mm。偶见方黄铜矿，量少。蚀变辉石岩辉石晶体见方硫铁镍矿，颗粒极其细小呈集合体存在。其中岩心化学样分析结果显示：34.8～48.3m的镍品位为0.11%，134～145m的镍品位为0.10%～0.11%，整个钻孔中辉长岩铂结果为3.5×10^{-9}～11.3×10^{-9}；钯结果为3.0×10^{-9}～13.3×10^{-9}。橄榄辉石岩中亦见方硫铁镍矿，颗粒极其细小呈集合体存在于橄榄石晶体中。橄榄辉石岩中见镍黄铁矿呈细小粒状或羽状，粒度较小，一般小于0.01mm。综合乙什春地质、物探及钻探相关信息和数据，不仅在深度红层覆盖区域发现了隐伏的镁铁-超镁铁质岩体，并且还伴有铜镍矿化，鉴于乙什春异常区域范围，是一处较好的铜镍矿找矿靶区。

第七章　结　　语

　　1995 年，作者协助汤中立院士出版了《金川铜镍硫化物（含铂）矿床成矿模式及地质对比》（汤中立和李文渊，1995）一书，次年，在汤中立院士指导下独立出版了《中国铜镍硫化物矿床成矿系列与地球化学》专著（李文渊，1996）。本书作者及其研究团队在时隔 26 年后，出版这本《夏日哈木铜镍钴硫化物矿床成矿机理与勘查示范》，可算作 20 多年来持续对中国岩浆铜镍硫化物矿床研究的再次系统总结。21 世纪以来，世界发生了巨大变化，地质学这门古老的学科也发生了重大变化。岩浆硫化物矿床是地幔部分熔融形成的幔源岩浆上升到地壳成矿的结果，这一壳幔物质交换的成矿作用，越来越受到地质学界的关注。同时，由于世界经济的快速发展，对镍、钴和铂族元素需求的激增，从经济角度，激发了人们对岩浆硫化物矿床的重视。

　　在这一背景下，作者及其合作者已经就岩浆硫化物矿床发表了众多的论文，特别是夏日哈木这一中国第二大岩浆铜镍钴硫化物矿床的发现，为我们深入研究该类矿床提供了很好的基础。2015 年，通过竞争我们研究团队与青海省地质调查局李世金教授级高级工程师带领的勘查研究队伍和兰州大学张铭杰教授的研究团队合作申请到了国土资源行业基金最后一批项目（此后行业基金项目全部纳入科技部国家科研项目行列），项目名称是"拉陵灶火镍成矿赋矿机理及勘查技术研究示范"。由此，我们全力投入了以夏日哈木矿床为代表的东昆仑拉陵灶火一带岩浆铜镍钴硫化物矿床的研究之中。事实上，在之前和之后，我们曾承担南祁连岩浆铜镍硫化物矿床国际合作调查研究和中国岩浆铜镍硫化物矿床成矿潜力地质调查项目，以及相关国家自然科学基金面上和青年项目。通过近 10 多年来对夏日哈木矿床及其所在东昆仑、南祁连和阿尔金镁铁-超镁铁质岩的追踪比较研究，我们对岩浆硫化物矿床的认识和理解有了新的变化，对岩浆硫化物矿床的成矿背景、岩浆源区、岩浆演化、硫化物液相不混溶作用成矿机理的认识有了重要突破，对岩浆硫化物矿床的勘查技术方法也有了新的经验。因此，本书论述的主要成果和认识进展，不仅仅是完成"拉陵灶火镍成矿赋矿机理及勘查技术研究示范"所取得的成果，也是我们长期追踪研究岩浆硫化物矿床，不断修正认识再实践取得的新的成果认识。对夏日哈木矿床研究成果认识的总结，某种程度上已经超越了对夏日哈木矿床本身探究的含义，是对中国岩浆铜镍钴硫化物矿床比较研究的结果。

　　随着研究的深入，我们亦深刻认识到，造山带中岩浆铜镍钴硫化物矿床的研究存在诸多问题，需要其他学科相互配合共同深入研究。事实上，所谓克拉通（陆块）中和造山带中两类岩浆硫化物矿床的分类，实际上反映了岩浆源区的不同，造山带中岩浆硫化物矿床是被先期洋壳俯冲消减改造了的软流圈地幔，而与克拉通（陆块）中是古老大陆岩石圈之下软流圈地幔部分熔融的结果有很大不同，因此被改造的软流圈地幔很关键，对理解造山带中镁铁-超镁铁质岩有关的岩浆铜镍钴硫化物矿床的成矿特征，有重要的意义。

第一节 取得的主要成果和进展

一、发现并确认早古生代末新的一期岩浆铜镍钴硫化物矿床成矿期

夏日哈木含矿岩体锆石 U-Pb 定年为 411Ma（Li et al., 2015a），作为一期新的岩浆铜镍钴硫化物成矿作用的代表性事件而被强烈关注。一直以来，造山带中也很少有大规模的岩浆铜镍钴硫化物矿床发现。夏日哈木作为新发现的新世纪超大型岩浆铜镍钴硫化物矿床，镍储量已进入世界前十位，同时又是特提斯造山带中发现的首例超大型岩浆铜镍钴硫化物矿床，因而其形成时代具有特别重要的地质意义。

研究表明，以夏日哈木矿床为代表的东昆仑及邻区发现的岩浆铜镍钴硫化物矿床、矿点，主要形成于晚志留世—早泥盆世（427～393Ma），以早泥盆世（410±2Ma）为主。在南祁连化隆地区，拉水峡岩浆铜镍钴硫化物矿床由于全岩矿化，未找到适合进行测年的样品，对邻近亚曲、下什堂镁铁-超镁铁质岩体辉长岩中锆石 ID-TIMS 方法进行 U-Pb 测年，分别获得 440.74±0.33Ma 和 449.8±2.4Ma 年龄（张照伟等，2012），裕龙沟获得了 443Ma 年龄（Zhang et al., 2014），整体上时代要稍早于东昆仑地区的岩体。阿尔金地区发现的牛鼻子梁小型铜镍钴硫化物矿床年龄为 378～443Ma（Yu et al., 2019），有较大区间。整体趋向于志留纪末与泥盆纪初之交时段产出，但向更古老或更年轻时段也有分布，反映了东昆仑及其邻区造山带中镁铁-超镁铁质岩的产出，可能形成于两种构造背景。

一种是形成于古特提斯裂解背景的镁铁-超镁铁质岩，岩浆铜镍钴硫化物矿床即产于其中，是原特提斯洋闭合陆陆碰撞造山后，已形成新生的陆壳，由于地幔柱或地幔上涌，软流圈大规模部分熔融形成的岩浆上升，伴随原特提斯缝合带薄弱环境而减薄拉张破裂，幔源的镁铁质岩浆上侵形成镁铁-超镁铁质岩体，其中岩浆上侵的中心可能形成大规模的铜镍钴硫化物富集成矿的重要镁铁-超镁铁质岩体；而另一种镁铁-超镁铁质岩体，则可能是目前流行的原特提斯洋闭合陆陆碰撞造山后的伸展环境背景形成的镁铁-超镁铁质岩，但没有重要的岩浆铜镍钴硫化物矿床产出，受原特提斯洋壳俯冲消减在地幔楔脱水作用控制的部分熔融，形成的镁铁质岩浆上侵而成，由于挥发分加入，地幔楔橄榄岩熔融的熔点降低，产生的岩浆量有限，不易形成有重要经济价值的铜镍钴硫化物富集。很显然，本书认为以夏日哈木为代表的含矿镁铁-超镁铁质岩体是第一种类型的岩体，它们代表了古特提斯威尔逊构造旋回的开始，是一期新的陆壳裂解事件的产物，是全球超大陆或者区域大陆裂解事件的产物。大致时限在 420Ma 之后，但也不尽然，表现在区域上古特提斯裂解构造的东西向时空分布，存在时限上的不一致性，而镁铁-超镁铁质岩的侵入活动也并非一次。

二、夏日哈木超大型岩浆铜镍钴硫化物矿床是古特提斯裂解的产物

新特提斯之前存在原特提斯和古特提斯两期古老特提斯构造演化阶段的认识逐渐已成

为共识（Zhao et al., 2018；李文渊, 2018；吴福元等, 2020），但原特提斯和古特提斯构造演化是新老相互交替的关系，还是时间上延续不一存在并存的关系，已成为学界十分关心的问题。同时，东昆仑夏日哈木超大型岩浆铜镍钴硫化物矿床的发现，产生了该矿床形成于原特提斯岛弧和碰撞后伸展环境，以及古特提斯裂谷背景等不同认识的争议（李世金等, 2012；王冠等, 2014；张照伟等, 2015a；Li et al., 2015a；李文渊等, 2015；Song et al., 2016；Liu et al., 2018）。因此，夏日哈木超大型矿床成矿背景问题，引起了大家广泛的关注。

缝合带是地质历史上消失洋盆的残余洋壳，是判定造山带中洋陆转化的重要标志。针对青藏高原及东北周缘秦岭、祁连和昆仑的长期研究，已经判别出早古生代原特提斯和晚古生代古特提斯两套蛇绿岩缝合带。早古生代原特提斯蛇绿岩缝合带代表了罗迪尼亚超大陆裂解形成的南华纪—早古生代原特提斯大洋，南面的块体不断向北移动，与塔里木-华北之间的原特提斯洋在志留纪（440~420Ma）期间关闭，产生了影响广泛的"原特提斯造山作用"，从而泥盆纪发育了大量的磨拉石建造；而古特提斯蛇绿岩缝合带代表了原特提斯大洋闭合后，冈瓦纳超大陆裂解形成的晚古生代大洋，然后又自北而南于三叠纪关闭。或者不是新裂解的洋，而是西面非洲和欧洲之间的 Rheic 大洋闭合后的残留洋，在原特提斯洋闭合前就已存在。但大家都承认早古生代和晚古生代两套蛇绿岩的存在，而且承认原特提斯洋闭合后存在广泛的"原特提斯造山作用"，广泛发育泥盆纪磨拉石建造。因此，即使有所谓古特提斯残留洋存在，也并不妨碍古特提斯新的大洋的裂解形成。

以夏日哈木矿床为代表的东昆仑及邻区与镁铁-超镁铁质岩有关的岩浆铜镍钴硫化物矿床的分布，在构造位置上与先期的原特提斯早古生代库地-中昆仑缝合带和后期叠加的古特提斯晚古生代康西瓦-阿尼玛卿-勉略古特提斯洋缝合带均密切相关。晚古生代缝合带叠加于早古生代缝合带之上，在昆南也表现为早古生代和晚古生代两个时代蛇绿岩的出露（裴先治等, 2018）。两套不同时代的蛇绿岩在同一缝合带内出现，应该代表了两个独立演化的大洋。因为两个大洋之间存在高压变质事件的造山作用。其次，如果是单一大洋的演化，应该有连续的增生杂岩和岩浆弧发育，但却表现为早古生代晚期和晚古生代晚期—三叠纪两个大的演化阶段，中间缺失岩浆作用发育。同时，两套不同时代的蛇绿岩相伴出现了两套磨拉石建造，分别是泥盆纪的牦牛山组（423~400Ma）和三叠纪的鄂拉山组（约220Ma）。更值得重视的是，存在两套表征拉张作用的后造山或非造山岩浆作用的记录，晚志留世到中泥盆世的 A 型花岗岩（Chen et al., 2020），显然反映了原特提斯洋闭合后的新的裂解作用的发生。

最近，东昆仑锆石 U-Pb 定年明确的双峰式火山岩，形成于晚志留世到早泥盆世（420~409Ma）（Li et al., 2020b），构造-岩浆作用研究亦认为泥盆纪（413~380Ma）由原特提斯洋闭合进入古特提斯洋形成演化阶段（Dong et al., 2020）。进一步证明，原特提斯洋闭合后，于晚志留世—早泥盆世进入了一个新的软流圈地幔上涌和大陆裂解的过程。并非原特提斯洋演化的后碰撞伸展环境，而是进入了新的古特提斯旋回的陆内裂解背景阶段。其实，除了昆北与昆南地体之间是原特提斯昆中缝合带外，昆南地体南缘的布青山-阿尼玛卿古特提斯缝合带中，也有早古生代蛇绿岩产出（裴先治等, 2018），反映了传统上认为的古特提斯康西瓦-阿尼玛卿缝合带，其实是在原特提斯缝合带基础上再次开裂、扩张和闭合的结果。这个原特提斯缝合带不是以往认为的库地–中昆仑原特提斯缝合带，而是在其南面的昆南地体南缘，与巴颜喀拉地体之间。现在看来，尽管东昆仑地区的原特提斯缝合带和古特提斯缝合带是交织在一起的，但它们具有明确的先后关系，先前原特提斯的缝合带往往是古特提斯再次开裂的薄弱带（Pirajno，2012）。这就为我们思考原特提斯洋的闭合和古特提斯的开裂提供了一种新的视角：原特提斯洋的闭合除了在北秦岭、祁连和昆仑早古生代缝合带的表现外，在昆仑古特提斯缝合带上也存在过早古生代原特提斯洋的闭合，这个洋可能是原特提斯洋弧后盆地的扩张洋，稍晚于主洋的闭合。原特提斯洋闭合碰撞造山形成新的陆壳后，开启了新一轮古特提斯洋的开裂、扩张和消减、碰撞闭合的构造演化过程，而早古生代末—晚古生代初是原特提斯/古特提斯构造新老构造体制转换的时期。

以夏日哈木矿床为代表的东昆仑及邻区岩浆铜镍钴硫化物矿床（点）的分布，并不受东昆仑及相邻地区早古生代构造单元划分的限制。目前东昆仑的构造单元的划分，主要以昆中断裂为界，以北划分为秦祁昆造山系的东昆仑造山带昆北复合岩浆弧，以南为地壳对接带的昆南俯冲增生杂岩带和阿尼玛卿–布青山俯冲增生杂岩带，地壳对接带以南以昆南断裂为界，是巴颜喀拉构造带。现在将传统上所称的东昆仑造山带划分为昆北和昆南，分属两个大的大地构造单元，并将昆北列为早古生代到晚古生代—早中生代的岩浆弧，而将昆南自北而南列为以早古生代纳赤台蛇绿混杂岩带为代表的昆南俯冲增生杂岩带和以晚古生代—早三叠世马尔争蛇绿混杂岩带为代表的阿尼玛卿–布青山俯冲增生杂岩带。这种看似清楚的构造单元划分，实际反映了不同时代原特提斯洋和古特提斯洋构造演化不同空间构造部位最终的拼贴镶嵌，平面上详尽的划分是难以实现的，只能代表一种大概的主体建造的分布。特别是早古生代的古特提斯洋闭合碰撞造山后，新生陆壳再次裂解含铜镍钴硫化物矿体的镁铁 超镁铁质岩分布，肯定是不受早古生代所谓构造单元限制的，更何况晚古生代古特提斯洋的扩张、消减和闭合碰撞造山，又会对已有含矿岩体的空间位置产生新的配置。

三、夏日哈木矿区由两类不同构造属性的镁铁–超镁铁质岩组成

以夏日哈木矿区大比例尺精细填图发现，仅Ⅰ、Ⅱ号岩体是含镍钴岩体，主要由橄榄岩、辉石岩和辉长岩组成外，其余Ⅲ、Ⅳ、Ⅴ号岩体主要为蛇绿岩残块和榴辉岩。蛇绿岩残块和榴辉岩中锆石 U-Pb 年龄分别为 439Ma、408Ma。榴辉岩经历了两期变质作用，第一期（436Ma）代表了原特提斯深俯冲发生的榴辉岩相变质作用；第二期（409Ma）代表了榴辉岩折返过程中发生的角闪岩相退变质作用。这是非常罕见的，在不足 7km² 的范围内，两种完全不同构造性质的镁铁–超镁铁质岩并存，反映了造山带中前后不同时期构造演化形成的不同类型岩石在同一空间的混杂堆积，但亦反映了它们之间存在的某种构造演化联系。是早期原特提斯闭合消减的产物与后期古特提斯裂解镁铁质岩浆上侵岩体在构造薄弱带并存，而经历早中生代古特提斯洋闭合碰撞造山后被风化剥蚀出露而致。

夏日哈木Ⅰ号含矿岩体是夏日哈木矿床的主体，矿体形态受岩体控制，总体呈似层状和透镜状，向东侧伏。长轴方向近东西向，出露岩石为淡色辉长岩和二辉岩。岩体呈东高

西低的特点，东段出露地表，厚度较大，向西埋深逐渐增大，岩体厚度变薄，表现为向西倾伏的楔形，岩体总体为不规则的盆状。淡色辉长岩 LA-ICP-MS 锆石 U-Pb 年龄为 431.3±2.7Ma，与主体岩体成岩年龄相差较大，二辉岩的年龄为 406.1±2.7～411.6±2.4Ma（Li et al.，2015a；Song et al.，2016）。相差达 20Ma，反映了它们非同期侵入产物。

含矿岩体总体上表现为西部收窄，东部膨大的特点，以岩体隐伏开始的 13 号勘探线为界，以东主要为二辉岩、斜方辉石岩和橄榄二辉岩，以西以纯橄岩、方辉橄榄岩、二辉橄榄岩为主。纯橄岩几乎全岩矿化，主要为海绵陨铁状矿石，方辉橄榄岩为浸染状矿石，辉石岩和二辉岩中局部有浸染状或块状矿石矿化。应该至少是两期岩浆作用上侵，一期发生于 420Ma 之前、440Ma 之后，即原特提斯洋闭合碰撞造山过程当中，没有矿化；另一期在 420Ma 之后，当在原特提斯洋闭合碰撞造山后，古特提斯裂解作用中，发生矿化。两期镁铁质岩浆作用，不仅非同源，而且是两种不同构造环境不同岩浆成因机制的产物。不含矿的淡色辉长岩，是原特提斯洋闭合碰撞造山过程中，俯冲到地幔深度的地壳物质在板片-地幔界面与地幔楔发生相互作用，形成的超镁铁质交代岩（Tatsumi and Eggins，1995；Zheng and Chen，2016；Turner et al.，2017），具有更强的弧的地球化学信息（Grove et al.，2012；Zheng et al.，2015）。而后期的含矿辉石岩-橄榄岩相，则是古特提斯裂解过程中，遭到原特提斯洋壳物质改造的软流圈，由于地幔柱或上涌地幔发生大规模部分熔融产生的镁铁质岩浆上侵的结果，它也可以具有部分弧岩浆的地球化学信息，但它不同的成因机制，则具有丰富的硫和铜、镍、钴等成矿元素，上侵的镁铁质岩浆能够在深部岩浆房发生深部熔离作用，才分离形成富含铜、镍、钴金属硫化物的超镁铁质熔浆甚至矿浆上侵或贯入成矿。当然，原特提斯洋壳对软流圈橄榄岩的改造，使其拥有更多的水，甚至使地幔橄榄岩相改造为辉石岩相，熔点降低，更利于热动力的作用实现大规模的部分熔融，提供铜、镍、钴等成矿物质，并在镁铁质岩浆上侵过程的深部岩浆房，发生古老陆壳物质围岩的加入，使硫过饱和而促使深部熔离作用的发生。

四、夏日哈木矿床的岩浆源区是被改造过的水化软流圈

夏日哈木矿床研究之初，认为具有 LREE 富集和相对亏损铌、钽、钛，以及橄榄石低 Ca 等弧岩浆的信息，而传统的区域地质构造认识又将夏日哈木矿床所在的昆北构造带划为古生代的岩浆弧，由此提出了夏日哈木矿床是岛弧环境产物的认识（Li et al.，2015a）。但矿区大比例尺构造-侵入岩相填图，在主、微量元素地球化学和同位素示踪研究基础上，细致开展了橄榄石、单斜辉石、斜方辉石和铬尖晶石成因矿物学研究，发现与岛弧环境的阿拉斯加型岩体有显著的区别（张志炳，2016；Liu et al.，2018）。夏日哈木矿床橄榄岩和辉石岩中的铬尖晶石地球化学特征与阿拉斯加岛弧型岩体有显著差别，铬尖晶石具有 Fe^{3+} 含量低、$Mg^\#$ 和 $Cr^\#$ 值变化范围大并呈负相关关系的特点，明显区别于阿拉斯加型岩体和玻安岩中的铬尖晶石。夏日哈木硫化物 $\delta^{34}S$ 值集中在 2.2～7.7，其较高正值与岩浆上升过程遭受地壳物质混染有关。模拟显示，含矿母岩浆经历了 10%～30% 古老陆壳物质的混染。另外，镍含量高的橄榄岩的初始 $^{87}Sr/^{86}Sr$ 值，明显大于镍含量低的橄榄岩的初始 $^{87}Sr/^{86}Sr$ 值，镍含量高的辉石岩同样对应了高的初始 $^{87}Sr/^{86}Sr$ 值，可见地壳混染对成矿有较大贡

献。此外，高氧逸度不利于成矿，因为氧逸度降低会使岩浆中硫化物饱和度降低，从而促进硫化物熔离。阿拉斯加型岩体形成于氧逸度较高的环境，不利于成矿，而夏日哈木岩体形成于氧逸度低的环境，单斜辉石中的 Fe^{3+} 较低，说明其结晶时处于氧逸度较低的环境中，明显与阿拉斯加型岩体相区别（Liu et al.，2018）。而且，阿拉斯加型岩体中极少有斜方辉石，且磁铁矿含量较多（10%~20%），母岩浆 Al_2O_3 含量较低，而夏日哈木岩体中斜方辉石普遍存在且量较多，甚至出现斜方辉石岩，但磁铁矿含量较少，母岩浆具有较高的 Al_2O_3 含量。铬尖晶石 Al_2O_3 含量>18.30%，平均为34.18%，明显高于玻安岩中的铬尖晶石 Al_2O_3 含量（<15%）（Pagé and Barnes，2009；Akmaz et al.，2014）。铬尖晶石形成温度为1360~1411℃，而软流圈地幔上界的温度为1280~1350℃（Mckenzie and Bickle，1988），要发生部分熔融形成岩浆，温度至少要达到1400℃，起源于软流圈地幔的夏日哈木岩体母岩浆，很可能有地幔柱或上涌地幔热源的贡献。而铬尖晶石中包裹角闪石为幔源岩浆成因，软流圈地幔一般不含水，岩浆演化早期结晶的角闪石可能是由于母岩浆混染了俯冲断裂至软流圈的地壳含水矿物。表明夏日哈木矿床的岩浆源区是经过原特提斯洋壳俯冲消减改造过的水化的软流圈地幔岩，水化的软流圈地幔岩降低了熔点，为大规模部分熔融提供了有利条件。下部作用形成的富含铜镍钴硫化物液相的超镁铁质岩浆和矿浆上侵到地表，才可能成矿。同时，先期俯冲消减洋壳物质中的铜、镍、钴和硫等，随着断离的洋壳岩石圈，而进入被改造的软流圈地幔中，并贡献于地幔部分熔融形成的岩浆之中，为造山带中镁铁-超镁铁质岩体形成岩浆铜镍钴硫化物矿床提供了间接贡献。

五、深部大规模硫化物熔离作用是夏日哈木矿床成矿的关键

夏日哈木矿床的"R"因子为100~1000（Song et al.，2016；Liu et al，2018），表明硫化物是从"大岩浆房"中熔离出来的。可见，夏日哈木镁铁-超镁铁质岩成矿母岩浆氧逸度环境和地壳物质的混染对成矿是至关重要的控制因素，软流圈大规模部分熔融造就的"大岩浆房"是形成大规模矿床的物质供给的前提。

从硅酸盐岩浆中熔离出来且富含亲铜元素的硫化物液滴发生聚集、就位，固结形成岩浆铜镍硫化物矿体（Naldrett，2004；李文渊等，2007）。深部地幔部分熔融产生的岩浆向上运移的过程中，会经历多个变化，岩浆的性质随之改变，如果岩浆中的硫达到过饱和，硫化物则以小液滴的形式与硅酸盐岩浆发生不混溶作用，进而分离出来（Naldrett，1989；汤中立和李文渊，1995）。硫化物不混溶作用是镁铁-超镁铁质岩浆成矿的关键，没有硫化物不混溶作用发生就没有岩浆铜镍钴硫化物矿床的形成。因此，造山带背景中岩浆铜镍钴硫化物矿床的成矿，硫化物不混溶作用仍是其成矿机制的关键。夏日哈木矿床成矿环境的争议，激起了对造山带中与镁铁-超镁铁质岩有关岩浆铜镍钴硫化物矿床成矿的重新审视（Song et al.，2016；Li et al.，2019；Xue et al.，2019）。

夏日哈木矿床与新元古代罗迪尼亚大陆超大陆离散相关形成的克拉通裂谷环境的金川超大型岩浆铜镍钴硫化物矿床和与晚古生代潘吉亚超大陆聚散及大火成岩省有关的天山-北山造山带中的一大批岩浆铜镍钴硫化物矿床相比，既具有共同的特点，又具有显著的差异（李文渊等，2020）。首先，夏日哈木等矿床是经原特提斯洋壳俯冲隧道改造的软流圈，

经过大规模部分熔融形成"大岩浆"上侵贯入地壳"小岩体成大矿"的产物。产物因子模拟计算夏日哈木矿床的"R"因子（100~1000），与金川矿床（150~1000）、北山坡一矿床（500~5000，平均2333）相比，均是从"大岩浆"中熔离出来的硫化物。母岩浆成分模拟计算，金川矿床 MgO 含量为 11.79%~12.9%、夏日哈木矿床 MgO 含量为 9.79%~12.48%、坡一矿床 MgO 含量为 12.26%~14.91%，也均为较高程度的部分熔融的产物（李文渊等，2020）。它们之间成矿上的差异，如果母岩浆的基性程度不是决定性因素的话，就只有分离结晶和硫化物液相-硅酸盐熔体之间的熔离（不混溶）作用了。分离结晶不仅可能造成富铜、镍、钴硫化物液相的富集，还有可能使镍、钴等成矿元素进入优先结晶的橄榄石等硅酸盐矿物质中，而稀释了残余岩浆中硫化物液相中的镍、钴成矿元素，唯一成矿的关键就是必须在橄榄石结晶之前的硫化物液相-硅酸盐熔体的熔离作用，而且必须发现在"深部"，在成矿岩体最终就位前的"中间岩浆房"。由于遭受了陆壳物质混染，促使岩浆中的硫过饱和，从而在"中间岩浆房"发生深部硫化物液相-硅酸盐熔体的熔离作用，随后随着温度的降低，橄榄石结晶，在重力作用下，熔离的硫化物液相与结晶的橄榄石分布于岩浆房下部或底部，表现为硫化物矿浆或超镁铁质岩浆，上部为贫硫化物液相的基性程度较低的镁铁质岩浆。"中间岩浆房"遭受挤压作用而不稳定时，贫硫化物液相的镁铁质岩浆率先沿着先期碰撞造山的陆块边缘构造薄弱带上侵，甚至喷出地表呈贫硫化物的玄武岩产出。最终"中间岩浆房"下部或底部的硫化物矿浆或超镁铁质岩浆遭受周围环境的挤压而上升，也沿着先期碰撞造山的陆块边缘构造薄弱带上侵-贯入于地壳浅部，形成最终岩浆房，进一步发生就地硫化物液相-硅酸盐熔体的熔离作用和硅酸盐矿物的分异结晶作用，而形成"小岩体成大矿"的含矿镁铁-超镁铁质岩体。在后期的造山作用中剥蚀而出露。

因此，夏日哈木超大型岩浆铜镍钴硫化物矿床成矿的关键依然是深部大规模硫化物熔离作用。在夏日哈木矿床中发现橄榄石晶体中有硫化物液滴的特征，说明深部熔离作用发生在橄榄石结晶之前，关键是深部熔离作用，就地熔离不可能形成大矿。深部熔离作用的"深部"是一个连续的过程，并非一个特定的深度。造山带中的岩浆铜镍钴硫化物矿床的成矿，大洋岩石圈的铜、镍、钴物质和陆壳物质混染都有着重要的贡献，但也给微量元素的构造环境的判别带来了困难。所以，在没有发育古老大陆岩石圈地幔（SCLM）的区域，即使发育科马提岩以及大火成岩省，也未能形成有规模的岩浆硫化物矿床。

矿床学研究表明，绝大多数大矿床都是超级地质作用导致矿石异常集中的结果，多发生于一个地质作用结束时期或另一个地质作用开始时期。地幔部分熔融形成的幔源岩浆开始硫是不饱和的，而且随着岩浆的上升硫的溶解度与压力之间呈负相关关系，更不利于岩浆中硫的过饱和。地壳物质混染是导致岩浆中硫过饱和的关键因素。Sr-Nd 同位素模拟计算，金川矿床母岩浆发生了约20%的上地壳物质混染，夏日哈木矿床发生了10%~30%的混染，坡一矿床仅发生了3%~8%的混染（李文渊等，2020）。可见，夏日哈木矿床混染了较多的地壳硫，对夏日哈木矿床深部大规模硫化物液相-硅酸盐熔体之间的熔离作用的发生是至为关键的。

六、东昆仑及邻区早古生代末存在多个岩浆源中心

以夏日哈木矿床为代表的泥盆纪初期东昆仑及邻区岩浆铜镍钴硫化物发生成矿作用，

东昆仑的夏日哈木矿床是成矿中心，向东至南祁连有拉水峡、裕龙沟等成矿表现，向西在阿尔金有牛鼻子梁矿产地发现。近年来在祁漫塔格发现了铜镍钴矿化的玉古萨依镁铁–超镁铁质岩体（405Ma）（胡朝斌，2021），形成于古特提斯裂解的成矿背景，但其成矿物质建造是在原特提斯洋闭合造山带建造基础上完成的，幔源岩浆肯定保留有原特提斯洋壳俯冲物质的影响。现代地幔地球化学动力学研究认为，俯冲消减的洋壳在不同的俯冲深度产生不同的液相组成，俯冲深至弧后深度（postarc depths）远离俯冲带抵达洋岛之下时，洋壳俯冲隧道板片–地幔楔软流圈产生交换反应，引起地幔楔软流圈橄榄岩水化，水化橄榄岩由于温度低并不发生部分熔融，只有当减压发生（更可能是地幔柱或地幔上涌提供热动力源）时，才可能使水化的橄榄岩发生部分熔融形成镁铁质熔体，从而构成板内洋岛玄武岩（OIB）的源区，因此 OIB 便有了弧的地球化学特征，LILE、Pb 和 LREE 的富集和 HFSE 的亏损、全岩 Sr-Nd 同位素及锆石 Hf-O 同位素富集（Zheng et al.，2019）。这种地幔地球化学动力学模式，同样可以用于碰撞造山后新生陆壳的破裂幔源镁铁质岩浆的上侵成矿的解释。

原特提斯洋闭合陆陆碰撞造山后，俯冲消减的洋壳（甚至陆壳），由于俯冲板片的后撤深达软流圈的板片断离，发生板片–软流圈橄榄岩交换反应，当软流圈水化橄榄岩遭遇地幔柱或地幔上涌升温，古特提斯构造拉张而岩石圈破裂减压（或）时发生大体积部分熔融，形成带有弧岩浆地球化学信息的镁铁质岩浆，上升至浅部，在低氧逸度条件下，并有地壳物质的混染，发生大规模硫化物熔体–硅酸盐岩浆不混溶（熔离），上侵–贯入形成与镁铁–超镁铁质岩有关的岩浆铜镍钴硫化物矿床。可以想见，这种形成铜镍钴硫化物矿床的镁铁质岩浆作用，是沿着古特提斯裂解呈线形带状展布的，可以是不连续的，可以有多个中心，由于岩浆发育的早晚和成矿条件的变化，矿化强度可能存在差异。因此，与古特提斯裂解有关的大规模岩浆铜镍钴硫化物矿床，肯定不止夏日哈木矿床一个，应寻找新的岩浆中心，从而探求新的有规模的矿床。

此外，夏日哈木含矿岩体呈西倾斜的不规则盆状，隐伏的西段以橄榄岩相为主，大部分岩石矿化；东段则以辉石岩相为主，仅局部矿化，上覆有早期侵入的不含矿淡色辉长岩外，辉石岩相边部，甚至橄榄岩相边部局部还有同期的有矿化的辉长岩分布。这种岩相和岩石、矿石的空间分布体态，肯定不是岩浆上侵和矿浆贯入时的形态，而是后期构造变动的结果，开展这方面的研究工作，有助于指导区域找矿和矿床的勘探开发利用。

第二节　未来研究方向

一、古特提斯裂解–岩浆作用–成矿的地质意义

以往认为全球与镁铁–超镁铁质岩有关的岩浆铜镍钴硫化物矿床主要形成于四个时期：新太古代、中元古代、新元古代和晚古生代（Maier and Groves，2011）。中国的矿床集中产出于后两期，即新元古代和晚古生代。而夏日哈木超大型岩浆铜镍钴硫化物矿床的发现，改变了全球岩浆硫化物矿床的时空分布格局。在早古生代与晚古生代之交的"中古生

代"，也存在一期重要的岩浆硫化物成矿作用，代表了一期新的成矿事件。更重要的是其属于特提斯造山带中发现的首例与镁铁-超镁铁质岩有关的超大型岩浆铜镍钴硫化物矿床，它的形成代表了特提斯构造演化中一期重要的地质事件，应是重大构造转换和岩浆事件的响应。

如果说地质历史上构造环境遗留的岩石建造及其表现出来的地球化学特征对其形成环境的推演是多解的话，矿床由于其严苛的形成条件约束，往往是独有的。甚至许多矿床的形成在成矿时代上存在严格的限制。从 100 多年前认识岩浆硫化物矿床的成矿背景之初，就赋予了它严格的形成构造环境概念（Vogt，1894；Craig，1979），它是克拉通裂谷拉张环境中地幔熔融形成的岩浆在侵入前、侵入中和侵入后，富含金属的硫化物熔体与硅酸盐熔浆发生不混溶形成的岩浆矿床。这一论断一个世纪来已被广泛接受，大陆裂谷已成为岩浆铜镍钴硫化物矿床的专属成矿地质背景。一直以来，造山带中也很少有有规模的岩浆铜镍钴硫化物矿床发现。

尽管特提斯造山带经历早古生代原特提斯演化、晚古生代—早中生代古特提斯演化和中生代—新生代新特提斯三阶段的演化（Zhao et al.，2018；李文渊，2018；吴福元等，2020），但古特提斯洋何时开启并无明确意见。如果北秦岭-祁连志留纪末的洋盆闭合，代表了原特提斯洋闭合，大致于 420Ma 进入造山后阶段，要扩张形成一个新的向东散开的古特提斯大洋，必然存在一个闭合后的大陆重新裂解，并裂解逐步扩展成洋的过程。过去缺少这方面的地质证据，而形成于 411Ma 的夏日哈木岩浆矿床就是一个重要的例证。它是特提斯成矿带上迄今为止发现的唯一超大型岩浆镍钴硫化物矿床，是重要的成矿事件和地质事件。将其视作古特提斯洋裂解的标志性事件，将有助于从更大尺度上认识这种成矿作用的发育规模和矿床分布。事实上，向西越过西昆仑在塔吉克斯坦境内帕米尔地区就发现了一处名为罗旺德（Рованд）的岩浆铜镍钴硫化物矿床（李文渊等，2019），它与夏日哈木同处一个构造单元和成矿单元，其可能是古特提斯裂解夏日哈木岩浆铜镍钴硫化物矿带西延的表现。

大规模岩浆铜镍钴硫化物矿床形成的成矿作用，必然是大规模构造-岩浆作用的产物。遭受原特提斯洋壳俯冲隧道板片-地幔楔交换反应改造的软流圈，引起地幔橄榄岩水化，水化橄榄岩只有地幔柱或地幔上涌提供强烈的热动力时，才可能使水化的橄榄岩发生大规模的部分熔融形成大体积的镁铁质熔体，形成"大岩浆房"。因此，早古生代末—晚古生代初之交的地幔柱作用或地幔上涌，不仅导致古特提斯的裂解，最终导致新生的大陆岩石圈重新破裂扩张形成古特提斯大洋，而且造成了软流圈的大规模部分熔融，造就了以夏日哈木为代表的晚古生代初期的大规模岩浆铜镍钴硫化物成矿作用的发生。

地质历史上晚古生代—中三叠世现在亚欧大陆南部曾经存在的这个喇叭状的所谓古特提斯大洋，其形成演化和消减碰撞对周缘陆块的影响应该是相当重大的。但以往的研究中，并未将它作为地球历史上一个独有的洋陆转化阶段给予明确的重视。基本还停留在概念、推测上或点的野外求证、探索上。特别是它的裂解及其相应的构造-岩浆-成矿作用缺乏研究。因此，将夏日哈木超大型矿床代表东昆仑及邻区造山带中晚古生代初期大规模岩浆镍钴硫化物矿床的研究，置于古特提斯构造裂解过程的关键转换阶段，进行构造环境-岩浆演化-成矿作用的论证，以求重塑原、古特提斯构造转换与岩浆铜镍钴硫化物矿床成矿作用的状貌是有重要地质意义的。

二、夏日哈木岩浆源区部分熔融地幔柱作用示踪

世界上最大的岩浆铜镍钴硫化物矿床是俄罗斯的诺里尔斯克矿床，被认为是西伯利亚大火成岩省地幔柱作用的结果，我国峨眉大火成岩省及地幔柱作用也用来解释扬子陆块西缘岩浆铜镍钴硫化物矿床的成因，东天山–北山早二叠世的岩浆铜镍钴硫化物矿床，大多数学者也认为与塔里木早二叠世大火成岩省及其地幔柱作用有关（李文渊，2007）。

大火成岩省（LIPs）是地球上已知最大的火山作用的表现，是地质历史上特定大规模地质事件的响应，是巨量物质和能量由地球内部向外的迁移作用，其成因大多数人认为是地幔柱作用的结果（Coffin and Eldholm，1994；Sheth，1999）。在很短时间内形成巨大的岩浆喷出物要求地幔深部有巨大的热异常存在，地幔柱模型提供了较好的解释。根据理论模拟估算地幔热柱头直径的尺度与实际 LIPs 的覆盖范围相当，地幔柱上升的结果是减压而发生部分熔融，因此地幔热柱头越大产生的玄武岩量也应越大。地幔热柱头最热的部位是顶部一薄层地幔柱源物质，两侧温度逐渐降低。地幔热柱头温度相对较低的两侧，由柱源区物质和同化的下地幔物质的混合物的熔融体构成，可形成溢流玄武岩；而柱头区相对较少受“混染”，反映了地幔热柱的组成，形成苦橄岩和科马提岩（Coffin and Eldholm，1994）。LIPs 与地幔柱之间的成因联系有热柱头模型和扩张模型。热柱头模型认为热柱起源于核幔边界 2900km 处（Coffin and Eldholm，1994），而扩张模型则认为地幔柱起源于上、下地幔边界 670km 处（White and Mckenzie，1989），并强调岩石圈的扩张对火山作用发育的意义，但未考虑上升过程对中地幔热柱捕获地幔物质的可能性。尽管地幔柱起源（核幔边界/上、下地幔边界）还存在争议，但源于核幔边界的认识似乎得到了更多人的支持（Griffiths and Campbell，1990），即认为起源于核幔边界之上的 D 层（地震学术语，为核幔之间的热和化学作用带，源于核的热能的传输带），位于核幔边界附近地震波速梯度异常低的区域（Campbell and Griffiths，1992；Davies and Richards，1992）。Arndt（2000）认为起源于核幔边界的地幔柱上升至上、下地幔边界滞留，然后形成多个次级地幔柱上升抵岩石圈底部，导致 LIPs 形成。最为值得探讨的是，源于核幔边界的热地幔柱是如何穿透厚的大陆岩石圈并有何同位素和微量元素组成特征的问题。当岩石圈较厚时地幔柱不易穿透，可能潜伏于岩石圈之下，以热侵蚀的方式影响上覆岩石圈，潜伏的时间尺度>10Ma（Kent et al.，1992）。潜伏早期地表可能发生与穹隆有关的裂谷作用，随着岩石圈因侵蚀而逐渐变薄（岩石圈减薄的模式之一），长期的潜伏可导致岩石圈地幔和地壳的局部熔融，从而混染地幔柱来源岩浆，表现为岩浆富强不相容元素、高$^{87}Sr/^{86}Sr$ 和 $^{143}Nd/^{144}Nd$ 的特征。

Lightfoot 等（1997）研究认为大火成岩省与岩浆铜镍钴（铂族元素）硫化物矿床有密切的联系。俄罗斯西伯利亚的 Noril'sk 矿床和加拿大纽芬兰北海岸的 Voisey's Bay 矿床都应是典型代表。Keays（1995，1997）认为形成大规模的岩浆铜镍钴（铂族元素）矿床需要三个必要条件：大规模的岩浆喷发和侵入活动，大火成岩省是大规模岩浆活动最为典型的表现；原始岩浆形成上升到高位岩浆房后硫不饱和，因为硫饱和会使硫化物在早期析出而分散，同时会因铂族元素（PGE）极强的亲硫性而使 PGE 发生分散；高位岩浆房中的岩

浆由硫不饱和变为硫饱和的岩浆。Keays（1997）认为包括南非的 Bushveld 大型层状铂族金属（含铜镍铬）矿床，也应是大火成岩省的产物。陨石撞击成因的 Sudbury 矿床，则是一个特例，为外来作用引发的大规模岩浆活动的产物。Keays（1997）的判断明确提出了大火成岩省对大规模岩浆铜镍钴铂族元素硫化物矿床成矿的重要性，实际上是强调了物源的问题。而其中岩浆早期阶段硫不饱和的重要性的认识，是该类矿床成因认识中最具革命性的发现之一（Naldrett，1989；Vogel and Keays，1997；Keays，1997），并因此广泛地探索了地壳混染，壳源硫对成矿的贡献（Li et al.，2002）。

　　与岩浆硫化物矿床形成有关的大火成岩省研究中发现，其中均含有一些接近于原始岩浆成分的高镁质岩石苦橄岩和科马提岩（Lightfoot et al.，1993）。由于处于大火成岩省底部或下部的苦橄岩和科马提岩往往是过渡的，所以文献中一般统称为苦橄岩。基于苦橄岩的形成与岩浆演化早期的理解，岩石学家十分重视（Clarke and O'hara，1979；Francis，1985；Revillon et al.，1999；Revillon，2000；Breddam，2002）。Lightfoot 等（1993）对产有 Noril'sk 矿床的西伯利亚大火成岩省中苦橄岩地球化学研究表明，苦橄岩既有地幔柱柱部来源的 [高 Ti，$w(TiO_2)=1.2\% \sim 2.3\%$，$w(Gd)/w(Yb)=2.3 \sim 3.1$，$\varepsilon(Nd)=+3.7 \sim +7.3$]，也有混入岩石圈地幔物质的 [低 Ti，$w(TiO_2)=0.45\% \sim 0.96\%$，$w(Gd)/w(Yb)=1.6 \sim 1.8$，$\varepsilon(Nd)=0 \sim -4.6$]。另外，由于外核的 Os 质量分数是原始地幔（$3.8\times10^{-9}$）的 500 倍之多（Puchtel and Huma，2000），地幔柱来源的苦橄岩高 Os 的特征可能反映了地核物质的加入，西伯利亚大火成岩省 γ_{Os} 为 +5.3 ~ +6.1（Horan et al.，1995），与认为有核物质加入的夏威夷苦橄岩相似（Walker et al.，1995；Brandon et al.，1998）。

　　目前，我们对夏日哈木超大型岩浆铜镍钴硫化物矿床形成幔源岩浆的研究，根据铬尖晶石形成温度为 1360 ~ 1411℃，高于软流圈地幔上界温度（1280 ~ 1350℃）（Mckenzie and Bickle，1988），提出地幔柱热动力贡献的认识。但尚处于推测阶段，究竟有无地幔柱存在以及是否有地幔柱物质的贡献等问题，需要更多学科联合细致的研究去判断。

三、夏日哈木矿床富钴贫铂族元素的机理

　　由于钴作为新兴能源电池的必备材料，需求大幅激增（Schulz et al.，2017）。钴聚集于地幔的橄榄石中，高程度的地幔部分熔融，能使它进入科马提质和玄武质岩浆之中，与镍一样主要通过不混溶（熔离）作用而富集于硫化物液相中。岩浆铜镍钴硫化物矿床的平均钴品位为 0.03%，镁铁质岩浆矿床可达 0.06%，超镁铁质岩浆矿床的钴品位可更高一些（Lightfoot et al.，1993，1997；Barnes and Lightfoot，2005；Mudd and Jowitt，2014）。尽管目前世界上钴的供给，岩浆铜镍钴硫化物矿床仅占约 23%，其余由沉积-容矿型铜钴矿（占 60%）、红土型镍钴矿（15%）和热液脉型钴矿床（2%）提供，但岩浆铜镍钴硫化物矿床或者镁铁-超镁铁质岩是沉积-容矿型、红土型和热液脉型钴矿床的母岩或成矿物质来源（Williams-Jones and Vasyukova，2022）。因此，岩浆铜镍钴硫化物矿床仍是世界钴的重要来源。尽管钴很早就被利用，据说可以追溯到古埃及，但作为一个新元素是 1735 年由瑞典化学家格奥尔格·勃兰特（Georg Brandt）从钴-镍砷化物矿石中加热而分离出来的。钴在自然界以硫化物、硫酸盐和砷化物形式存在，多与镍、铁共生。

钴在地幔中的平均含量是 102×10^{-6}（Palme and O'Neill，2014），在陆壳中只有 27×10^{-6}，下地壳为 38×10^{-6}，上地壳仅为 17×10^{-6}（Rudnick and Gao，2014），洋壳约为 44×10^{-6}（White and Klein，2014）。可见钴主要在地幔之中，由于钴元素的相容性特点，其主要存在于橄榄石之中。岩浆铜镍钴硫化物矿床钴的富集机制主要是部分熔融作用、分离结晶作用和熔离作用。橄榄岩中的钴最高，辉长岩约为橄榄岩的一半，花岗岩仅为橄榄岩的 5%。因此，只有高程度的部分熔融形成的镁铁质和超镁铁质岩浆，才可能使岩浆中有足够量的钴，地幔岩高程度部分熔融是岩浆硫化物矿床钴得以富集的岩浆源区。这是由于钴的离子半径（0.75Å）介于镁（0.72Å）和铁（0.78Å）之间，倾向于集中于橄榄石、辉石等铁镁矿物中，并相容于超镁铁质和镁铁质岩浆的结晶作用。钴在橄榄石、斜方辉石和单斜辉石中的分配系数依次是 37、13 和 9（Bédard，2005，2007，2014），分配系数决定了钴倾向到橄榄石要超过斜方辉石，到斜方辉石要超过单斜辉石。因而，单纯的分离结晶作用不可能使岩浆硫化物矿床中钴得以富集，岩浆硫化物矿床中钴要得到富集，主要依靠的仍然是硫化物液相-硅酸盐熔体的熔离作用。硫饱和是促使硫化物液相-硅酸盐熔体熔离的关键，而要使幔源的玄武质岩浆达到硫饱和，硫的浓度须达到 400×10^{-6}（Mavrogenes and O'Neill，1999），而地幔的硫含量才 200×10^{-6}（Palme and O'Neill，2014），即使地幔全部熔融也不可能达到硫饱和。因此要使幔源岩浆达到硫饱和，要么改变温度、压力、化学成分和氧逸度（f_{O_2}），要么获取外来的硫。岩浆中 f_{O_2} 突然增加，溶解硫从 S^{2-} 到 S^{4+} 和 S^{6+} 的转变，对硫的饱和度特别重要（Carroll and Rutherford，1988；Jugo et al.，2005），从而实现硫化物液相中钴的富集。硫化物液相-硅酸盐熔体的熔离作用，可以使钴得到有效的富集，当硫化物液相的浓度达到能够从硅酸盐熔体中有效地萃取钴，然后由于重力沉降而堆积，从而使钴得以富集。因此，钴与镍一样，基本依靠硫化物液相-硅酸盐熔体的不混溶作用得以富集。由于它比镍的丰度值更低，熔离前是否发生了橄榄石的结晶作用至关重要。

夏日哈木矿床有 116 万 t 镍，共生有约 4 万 t 的钴，相比金川超大型矿床，约 600 万 t 的镍，仅有 16 万 t 钴，似乎夏日哈木矿床比金川矿床有更高钴金属量的富集，或者说 Co/Ni 值要高于金川，造成的原因目前尚不清楚。金川矿床是古老大陆岩石圈之下软流圈地幔高程度部分熔融岩浆演化的结果，而夏日哈木矿床是造山带新生陆壳岩石圈下经过俯冲消减洋壳改造的水化软流圈地幔高程度部分熔融岩浆的产物，要使熔离硫化物液相中的钴富集，首先原岩浆中钴含量较高才有可能。推测原始岩浆钴含量是比较高的，高程度的部分熔融可以使岩浆中钴含量增高，但水化的地幔岩会不会使钴流失并不清楚。另外，如果有地幔柱作用，地幔柱物质是否有钴的贡献，亦不清楚。总之，夏日哈木超大型岩浆铜镍钴硫化物矿床较高的钴含量形成的原因目前尚不清楚，是一个今后研究工作中需要解决的问题。

不过夏日哈木矿床中的铂族元素（PGE）是亏损的，没有 PGE 的富集。PGE 由 Pt、Pd、Os、Ir、Ru、Rh 六种元素组成。根据地球化学行为可划分为 Ir 亚族（Ru、Rh、Os、Ir）和 Pt 亚族（Pt、Pd）或根据岩浆作用过程中元素共生特征分为 IPGE（Os、Ir 和 Ru）和 PPGE（Rh、Pt 和 Pd）两类（Barnes et al.，2015）。岩浆铜镍钴硫化物矿床是 PGE 的主要来源，全球约 90% 的 PGE 资源蕴藏在岩浆硫化物矿床中（宋谢炎，2019），但主要集中在少数几个古老的层状杂岩有关的超大型 PGE 矿床和岩浆铜镍钴硫化物矿床之中，它们分别是南非的 Bushveld（PGE 金属量 65473t）、津巴布韦的 Great Dyke（13946t）、俄罗斯的 Noril'sk-Talnakh（12438t）、美国的 Stilwater（2621t）、加拿大的 Sudbury（1933t）。中国的 PGE 矿床数量少、品位低，除与峨眉山大火成岩省有关的金宝山、杨柳坪等以 PGE 为主的岩浆硫化物矿床外，其余均作为伴生元素存在于岩浆铜镍钴硫化物矿床中。但作为伴生元素，不同的岩浆铜镍钴硫化物矿床贫富差别很大，其中两大超大型岩浆铜镍钴硫化物矿床——金川和夏日哈木，差别最为显著。前者相对富集 PGE，获得约 200t 资源量；后者 PGE 明显亏损，基本上没有形成可工业利用的经济富集，两者形成鲜明的对照。因此，夏日哈木矿床 PGE 亏损的特征，亦颇受人重视，造成的原因目前尚不清楚。

　　PGE 在地球中的分布以地核中最高，其次为下地幔，再次为上地幔，地壳中明显降低。可见岩浆铜镍钴硫化物矿床中的 PGE 源于地幔。PGE 与 Co 一样，从地幔迁移进入地壳主要通过地幔部分熔融形成的镁铁质岩浆侵入地壳。地幔部分熔融形成的成矿岩浆要获得 PGE 的富集，可能存在两种机制：硫化物液相-硅酸盐熔体的熔离作用和岩浆期后的热液作用。地幔的部分熔融和熔离作用仍然是造成岩浆铜镍钴硫化物矿床 PGE 能否成矿的关键，岩浆期后的热液作用尽可能造成局部再富集而成矿（Mountain and Wood，1988；李文渊，1996；Maier and Groves，2011）。夏日哈木矿床的 PGE 呈明显亏损的特征，未发现铂族矿物。两个钻孔样品 PGE 测试分析结果显示（韩一筱，2021），矿石与岩石 PGE 组成以均一且含量低为特点，没有 PGE 的富集。除 Pt 外，其他 PGE 之间极差很小。与金川含矿岩体的岩石相比，PGE 含量相近，但 Ru、Ir、Pt 含量较高，Rh 和 Pd 含量较低，组成更为均一，可能指示了部分熔融程度未能使 PGE 有效进入岩浆，而硫化物液相-硅酸盐熔体之间的熔离作用，更未能使 Ru、Ir、Pt 进入硫化物液相，而是分散在硅酸盐矿物中。金川矿床和夏日哈木矿床 PGE 富集特征的显著差异，可能反映了两者岩浆源区地幔部分熔融程度的差异。金川矿床为 20%～30% 的部分熔融程度，并具有高 f_{O_2} 而导致硫化物液相-硅酸盐熔体在橄榄石结晶前发生不混溶作用，而夏日哈木矿床只有 15%～25% 的部分熔融程度和相对低的 f_{O_2}，地幔中的 PGE 未能足够进入成矿的硅酸盐岩浆，所以夏日哈木矿床就难有 PGE 的经济富集。但这是初步的研究认识，总体上造山带中岩浆铜镍钴硫化物矿床的 PGE 含量普遍较低，但亦不能一概而论，原因是我们对岩浆铜镍钴硫化物矿床中控制 PGE 富集/亏损的主要因素仍不是非常清楚。

参 考 文 献

奥琼.2014.青海东昆仑夏日哈木镍矿矿床地质特征及成因研究.长春:吉林大学.

奥琼,孙丰月,李碧乐,等.2015.东昆仑祁漫塔格地区小尖山辉长岩地球化学特征、U-Pb 年代学及其构造意义.大地构造与成矿学,39(6):1176-1184.

陈静,谢智勇,李彬,等.2013.东昆仑拉陵灶火地区泥盆纪侵入岩成因及其地质意义.矿物岩石,33:26-34.

陈列锰.2009.甘肃金川 I 号岩体及其铜镍硫化物矿床特征和成因.贵阳:中国地质科学院化学研究所.

陈能松,王新宇,张宏飞,等.2007.柴-欧微地块花岗岩地球化学和 Nd-Sr-Pb 同位素组成:基底性质和构造属性启示.地球科学——中国地质大学学报,32:7-21.

谌宏伟,罗照华,莫宣学,等.2006.东昆仑喀雅克登塔格杂岩体的 SHRIMP 年龄及其地质意义.岩石矿物学杂志,25:25-32.

邓晋福,赵海玲,莫宣学,等.1996.中国大陆根-柱构造:大陆动力学的钥匙.北京:地质出版社.

段建华,张照伟,祁昌炜,等.2017.东昆仑夏日哈木铜镍矿床 II 号岩体辉长岩形成年龄与找矿潜力.地质与勘探,53(5):880-888.

甘彩红.2014.青海东昆仑造山带火成岩岩石学、地球化学、锆石 U-Pb 年代学及 Hf 同位素特征研究.北京:中国地质大学(北京).

高永宝,李文渊,谢燮,等.2012.青海化隆拉水峡铜镍矿床地质、地球化学特征及成因.地质通报,31(5):763-772.

韩筱.2021.金川与夏日哈木岩浆铜镍硫化物矿床铂族元素对比研究.西安:长安大学.

何书跃,孙非非,李云平,等.2017.青海祁漫塔格地区冰沟南辉长岩石地球化学特征及年代学意义.矿物岩石地球化学通报,36(4):582-592.

胡朝斌.2021.东昆仑祁漫塔格古生代幔源岩浆过程与成矿作用.北京:中国地质科学院.

姜常义,郭娜欣,夏明哲,等.2012.塔里木板块东北部坡一镁铁质-超镁铁质层状侵入体岩石成因.岩石学报,28(7):2209-2223.

姜常义,凌锦兰,周伟,等.2015.东昆仑夏日哈木镁铁质-超镁铁质岩体岩石成因与拉张型岛弧背景.岩石学报,31(4):1117-1136.

孔会磊,李金超,栗亚芝,等.2017.青海东昆仑东段加当辉长岩 LA-ICP-MS 锆石 U-Pb 测年及其地质意义.地质与勘探,53(5):889-902.

孔会磊,李金超,栗亚芝,等.2018.青海东昆仑东段加当橄榄辉长岩锆石 U-Pb 年代学、地球化学及地质意义.地质学报,92(5):964-978.

孔会磊,栗亚芝,李金超,等.2021.东昆仑希望沟橄榄辉长岩的岩石成因:地球化学、锆石 U-Pb 年龄与 Hf 同位素制约.中国地质,48(1):173-188.

李才.1987.龙木错-双湖-澜沧江板块缝合带与石炭二叠纪冈瓦纳北界.长春地质学院学报,17(2):155-166.

李才,解邵明,王明,等.2016.羌塘地质.北京:地质出版社.

李怀坤,陆松年,相振群,等.2006.东昆仑中部缝合带清水泉麻粒岩锆石 SHRIMP U-Pb 年代学研究.地学前缘,13:311-321.

李建平. 2016. 东昆仑造山带夏日哈木铜镍硫化物矿床成矿岩浆作用：岩石及流体地球化学制约. 兰州：兰州大学.

李士彬, 胡瑞忠, 宋谢炎, 等. 2008. 硫化物熔离对岩浆硫化物含矿岩体中橄榄石 Ni 含量的影响——以金川岩体为例. 矿物岩石地球化学通报, 27：146-152.

李世金, 孙丰月, 高永旺, 等. 2012. 小岩体成大矿理论指导与实践——青海东昆仑夏日哈木铜镍矿找矿突破的启示及意义. 西北地质, 45（4）：185-191.

李文渊. 1995. 中国铜镍硫化物矿床特征及勘查对策//中国科学技术协会第二届青年学术年会论文集（基础科学分册）. 北京：中国科学技术出版社, 490-495.

李文渊. 1996. 中国铜镍硫化物矿床成矿系列与地球化学. 西安：西安地图出版社.

李文渊. 2007. 岩浆 Cu-Ni-PGE 矿床研究现状及发展趋势. 西北地质, 40（2）：1-28.

李文渊. 2012. 超大陆旋回与成矿作用. 西北地质, 45（2）：27-42.

李文渊. 2013. 大陆生长演化与成矿作用讨论. 西北地质, 46（1）：1-10.

李文渊. 2015. 中国西北部成矿地质特征及找矿新发现. 中国地质, 42（3）：365-380.

李文渊. 2018. 古亚洲洋与古特提斯洋关系初探. 岩石学报, 34：2201-2210.

李文渊. 2022. 中国岩浆铜镍钴硫化物矿床成矿理论创新和找矿突破. 地质力学学报, 28（5）：28.

李文渊, 汤中立, 郭周平, 等. 2004. 阿拉善地块南缘镁铁–超镁铁岩形成时代及地球化学特征. 岩石矿物学杂志, 23（2）：117-126.

李文渊, 张照伟, 姜寒冰, 等. 2007. 金川超大型岩浆 Cu-Ni-PGE 矿床深部及外围找矿. 中国地质,（增刊）：209-212.

李文渊, 张照伟, 高永宝, 等. 2011. 秦祁昆造山带重要成矿事件与构造响应. 中国地质, 38（5）：1135-1149.

李文渊, 牛耀龄, 张照伟, 等. 2012. 新疆北部晚古生代大规模岩浆成矿的地球动力学背景和战略找矿远景. 地学前缘, 19（4）：41-50.

李文渊, 张照伟, 陈博. 2015. 小岩体成大矿的理论与找矿实践意义——以西北地区岩浆铜镍硫化物矿床为例. 中国工程科学, 17（2）：29-34.

李文渊, 洪俊, 陈博, 等. 2019. 中亚及邻区战略性关键矿产的分布规律与主要科学问题. 中国科学基金, 2：119-123.

李文渊, 王亚磊, 钱兵, 等. 2020. 塔里木陆块周缘岩浆 Cu-Ni-Co 硫化物矿床形成的探讨. 地学前缘, 27（2）：276-293.

李文渊, 张照伟, 高永宝, 等. 2021. 昆仑古特提斯构造转换与镍钴锰锂关键矿产成矿作用研究. 中国地质, 49（5）：1385-1407.

李文渊, 张照伟, 王亚磊, 等. 2022. 东昆仑原、古特提斯构造转换与岩浆铜镍钴硫化物矿床成矿作用研究. 地球科学与环境学报, 1（44）：1-19.

李献华, 苏犁, 宋彪, 等. 2004. 金川超镁铁侵入岩 SHRIMP 锆石 U-Pb 年龄及地质意义. 科学通报, 49（4）：401-402.

李永祥, 李善平, 王树林, 等. 2011. 青海鄂拉山地区陆相火山岩地球化学特征及构造环境. 西北地质, 44（4）：23-32.

凌锦兰. 2014. 柴周缘镁铁质–超镁铁质岩体与镍矿床成因研究. 西安：长安大学.

刘彬, 马昌前, 张金阳, 等. 2012. 东昆仑造山带东段早泥盆世侵入岩的成因及其对早古生代造山作用的指示. 岩石学报, 28：1785-1807.

刘彬, 马昌前, 郭盼, 等. 2013a. 东昆仑中泥盆世 A 型花岗岩的确定及其构造意义. 地球科学——中国地质大学学报, 38：947-962.

刘彬，马昌前，蒋红安，等．2013b．东昆仑早古生代洋壳俯冲与碰撞造山作用的转换：来自胡晓钦镁铁质岩石的证据．岩石学报，29：2093-2106.

刘训，游国庆．2015．中国的板块构造区划．中国地质，42（1）：1-17.

刘月高，吕新彪，阮班晓，等．2019．新疆北山早二叠世岩浆型铜镍硫化物矿床综合信息勘查模式．矿床地质，38（3）：644-666.

马关宇，高军平，杜丁丁，等．2014．金川铜镍矿床成矿后的抬升破坏：来自热年代学的证据．世界地质，33（3）：581-590.

莫宣学，罗照华，邓晋福，等．2007．东昆仑造山带花岗岩及地壳生长．高校地质学报，13：403-414.

潘彤．2019．青海矿床成矿系列探讨．地球科学与环境学报，41（3）：297-315.

裴先治，李瑞保，李佐臣，等．2018．东昆仑南缘布青山复合增生型构造混杂岩带组成特征及其形成演化过程．地球科学，43（12）：4498-4520.

祁生胜．2015．青海省东昆仑造山带火成岩岩石构造组合与构造演化．北京：中国地质大学（北京）．

祁生胜，宋述光，史连昌，等．2014．东昆仑西段夏日哈木-苏海图早古生代榴辉岩的发现及意义．岩石学报，30：3345-3356.

钱兵，张照伟，张志炳，等．2015．柴达木盆地西北缘牛鼻子梁镁铁-超镁铁质岩体年代学及其地质意义．中国地质，42（3）：482-493.

青海省第五地质矿产勘查院．2014．青海省格尔木市夏日哈木铜镍矿区HS26号异常区详查报告，189.

邱家骧，廖群安．1996．浙闽新生代玄武岩的岩石成因学与Cpx矿物化学．火山地质与矿产，17：16-25.

施俊法，姚华军，李友枝，等．2005．信息找矿战略与勘查百例．北京：地质出版社．

宋梦馨．2015．夏日哈木铜镍矿电磁法资料综合解释研究．北京：中国地质大学（北京）．

宋述光，张贵宾，张聪，等．2013．大洋俯冲和大陆碰撞的动力学过程：北祁连-柴北缘高压-超高压变质带的岩石学制约．科学通报，58（23）：2240-2245.

宋谢炎．2019．岩浆硫化物矿床研究现状及重要科学问题．矿床地质，38（4）：699-710.

孙延贵，张国伟，王瑾，等．2004．秦昆结合区两期基性岩墙群$^{40}Ar/^{39}Ar$定年及其构造意义．地质学报，78：65-71.

汤中立．1990．金川硫化铜镍矿床成矿模式．现代地质，4（4）：55-64.

汤中立．1991．金川含铂硫化铜镍矿床成矿模式．甘肃地质，2：104-124.

汤中立，李文渊．1995．金川铜镍硫化物（含铂）矿床成矿模式及地质对比．北京：地质出版社．

汤中立，闫海卿，焦建刚，等．2006．中国岩浆硫化物矿床新分类与小岩体成矿作用．矿床地质，25（1）：1-9.

万渝生，许志琴，杨经绥，等．2003．祁连造山带及邻区前寒武纪深变质基底的时代和组成．地球学报，24（4）：319-324.

王秉璋，张智勇，张森琦．2000．东昆仑东端苦海-赛什塘地区晚古生代蛇绿岩的地质特征．地球科学——中国地质大学学报，25（6）：7.

王冠．2014．东昆仑造山带镍矿成矿作用研究．长春：吉林大学．

王冠，孙丰月，李碧乐，等．2013．东昆仑夏日哈木矿区早泥盆世正长花岗岩锆石U-Pb年代学、地球化学及其动力学意义．大地构造与成矿学，37：685-697.

王冠，孙丰月，李碧乐，等．2014．东昆仑夏日哈木铜镍矿镁铁质-超镁铁质岩体岩相学、锆石U-Pb年代学、地球化学及其构造意义．地学前缘，21：381-401.

王冠，孙丰月，李碧乐，等．2016．东昆仑夏日哈木矿区新元古代早期二长花岗岩锆石U-Pb年代学、地球化学及其构造意义．大地构造与成矿学，40：1247-1260.

王国灿，张天平，梁斌，等．1999．东昆仑造山带东段昆中复合蛇绿混杂岩带及"东昆中断裂带"地质涵义. 地球科学——中国地质大学学报, 24 (2)：129-133.

王晓霞, 王涛, 张成立. 2015. 秦岭造山带花岗质岩浆作用与造山带演化. 中国科学：地球科学, 45 (8)：1109-1125.

王亚磊, 张照伟, 张江伟, 等. 2017. 东昆仑造山带早古生代幔源岩浆事件及其地质意义. 地质与勘探, 53 (5)：855-866.

魏铁军. 2013. 矿产资源法律改革初步研究. 北京：中国地质大学 (北京).

吴福元, 万博, 赵亮, 等. 2020. 特提斯地球动力学. 岩石学报, 36 (6)：1627-1674.

吴守智, 宋小坤, 李茂田, 等. 2019. 北昆仑德拉脱郭勒辉长岩地球化学特征及锆石 U-Pb 年龄. 四川有色金属, 2：36-38, 54.

吴元保, 郑永飞. 2013. 华北陆块古生代南向增生与秦岭-桐柏-红安造山带构造演化. 科学通报, 58 (23)：2246-2250.

夏林圻, 李向民, 余吉远, 等. 2016. 祁连山新元古代中-晚期至早古生代火山作用与构造演化. 中国地质, 43 (4)：1087-1138.

夏琼霞. 2009. 大陆俯冲带变质脱水与部分熔融：南大别低温/超高压变质花岗岩研究. 合肥：中国科学技术大学.

肖文交, 侯泉林, 李继亮, 等. 1998. 西昆仑大地构造相解剖及其多岛增生过程. 中国科学 D 辑：地球科学, 30 (S1)：22-28.

校培喜. 2003. 阿尔金山中段清水泉-茫崖蛇绿构造混杂岩带地质特征. 西北地质, (2)：20-29.

校培喜, 高晓峰, 胡云绪, 等. 2014. 阿尔金-东昆仑西段成矿带地质背景研究. 北京：地质出版社.

新疆维吾尔自治区地质矿产局第六地质大队. 2013. 坡一铜镍矿详查报告, 1-125.

熊富浩, 马昌前, 张金阳, 等. 2011. 东昆仑造山带早中生代镁铁质岩墙群 LA-ICP-MS 锆石 U-Pb 定年、元素和 Sr-Nd-Hf 同位素地球化学. 岩石学报, 27 (11)：3350-3364.

许寻会, 王海岗. 2014. 东昆仑开木棋河地区镍矿成矿潜力分析. 西安科技大学学报, 34 (4)：83-87.

薛胜超, 秦克章, 唐冬梅, 等. 2015. 东疆二叠纪镁铁-超镁铁岩体中辉石的成分特征及其对成岩和 Ni-Cu 成矿的指示. 岩石学报, 31：2175-2192.

闫佳铭. 2017. 青海东昆仑阿克楚克塞铜镍矿床地质特征及成因探讨. 长春：吉林大学.

闫佳铭, 孙丰月, 陈广俊, 等. 2016. 东昆北成矿带冰沟南铜镍矿辉长岩地球化学特征. 世界地质, 35 (3)：729-737.

严威, 邱殿明, 丁清峰, 等. 2016. 东昆仑五龙沟地区猴头沟二长花岗岩年龄、成因、源区及其构造意义. 吉林大学学报 (地球科学版), 46：443-460.

杨金中, 沈远超, 刘铁兵. 2000. 新疆东昆仑祁漫塔格群火山岩建造成因初析. 新疆地质, 18 (2)：105-112.

杨柳, 周汉文, 朱云海, 等. 2014. 青海格尔木哈希牙地区中基性岩墙群地球化学特征与 LA-ICP-MS 锆石 U-Pb 年龄. 地质通报, 33：804-819.

姚磊, 吕志成, 庞振山, 等. 2015. 青海祁漫塔格地区卡而却卡矿床晚二叠世辉长岩的成因. 矿物学报, 35 (S1)：1054.

张传林, 马华东, 朱炳玉, 等. 2019. 西昆仑喀喇昆仑造山带构造演化及其成矿效应. 地质论评, 65 (5)：1077-1102.

张泽明, 沈昆, 赵旭东, 等. 2006. 超高压变质作用过程中的流体——来自苏鲁超高压变质岩岩石学、氧同位素和流体包裹体研究的限定. 岩石学报, 22：1985-1998.

张招崇, 闫升好, 陈柏林, 等. 2003. 新疆喀拉通克基性杂岩体的地球化学特征及其对矿床成因的约束. 岩石矿物学杂志, 22 (3)：217-224.

张照伟, 李文渊, 高永宝, 等. 2012. 南祁连裕龙沟岩体 ID-TIMS 锆石 U-Pb 年龄及其地质意义. 地质通报, 31 (2): 455-462.

张照伟, 王亚磊, 钱兵, 等. 2015a. 青海省化隆地区镁铁-超镁铁质侵入岩含矿特点与成矿规律. 中国地质, 42 (3): 724-726.

张照伟, 李文渊, 钱兵, 等. 2015b. 东昆仑夏日哈木岩浆铜镍硫化物矿床成矿时代的厘定及其找矿意义. 中国地质, 42 (3): 438-451.

张照伟, 钱兵, 王亚磊, 等. 2016. 青海省夏日哈木铜镍矿床岩石地球化学特征及其意义. 西北地质, 49 (2): 45-58.

张照伟, 钱兵, 李文渊, 等. 2017a. 东昆仑夏日哈木铜镍矿区发现早古生代榴辉岩: 锆石 U-Pb 定年证据. 中国地质, 44 (4): 816-817.

张照伟, 王亚磊, 钱兵, 等. 2017b. 东昆仑冰沟南铜镍矿锆石 SHRIMP U-Pb 年龄与构造意义. 地质学报, 91 (4): 724-735.

张照伟, 王驰源, 钱兵, 等. 2018. 东昆仑志留纪辉长岩地球化学特征及与铜镍成矿关系探讨. 岩石学报, 34 (8): 2262-2274.

张照伟, 王驰源, 刘超, 等. 2019. 东昆仑夏日哈木矿区岩体含矿性特点与形成机理探讨. 西北地质, 52 (3): 35-45.

张照伟, 钱兵, 王亚磊, 等. 2020. 东昆仑夏日哈木镍成矿赋矿机理认识与找矿方向指示. 西北地质, 53 (3): 153-168.

张照伟, 王亚磊, 邵继, 等. 2021a. 东昆仑夏日哈木超大型岩浆镍钴硫化物矿床成矿特征. 矿床地质, 40 (6): 1230-1247.

张照伟, 钱兵, 王亚磊, 等. 2021b. 中国西北地区岩浆铜镍矿床地质特点与找矿潜力. 西北地质, 54 (1): 82-99.

张照伟, 李文渊, 丰成友, 等. 2022. 中国钴-镍成矿规律与高效勘查技术. 西北地质, 55 (2): 14-34.

张志炳. 2016. 东昆仑夏日哈木铜镍硫化物矿床矿物成因意义探讨. 北京: 中国地质大学 (北京).

张志青, 刘立保, 赵海霞, 等. 2013. 青海祁漫塔格小盆地北基性岩墙群地质特征及意义. 青海大学学报, 31: 57-64.

中国地质大学 (武汉). 2003. 1:25 万阿拉克湖幅区域地质调查.

周伟. 2016. 东昆仑石头坑德镁铁-超镁铁质岩体岩石成因与成矿潜力分析. 西安: 长安大学.

周伟, 汪帮耀, 夏明哲, 等. 2016. 东昆仑石头坑德镁铁-超镁铁质岩体矿物学特征及成矿潜力分析. 岩石矿物学杂志, 35 (1): 80-96.

Ahmed A H, Arai S, Abdel-Aziz Y M, et al. 2005. Spinel composition as a petrogenetic indicator of the mantle section in the Neoproterozoic Bou Azzer ophiolite, Anti-Atlas, Morocco. Precambrian Research, 138 (3): 225-234.

Akmaz R M, Uysal I, Saka S. 2014. Compositional variations of chromite and solid inclusions in ophiolitic chromitites from the southeastern Turkey: implications for chromitite genesis. Ore Geology Reviews, 58: 208-224.

Arai S. 1994. Compositional variation of olivine-chromian spinel in Mg-rich magmas as a guide to their residual spinel peridotites. Journal of Volcanology and Geothermal Research, 59 (4): 279-293.

Arenas R, Martínez S S. 2015. Varsican ophiolites in NW Iberia: tracking lost Paleozoic oceans and the assembly of Pangea. Episodes, 38 (4): 315-333.

Arndt T N. 2000. Hot heads and cold tails. Nature, 407: 458-460.

Ayers J C, Dittmer S K, Layne G D. 1997. Partitioning of elements between peridotite and H_2O at 2.0-3.0GPa and 900-1100℃, and application to models of subduction zone processes. Earth and Planetary Science Letters, 150: 381-398.

Bacon C, Lowenstern J B. 2005. Late Pleistocene granodiorite source for recycled zircon and phenocrysts in rhyodacite lava at Crater Lake, Oregon. Earth and Planetary Science Letters, 3-4: 277-293.

Ballhaus C, Tredoux M, Späth A. 2001. Phase relations in the Fe-Ni-Cu-PGE-S system at magmatic temperature and application to massive sulphide ores of the Sudbury igneous complex. Journal of Petrology, 42: 1911-1926.

Barley M E, Groves D I. 1992. Supercontinent cycles and the distribution of metal deposits through time. Geology, 20 (4): 291-294.

Barnes S J. 1998. Chromite in komatiites, 1. magmatic controls on crystallization and composition. Journal of Petrology, 10: 1689-1720.

Barnes S J. 2000. Chromite in komatiites, II. modification during greenschist to mid-amphibolite facies metamorphism. Journal of Petrology, 41: 387-409.

Barnes S J, Lightfoot P C. 2005. Formation of magmatic nickel sulfide deposits and processes affecting their copper and platinum group element contents. Economic Geology, 100: 179-213.

Barnes S J, Naldrett A J. 1985. Geochemistry of the J-M (Howland) Reef of the Stillwater Complex, Minneapolis Adit area; I, sulfide chemistry and sulfide-olivine equilibrium. Economic Geology, 39: 627-645.

Barnes S J, Maier W D. 1999. The fractionation of Ni, Cu and thenoble metals in silicate and sulphide liquids. Geological Association of Canada Short Course Notes, 13: 69-106.

Barnes S J, Ripley E M. 2016. Highly siderophile and strongly chalcophile elements in magmatic ore deposits. Reviews in Mineralogy & Geochemistry, 81: 725-774.

Barnes S J, Roeder P L. 2001. The range of spinel compositions in terrestrial mafic and ultramafic rocks. Journal of Petrology, 42: 2279-2302.

Barnes S J, Naldrett A, Gorton M. 1985. The origin of the fractionation of platinum-group elements in terrestrial magmas. Chemical Geology, 53: 303-323.

Barnes S J, Mungall J E, Maier W D. 2015. Platinum group elements in mantle melts and mantle samples. Lithos, 232: 395-417.

Bédard J H. 2005. Partitioning coefficients between olivine and silicate melts. Lithos, 83: 394-419.

Bédard J H. 2007. Trace element partitioning coefficients between silicate melts and orthopyroxene: parameterizations of D variations. Chemical Geology, 244: 263-303.

Bédard J H. 2014. Parameterizations of calcic clinopyroxene-melt trace element partition coefficients. Geochemistry, Geophysics, Geosystems, 15: 303-336.

Brandon A D, Walker R J, Morgan J W, et al. 1998. Coupled ^{186}Os and ^{187}Os evidence for core-mantle interaction. Science, 280: 1570-1573.

Breddam K. 2002. Kistufell: primitive melt from the Iceland mantle plume. Journal of Petrology, 43: 345-373.

Brügmann G, Naldrett A J, Asif M. 1993. Siderophile and chalcophile metals as tracers of the evolution of the Siberian Trap in the Noril'sk region, Russia. Geochimica et Cosmochimica Acta, 57: 2001-2018.

Campbell I, Naldrett A. 1979. The influence of silicate: sulfide ratios on the geochemistry of magmatic sulfides. Economic Geology, 74: 1503-1506.

Campbell I H, Borley G. 1974. The geochemistry of pyroxenes from the lower layered series of the Jimberlana intrusion, Western Australia. Contributions to Mineralogy and Petrology, 47: 281-297.

Campbell I H, Griffiths R W. 1992. The changing nature of mantle hotspots through time: implications for the geochemical evolution of the mantle. Journal of Geology, 92: 497-523.

Campbell I H, Naldrett A J. 1983. A model for the origin of the Platinum-rich sulfide horizons in the Bushveld and Stillwater complexes. Journal of Petrology, 24（2）: 133-165.

Carroll M R, Rutherford M J. 1988. Sulfur speciation in hydrous experimental glasses of varying oxidation state: results from measured wavelength shifts of sulfur X-rays. American Mineralogist, 73: 845-849.

Caruso S, Fiorentini M L, Moroni M, et al. 2017. Evidence of magmatic degassing in Archean komatiites: insights from the Wannaway nickel-sulfide deposit, Western Australia. Earth and Planetary Science Letters, 479: 252-262.

Cervantes P, Wallace P J. 2003. Role of H_2O in subduction-zone magmatism: new insights from melt inclusions in high-Mg basalts from central Mexico. Geology, 31: 235-238.

Chai G, Naldrett A J. 1992. The Jinchuan ultramafic intrusion: cumulate of a high-Mg basaltic magma. Journal of Petrology, 33: 277-303.

Chemenda A I, Mattauer M, Bokun A N. 1996. Continental subduction and a mechanism for exhumation of high-pressure metamorphic rocks: new modelling and field data from Oman. Earth and Planetary Science Letters, 143: 173-182.

Chen J J, Fu L B, Wei J H, et al. 2020. Proto-Tethys magmatic evolution along northern Gondwana: insights from Late Silurian-Middle Devonian A-type magmatism, East Kunlun Orogen, Northern Tibetan Plateau, China. Lithos, 356-357: 105304.

Chen Y, Zheng Y F, Chen R X, et al. 2011. Metamorphic growth and recrystallization of zircons in extremely ^{18}O-depleted rocks during eclogite-facies metamorphism: evidence from U-Pb ages, trace elements, and O-Hf isotopes. Geochimica et Cosmochimica Acta, 75: 4877-4898.

Clarke D B, O'hara M J. 1979. Nickle and the existence of high-MgO liquids in nature. Earth and Planetary Science Letters, 44: 153-158.

Coffin M F, Eldholm O. 1994. Large igneous provinces: crustal structure, dimensions, and external consequences. Reviews of Geophysics, 32: 1-36.

Coleman R G, Lee D E, Beatty L B, et al. 1965. Eclogites and eclogites: their differences and similarities. GSA Bulletin, 76（5）: 483-508.

Craig J R. 1979. Geochemical aspects of the origins of ore deposits, review of research on modern problems in geochemistry. Earth Sciences, 16: 225-272.

Crawford A J, Cameron W E. 1985. Petrology and geochemistry of Cambrian boninites and low-Ti andesites from Heathcote, Victoria. Contributions to Mineralogy and Petrology, 91: 93-104.

Davies G F, Richards M A. 1992. Mantle convection. Journal of Geology, 100: 151-206.

Davies J H, Blanckenburg F V. 1995. Slab breakoff: a model of lithosphere detachment and its test in the magmatism and deformation of collisional orogens. Earth and Planetary Science Letters, 129: 85-102.

de Moor J M, Fischer T, Sharp Z, et al. 2013. Sulfur degassing at Erta Ale (Ethiopia) and Masaya (Nicaragua) volcanoes: implications for degassing processes and oxygen fugacities of basaltic systems. Geochemistry, Geophysics, Geosystems, 14: 4076-4108.

Dick H, Natland J H. 1996. Late-stage melt evolution and transport in the shallow mantle beneath the East Pacific Rise//Proceedings of the Ocean Drilling Program, Scientific Results, 147: 103-134.

Dick H J B, Bullen T. 1984. Chromian spinel as a petrogenetic indicator in abyssal and alpine-type peridotites and spatially assocated lavas. Contributions to Mineralogy and Petrology, 86（1）: 54-76.

Dong J L, Song S G, Su L, et al. 2020. Early Deveonian mafic igneous rocks in the East Kunlun orgen, NW China: implications for the transition from the Proto- to Paleo-Tehys oceans. Lithos, 376-377: 1-15.

Dong Y P, Yang Z, Liu X M, et al. 2014. Neoproterozoic amalgamtion of the Northern Qinling Terrain to the North China Craton: constraints from geochronology and geochemistry of the Kuanping Ophiolite. Precambrian Reasearch, 255: 77-95.

Donnelly K E, Goldstein S L, Langmuir C H, et al. 2004. Origin of enriched ocean ridge basalts and implications for mantle dynamics. Earth and Planetary Science Letters, 226 (3-4): 347-366.

Dorais M J, Pett T K, Tubrett M. 2009. Garnetites of the Cardigan Pluton, New Hampshire: evidence for peritectic garnet entrainment and implications for source rock compositions. Jouranl of Petrology, 50 (11): 1993-2006.

Duan J, Li C, Qian Z Z, et al. 2016. Multiple S isotopes, zircon Hf isotopes, whole-rock Sr-Nd isotopes, and spatial variations of PGE tenors in the Jinchuan Ni-Cu-PGE deposit, NW China. Miner Deposita, 51: 557-574.

EalesH V, Reynolds I M. 1986. Cryptic variations within chromitites of the upper critical zone, northwestern Bushveld Complex. Economic Geology, 81: 1056-1066.

Ernst W G. 2001. Subduction, ultrahigh-pressure metamorphism, and regurgitation of buoyant crustal slices—implications for arcs and continental growth. Physics of the Earth and Planetary Interiors, 127: 253-275.

Fabriès J. 1979. Spinel-olivine geothermometry in peridotites from ultramafic complexes. Contributions to Mineralogy and Petrology, 69: 329-336.

Fang J. 2015. Ore genesis of the Weibao banded skarn lead-zinc deposit, Qimantagh area, Xinjiang, China. Beijing: Chinese Academy of Sciences.

Francis D. 1985. The Baffin Bay lavas and the value of picrites as analogues of primary magmas. Contrib Mineral Petrol, 89: 144-154.

Francis D M, Hynes A J, Ludden J N, et al. 1981. Crystal fractionation and partial melting in the petrogenesis of a Proterozoic high-MgO volcanic suite, Ungava, Québec. Contributions to Mineralogy and Petrology, 78: 27-36.

Franke W, Coces L R M, Torsvik T H. 2017. The Palaeozoic Variscan oceans revisited. Gondwana Research, 48: 257-284.

Gao X, Thiemens M H. 1993. Variations of the isotopic composition of sulfur in enstatite and ordinary chondrites. Geochimica et Cosmochimica Acta, 57 (13): 3171-3176.

Ghiorso M S, Gualda G A R. 2015. An H_2O-CO_2 mixed fluid saturation model compatible with rhyolite-MELTS. Contributions to Mineralogy and Petrology, 169: 53.

Ghiorso M S, Sack R O. 1995. Chemical mass transfer in magmatic processes Ⅳ. A revised and internally consistent thermodynamic model for the interpolation and extrapolation of liquid-solid equilibria in magmatic systems at elevated temperatures and pressures. Contributions to Mineralogy and Petrology, 119: 197-212.

Greenough J D, Fryer B J. 1995. Behavior of the platinum-group elements during differentiation of the North Mountain Basalt, Nova Scotia. Canadian Mineralogist, 33: 153-163.

Griffin W L, Pearson N J, Belousova E, et al. 2000. The Hf isotope composition of cratonic mantle: LAM-MC-ICPMS analysis of zircon megacrysts in kimberlites. Geochimica et Cosmochimica Acta, 64: 133-147.

Griffin W L, Begg G C, O'Reilly S Y. 2013. Continental-root control on the genesis of magmatic ore depositis. Nature Geoscience, 6: 905-910.

Griffiths R W, Campbell I H. 1990. Stirring and structure in mantle starting plumes. Earth and Planetary Science Letters, 99: 66-78.

Grove T L, Till C B, Krawczynski M J. 2012. The role of H_2O in subduction zone magmatism. Annual Review of

Earth and Planetary Sciences, 40: 413-439.

Gualda G A R, Ghiorso M S, Lemons R V, et al. 2012. Rhyolite-MELTS: a modified calibration of MELTS optimized for silica-rich, fluid-bearing magmatic systems. Journal of Petrology, 53: 875-890.

Hamlyn P R, Keays R R, Cameron W E, et al. 1985. Precious metals in magnesian low-Ti lavas: implications for metallogenesis and sulfur saturation in primary magmas. Geochimica et Cosmochimica Acta, 49: 1797-1811.

Henderson P. 1984. General geochemical properties and abundances of the rare earth elements. Amsterdam: Elsevier.

Hermann J. 2002. Experimental constraints on phase relations in subducted continental crust. Contributions to Mineralogy and Petrology, 143: 219-235.

Hermann J, Green D H. 2001. Experimental constraints on high pressure melting in subducted crust. Earth and Planetary Science Letters, 188: 149-168.

Hermann J, Spandler C, Hack A, et al. 2006. Aqueous fluids and hydrous melts in high-pressure and ultra-high pressure rocks: implications for element transfer in subduction zones. Lithos, 92: 399-417.

Herzberg C, Asimow P D, Arndt N, et al. 2007. Temperatures in ambient mantle and plumes: constraints from basalts, picrites, and komatiites. Geochemistry Geophysics Geosystems, 8: 1074-1086.

Himmelberg G R, Loney R A. 1995. Characteristics and petrogenesis of Alaskan-type ultramafic-mafic intrusions, Southeastern Alaska. Geological Society of America, Abstracts with Programs.

Holwell B D A, Mcdonald I. 2010. A review of the behaviour of platinum group elements within natural magmatic sulfide ore systems. Platinum Metals Review, 54: 26-36.

Horan M F, Walker R J, Fedorenko V A, et al. 1995. Osmium and neodymium isotopic constraints on the temporal and spatial evolution of Siberian flood basalt sources. Geochimica et Cosmochimica Acta, 59: 5159-5168.

Irvine T N. 1965. Chromian spinel as a petrogenetic indicator: Part 1. Theory. Canadian Journal of Earth Sciences, 2: 648-672.

Irvine T N, Baragar W. 1971. A guide to the chemical classification of the common volcanic rocks. Canadian Journal of Earth Sciences, 8: 523-548.

Jugo P J, LuthR W, Richards J P. 2005. An experimental study of the sulfur content in basaltic melts saturated with immiscible sulfide or sulfate liquids at 1300℃ and 1.0 GPa. Journal of Petrology, 46: 783-798.

Kalugin V, Latypov R. 2012. Top-down fractional crystallization of a sulfide liquid during formation of largest orebody from the Noril'sk-Talnakh PGE-Cu-Ni deposits. Russia EGU General Assembly Conference.

Kamenetsky V S, Crawford A J, Sebastien M. 2001. Factors controlling chemistry of magmatic spinel: an empirical study of associated olivine, Cr-spinel and melt inclusions from primitive rocks. Journal of Petrology, 4: 655-671.

Kay S M, Snedden W T, Foster B P. 1983. Upper mantle and crustal fragments in the Ithaca Kimberlites. The Journal of Geology, 91 (3): 277-290.

Keays R R. 1995. The role of komatiitic and picritic magmatism and S-saturation in the formation of ore deposits. Lithos, 34: 1-18.

Keays R R. 1997. Requirements for the formation of giant Ni-Cu-PGE sulfide deposits: the role of magma generation. Transactions of the American Geophysical Union (EOS), 78: F799.

Kent R W, Kent, Stoey M, et al. 1992. Large igneous provinces: sites of plume impact or plume incubation. Geology, 20: 891-894.

Kessel R, Schmidt M W, Ulmer P, et al. 2005. Trace element signature of subduction-zone fluids, melts and supercritical liquids at 120-180 km depth. Nature, 437: 724-727.

Klimm K, Blundy J D, Green T H. 2008. Trace element partitioning and accessory phase saturation during H$_2$O-saturated melting of basalt with implications for subduction zone chemical fluxes. Journal of Petrology, 49: 523-553.

Kushiro I. 1960. Si-Al relation in clinopyroxenes from igneous rocks. American Journal of Science, 258: 548-554.

Kyser T K. 1990. Stable isotopes in the continental lithospheric mantle. Continental Mantle, 19: 127-156.

Labidi J, Cartigny P, Moreira M. 2013. Non-chondritic sulphur isotope composition of the terrestrial mantle. Nature, 501: 208-211.

Le Bas M. 1962. The role of aluminum in igneous clinopyroxenes with relation to their parentage. American Journal of Science, 260: 267-288.

Le Bas M. 2000. IUGS reclassification of the high-Mg and picritic volcanic rocks. Journal of Petrology, 41: 1467-1470.

Lesher C, Stone W. 1996. Exploration geochemistry of komatiites. Igneous trace element geochemistry applications for massive sulfide exploration. GAC-MAC Short Course Notes, 12: 153-204.

Lesher C M, Campbell I H. 1993. Geochemical and fluid-dynamic modeling of compositional variation in Archean komatiite-hosted nickel-sulfide ores in Western Australia. Economic Geology, 88: 804-816.

Li C S, Naldrett A. 1999. Geology and petrology of the Voisey's Bay intrusion: reaction of olivine with sulfide and silicate liquids. Lithos, 47: 1-31.

Li C S, Ripley E D. 2003. Compositional variations of olivine and sulfur isotopes in the Noril'sk and Talnakh intrusion, Siberia: implications for ore-forming process in dynamic magma conduits. Economic Geology, 98: 69-86.

Li C S, Ripley E M. 2005. Empirical equations to predict the sulfur content of mafic magmas at sulfide saturation and applications to magmatic sulfide deposits. Mineralium Deposita, 40 (2): 218-230.

Li C S, Ripley E M. 2009. Sulfur contents at sulfide-liquid or anhydrite saturation in silicate melts: empirical equations and example applications. Economic Geology, 104: 405-412.

Li C S, Ripley E M. 2011. The giant Jinchuan Ni-Cu-(PGE) deposit: tectonic setting, magma evolution, ore genesis, and exploration implications. Reviews in Economic Geology, 17: 163-180.

Li C S, Lightfoot P C, Amelin Y R, et al. 2000. Contrasting petrological and geochemical relationship in the Voisey' Bay and Mushuau intrusions, Labrador, Canada: implicaiton for ore genesis. Economic Geology, 95: 771-799.

Li C S, Ripley E M, Maier W D, et al. 2002. Olivine and sulfur isotopic compositions of the Uitkomst Ni-Cu sulfide ore-bearing complex, South Africa: evidence for sulfur contamination and multiple magma emplacements. Chemical Geology, 188: 149-159.

Li C S, Naldrett A J, Ripley E M. 2007. Controls on the Fo and Ni contents of olivine in sulfide-bearing Mafic/Ultramafic intrusions: principles, modeling, and examples from Voisey's Bay. Earth Science Frontiers, 14: 177-183.

Li C S, Zhang Z W, Li W Y, et al. 2015a. Geochronology, petrology and Hf-S isotope geochemistry of the newly-discovered Xiarihamu magmatic Ni-Cu sulfide deposit in the Qinghai-Tibet plateau, western China. Lithos, 216-217: 224-240.

Li C S, Arndt N T, Tang Q Y, et al. 2015b. Trace element indiscrimination diagrams. Lithos, 232: 76-83.

Li C S, Ripley E M, Tao Y. 2019. Magmatic Ni-Cu and Pt-Pd sulfide deposits in China. Mineral Deposits, 22: 483-508.

Li H R, Qian Y, Sun F Y, et al. 2020a. Zircon U-Pb dating and sulfide Re-Os isotopes of the Xiarihamu Cu-Ni sulfide deposit in Qinghai Province, Northwestern China. Canadian Journal of Earth Sciences, 57: 885-902.

Li L, Sun F Y, Li B L, et al. 2018a. Geochronology, geochemistry and Sr-Nd-Pb-Hf isotopes of No. I complex from the Shitoukengde Ni-Cu sulfide deposit in the Eastern Kunlun Orogen, Western China: implications for the magmatic source, geodynamic setting and genesis. Acta Geologica Sinica (English Edition), 92 (1): 106-126.

Li R B, Pei X Z, Li Z C, et al. 2020b. Late Silurian to Early Devonian volcanics in the East Kunlun orogen, northern Tibetan Plateau: record of postcollisional magmatism related to the evolution of the Proto-Tethys Ocean. Journal of Geodynamics, 140: 101780.

Li S Z, Zhao S J, Liu X, et al. 2018b. Closure of the Proto-Tethys Ocean and Early Paleozoic amalgamation of micro-continental blocks in East Asia. Earth-Science Reviews, 186: 37-75.

Li W Y. 2011. Monitoring and preventive measures about heavy metal pollution//Wenke Wang. Proceedings of 2011 international symposium on water resource and environmental protection. IEEE Press, 3: 2129-2133.

Libourel G. 1999. Systematics of calcium partitioning between olivine and silicate melt: implications for melt structure and calcium content of magmatic olivines. Contributions to Mineralogy and Petrology, 136: 63-80.

Lightfoot P C, Hawkesworth C J. 1997. Flood basalts and magmatic Ni, Cu, and PGE sulphide mineralization: comparative geochemistry of the Noril'sk (Siberian Traps) and West Greenland sequences. American Geophysical Union (AGU).

Lightfoot P C, Hawkesworth C J, Hergt J, et al. 1993. Remobilization of the continental lithosphere by a mantle plume: major-trace-element, and Sr-Nd- and Pb-isotope evidence from picritic and tholeiitic lavas of the Noril'sk District, Siberian Trap, Russia. Contrib Mineral Petrol, 114 (2): 171-188.

Lightfoot P C, Hawkesworth C J, Olshefsky K. 1997. Geochemistry of Tertiary tholeiites and picrites from Qeqertarssuaq (Disko Island) and Nuussuaq, West Greenland with implications for the mineral potential of co-magmatic intrusions. Contrib Mineral Petrol, 128: 139-163.

Liu Q, Jin Z, Zhang J. 2009. An experimental study of dehydration melting of phengite-bearing eclogite at 1.5-3.0 GPa. Chinese Science Bulletin, 54: 2090-2100.

Liu X Q, Zhang C L, Ye X T, et al. 2019a. Cambrian mafic and granitic intrusions in the Mazar-Tianshuihai terrane, West Kunlun Orogenic Belt: constraints on the subduction orientaion of the Proto-Tethys Ocean. Lithos, 350-351: 105226.

Liu Y, Brenan J. 2015. Partitioning of platinum-group elements (PGE) and chalcogens (Se, Te, As, Sb, Bi) between monosulfide-solid solution (MSS), intermediate solid solution (ISS) and sulfide liquid at controlled f_{O_2}-f_{S_2} conditions. Geochimica et Cosmochimica Acta, 159: 139-161.

Liu Y, Samaha N T, Baker D R. 2007. Sulfur concentration at sulfide saturation (SCSS) in magmatic silicate melts. Geochimica et Cosmochimica Acta, 71 (7): 1783-1799.

Liu Y G, Lu X B, Wu C M, et al. 2016. The migration of Tarim plume magma toward the Northeast in Early Permian and its significance for the exploration of PGE-Cu-Ni magmatic sulfide deposits in Xinjiang, NW China: as suggested by Sr-Nd-Hf isotopes, sedimentology and geophysical data. Ore Geology Reviews, 72 (1): 538-545.

Liu Y G, Li W Y, Lü X B, et al. 2017. Sulfide saturation mechanism of the Poyi magmatic Cu-Ni sulfide deposit in Beishan, Xinjiang, Northwest China. Ore Geology Review, 91: 419-431.

Liu Y G, Li W Y, Jia Q Z, et al. 2018. The dynamic sulfide saturation process and a possible slab break-off model for the Giant Xiarihamu Magmatic Nickel Ore Deposit in the East Kunlun Orogenic Belt, Northern Qinghai-Tibet Plateau, China. Economic Geology, 113 (6): 1383-1417.

Liu Y G, Chen Z G, Li W Y, et al. 2019b. The Cu-Ni mineralization potential of the Kaimuqi mafic-ultramafic complex and the indicators for the magmatic Cu-Ni sulfide deposit exploration in the East Kunlun Orogenic Belt, Northern Qinghai-Tibet Plateau, China. Journal of Geochemical Exploration, 198: 41-53.

Loucks R R. 1990. Discrimination of ophiolitic from nonophiolitic ultramafic-mafic allochthons in orogenic belt by the Al/Ti ratio in clinopyroxene. Geology, 18: 346-349.

Maier W D, Groves D L. 2011. Temporal and spatial controls on the formation of magmatic PGE and Ni-Cu deposits. Mineralium Deposita, 46: 841-857.

Maier W D, Barnes S J, Groves D I. 2013. The Bushveld Complex, South Africa: formation of platinum-palladium, chrome- and vanadium-rich layers via hydrodynamic sorting of a mobilized cumulate slurry in a large, relatively slowly cooling, subsiding magma chamber. Mineralium Deposita, 48: 1-56.

Mandeville C W, Webster J D, Tappen C, et al. 2009. Stable isotope and petrologic evidence for open-system degassing during the climactic and pre-climactic eruptions of Mt. Mazama, Crater Lake, Oregon. Geochimica et Cosmochimica Acta, 73: 2978-3012.

Maurel C, Maurel P. 1982. Etude experimentale de la distribution de l'aluminium entre bain silicate basique et spinelle chromifere. Implications petrogenetiques: teneur en chrome des spinelles. Bulletin de Minéralogie, 105: 197-202.

Mavrogenes J A, O'Neill H S. 1999. The relative effects of pressure, temperature and oxygen fugacity on the solubility of sulfide in mafic magmas. Geochimica et Cosmochimica Acta, 63 (7-8): 1173-1180.

McDonough W F, Sun S S. 1995. The composition of the Earth. Chemical Geology, 120: 223-253.

Mckenzie D, Bickle M J. 1988. The volume and composition of melt generated by extension of the lithosphere. Journal of Petrology, 29 (3): 625-679.

Meng F C, Zhang J X, Cui M H. 2013. Discovery of early paleozoic eclogite from the East Kunlun, western China and its tectonic significance. Gondwana Research, 23 (2): 825-836.

Morimoto N. 1988. Nomenclature of pyroxenes. American Mineralogist, 62: 53-62.

Mountain B W, Wood S A. 1988. Chemical controls on the solubility, transport and deposition of platinum and palladium in hydrothermal solutions: a thermodynamic approach. Economic Geology, 83 (3): 492-510.

Mudd G M, Jowitt S M. 2014. A detailed assessment of global nickel resource trends and endowments. Economic Geology, 109: 1813-1841.

Mudd G M, Weng Z, Jowitt S M, et al. 2013. Quantfying the recoverable resources of by-product metals: the case of cobalt. Ore Geology Reviews, 55: 87-98.

Mungall J E. 2007. Crystallization of magmatic sulfides: an empirical model and application to Sudbury ores. Geochimica et Cosmochimica Acta, 71: 2809-2819.

Mungall J E, Brenan J M. 2014. Partitioning of platinum-group elements and Au between sulfide liquid and basalt and the origins of mantle-crust fractionation of the chalcophile elements. Geochimica et Cosmochimica Acta, 125: 265-289.

Mungall J E, Andrews D R A, Cabri L J, et al. 2005. Partitioning of Cu, Ni, Au, and platinum-group elements between monosulfide solid solution and sulfide melt under controlled oxygen and sulfur fugacities. Geochimica et Cosmochimica Acta, 69: 4349-4360.

Nabelek P I. 1980. Nickel partitioning between olivine and liquid in natural basalts: Henry's law behavior. Earth and Planetary Science Letters, 48: 293-302.

Naldrett A J. 1984. In the geology and ore deposits of the Sudbury structure. Ontario Geological Survey, 1: 533-570.

Naldrett A J. 1989. Magmatic sulfide deposits. Oxford-New York: Oxford University Press.

Naldrett A J. 2004. Magmatic sulfide deposits. Berlin: Springer.

Naldrett A J. 2011. Fundamentals of magmatic sulfide deposits. Review Economic Geology, 17: 1-50.

Nance R D, Gutiérrez-Alonso C, Keppie J D, et al. 2010. Evolution of the Rheic Ocean. Gondwana Research, 17 (2-3): 194-222.

Nie H, Yang J Z, Zhou G Y, et al. 2017. Geochemical and Re-Os isotope constraints on the origin and age of the Songshugou peridotite massif in the Qinling orogen, central China. Lithos, 292-293: 307-319.

Norbu N, Li J C, Liu Y G, et al. 2020. Tectonomagmatic setting and Cu-Ni mineralization potential of the Gayahedonggou Complex, northern Qinghai-Tibetan Plateau, China. Minerals, 10 (10): 950.

Pagé P, Barnes S J. 2009. Using trace elements in chromites to constrain the origin of podiform chromitites in the Thetford Mines ophiolite, Québec, Canada. Economic Geology, 104 (7): 997-1018.

Paktunc A D, Cabri L J. 1995. A proton- and electron-microprobe study of gallium, nickel and zinc distribution in chromian spinel. Lithos, 35: 261-282.

Palme H, O'Neill H S. 2014. Cosmochemical estimates of mantle composition// Rudnick R L. Treatise on Geochemistry, 3: 1-38.

Park Y R, Ripley E M, Miller J D, et al. 2004. Stable isotopic constraints on fluid-rock interaction and Cu-PGE-S redistribution in the Sonju Lake Intrusion, Minnesota. Economic Geology, 99 (2): 325-338.

Parkinson I J, Pearce J A. 1998. Peridotites from the Izu-Bonin-Mariana forearc (ODP Leg 125), evidence for mantle melting and melt-mantle interaction in a supra-subduction zone setting. Journal of Petrology, 39: 1577-1618.

Patten C, Barnes S J, Mathez E A, et al. 2013. Partition coefficients of chalcophile elements between sulfide and silicate melts and the early crystallization history of sulfide liquid: LA-ICP-MS analysis of MORB sulfide droplets. Chemical Geology, 358: 170-188.

Peach C L, Mathez E A, Keays R R. 1990. Sulfide melt silicate melt distribution coefficients for noble metals and other chalcophile elements as deduced from MORB: implications for partial melting. Geochimica et Cosmochimica Acta, 54: 3379-3389.

Pearce J A, Cann J R. 1973. Tectonic setting of basic volcanic rocks determined using trace element analyses. Earth and Planetary Science Letters, 19 (2): 290-300.

Pearce J A, Norry M J. 1979. Petrogenetic implications of Ti, Zr, Y and Nb variations in volcanic rocks. Contributions to Mineralogy and Petrology, 69: 33-47.

Pearce J A, Stern R J, Bloomer S H, et al. 2013. Geochemical mapping of the Mariana arc-basin system: implications for the nature and distribution of subduction components. Geochemistry Geophysics Geosystems, 6: 406-407.

Pedersen A K. 1979. Basaltic glass with high-temperature equilibrated immiscible sulphide bodies with native iron from Disko, central West Greenland. Contributions to Mineralogy and Petrology, 69: 397-407.

Peltonen P. 1995. Petrogenesis of ultramafic rocks in the Vammala Nickel Belt: implications for crustal evolution of the early Proterozoic Svecofennian arc terrane. Lithos, 34: 253-274.

Peng B, Sun F Y, Li B L, et al. 2016. The geochemistry and geochronology of the Xiarihamu II mafic-ultramafic complex, Eastern Kunlun, Qinghai Province, China: implications for the genesis of magmatic Ni-Cu sulfide deposits. Ore Geology Reviews, 73: 13-28.

Piochi M, Mormone A, Balassone G, et al. 2015. Native sulfur, sulfates and sulfides from the active Campi Flegrei volcano (southern Italy): genetic environments and degassing dynamics revealed by mineralogy and isotope geochemistry. Journal of Volcanology and Geothermal Research, 304: 180-193.

Pirajno F. 2012. The geology and tectonic settings of China's mineral deposits. Heidelberg : Springer.

Puchtel I S, Huma Y M. 2000. Platinum group elements in Kostomuksha komatiites and basalts: implications for oceanic crust recycling and core-mantle interaction. Geochimica et Cosmochimica Acta, 64: 4227-4242.

Qin K Z, Su B X, Sakyi P A, et al. 2011. SIMS zirocn U-Pb geochronology and Sr-Nd isotopes of Ni-Cu-bearing mafic-ultramafic intrusions in eastern Tianshan and Beishan in correlation with flood basalts in Traim Basin (NW China): constraints on CA. 280 Ma mantle plume. American Journal of Science, 311: 237-260.

Revillon S. 2000. Geochemical study of ultramafic volcanic and plutonic rocks from Gorgona Island, Colombia: the plumbing system of an oceanic plateau. Journal of Petrology, 41: 1127-1153.

Revillon S, Arndt N T, Hallot E, et al. 1999. Petrogenesis of picrites from the Caribbean Plateau and the North Atlantic magmatic province. Lithos, 49: 1-21.

Ribeiro A, Munhá J, Dias R, et al. 2007. Geodynamic evolution of the SW Europe Variscides. Tectonics, 26 (6): 226-247.

Ripley E M, Li C S. 2003. Sulfur isotope exchange and metal enrichment in the formation of magmatic Cu-Ni-(PGE) deposits. Economic Geology, 98 (3): 635-641.

Ripley E M, Li C S. 2013. Sulfide saturation in mafic magmas: is external sulfur required for magmatic Ni-Cu-(PGE) ore genesis? . Economic Geology, 108: 45-58.

Ripley E M, Park Y R, Li C, et al. 1999. Sulfur and oxygen isotopic evidence of country rock contamination in the Voisey's Bay Ni-Cu-Co deposit, Labrador, Canada. Lithos, 47: 53-68.

Robb L J. 2008. Introduction to ore-forming processes. Oxford: Blackwell Publishing.

Roeder P, Emslie R. 1970. Olivine-liquid equilibrium. Contributions to Mineralogy and Petrology, 29: 275-289.

Ross J R, Travis G A. 1981. The nickel sulfide deposit of Western Australia in global perspective. Economic Geology, 76 (6): 1291-1329.

Rudnick R L, Gao S. 2014. Composition of the continental crust. Treatise on Geochemistry, 4: 1-51.

Salters V J M, Stracke A. 2004. Composition of the depleted mantle. Geochemistry, Geophysics, Geosystems, 5: 469-484.

Schulz K, Cannon W F. 1997. Potential for new nickel-copper sulfide deposits in the Lake Superior region. Report, USGS.

Schulz K J, De Y, J J H, et al. 2017. Critical mineral resources of the United States—Economic and environmental geology and prospects for future supply. Reston: U. S. Geological Survey, 1802: F1-F40.

Shaw J, Johnston S T. 2016. Oroclinal buckling of the Armorican ribbon continent: an alternative tectonic model for Pangean amalgamation and Variscan orogenesis. Lithos, 8 (6): 769-777.

Sheth H C. 1999. Flood basalts and large igneous provinces from deep mantle plumes: fact, fiction, and fallacy. Tectonophysics, 311: 1-29.

Sobolev A V, Danyushevsky L V. 1994. Petrology and geochemistry of boninites from the North Termination of the Tonga Trench: constraints on the generation conditions of primary high-Ca boninite magmas. Journal of Petrology, 35 (5): 1183-1211.

Sobolev A V, Hofmann A W, Sobolev S V, et al. 2005. An olivine-free mantle source of Hawaiian shield basalts. Nature, 434: 590-597.

Song X Y, Yi J N, Chen L M, et al. 2016. The giant Xiarihamu Ni-Co sulfide deposit in the East Kunlun orogenic Belt, Northern Tibet Plateau, China. Economic Geology, 111 (1): 29-55.

Srivastava R K. 2006. Geochemistry and petrogenesis of Neoarchaean high-Mg low-Ti mafic igneous rocks in an intracratonic setting, Central India craton: evidence for boninite magmatism. Geochemical Journal, 40: 15-31.

Straub S M, Zellmer G F. 2012. Volcanic arcs as archives of plate tectonic change. Gondwana Research, 21 (2-3): 495-516.

Straub S M, Zellmer G F, Tuena A G, et al. 2013. Geological Society, London Publications, 385: 31-64.

Sun S S, Nesbitt R W, Mcculloch M T. 1989. Geochemistry and petrogenesis of Archaean and early Proterozoic siliceous high-magnesian basalts//Crawfors A J. Boninites and related rocks. Berlin: Springer.

Sun S S, Wallace D A, Hoatson D M, et al. 1991. Use of geochemistry as a guide to platinum group element potential of mafic-ultramafic rocks: examples from the west Pilbara Block and Halls Creek Mobile Zone, Western Australia. Precambrian Research, 50: 1-35.

Takahashi E. 1978. Partitioning of Ni^{2+}, Co^{2+}, Fe^{2+}, Mn^{2+} and Mg^{2+} between olivine and silicate melts: compositional dependence of partition coefficient. Geochimica et Cosmochimica Acta, 42: 1829-1844.

Tatsumi Y, Eggins S. 1995. Subduction zone magmatism. Oxford: Blackwell Science.

Thakurta J, Ripley E M, Li C. 2013. Geochemical constraints on the origin of sulfide mineralization in the Duke Island Complex, southeastern Alaska. Geochemistry, Geophysics, Geosystems, 9: 1-34.

Torssander P. 1989. Sulfur isotope ratios of Icelandic rocks. Contributions to Mineralogy and Petrology, 102: 18-23.

Torsvik T H. 2019. Earth history: a journey in time and space from base to top. Tectonophysics, 760: 297-313.

Tuchscherer M G, Spray J G. 2002. Geology, mineralization, and emplacement of the Foy Offset Dike, Sudbury Impact Structure. Economic Geology, 97 (7): 1377-1397.

Turner S J, Langmuir C H, Dungan M A, et al. 2017. The importance of mantle wedge heterogeneity to subduction zone magmatism and the origin of EM1. Earth and Planetary Science Letters, 472: 216-228.

Verhoogen J. 1962. Oxidation of iron-titanium oxides in igneous rocks. The Journal of Geology, 70: 168-181.

Vogel D C, Keays R R. 1997. The application of platinum group geochemistry in constraining the source of basalt magmas: results from Newer Volcanic Province, Victoria, Australia. Chemical Geology, 136: 181-204.

Vogt J H L. 1894. Beitrage zur genetischen classification der durch magmatische differentiations processe und der durch pneumatolyse entstandenen erzvorkomme. Zeitschrift Prakt Geol, 2: 381-399.

Vuorinen J H, Hålenius U. 2005. Nb-, Zr- and LREE-rich titanite from the Aln alkaline complex: crystal chemistry and its importance as a petrogenetic indicator. Lithos, 83: 128-142.

Walker R L, Morgen J W, Horan M F. 1995. Osmium-187 enrichment in some plumes: evidence for core-mantle interaction. Science, 269: 819-821.

Wang C Y, Zhou M F, Zhao D. 2005. Mineral chemistry of chromite from the Permian Jinbaoshan Pt-Pd-sulphide-bearing ultramafic intrusion in SW China with petrogenetic implications. Lithos, 83: 47-66.

Wendlandt R F. 1982. Sulfide saturation of basalt and andesite melts at high pressures and temperatures. American Mineralogist, 67 (9-10): 877-885.

White R S, Mckenzie D P. 1989. Magmatism at rift zones: the generation of volcanic continental margins and flood basalts. Journal of Geophysical Research, 94: 7685-7729.

White W M, Klein E M. 2014. Composition of the oceanic crust//Rudnick R L. Treatise on Geochemistry. Oxford: Elsevier, 4: 457-496.

Williams-Jones A E, Vasyukova O V. 2022. Constraints on the genesis of cobalt deposits: Part I. Theoretical Considerations. Economic Geology, 117: 513-528.

Wykes J L, O'Neill H S C, Mavrogenes J A. 2015. The effect of FeO on the sulfur content at sulfide saturation (SCSS) and the Selenium content at selenide saturation of silicate melts. Journal of Petrology, 56 (7):

1407-1424.

Xia L Q. 2014. The geochemical criteria to distinguish continental basalts from arc related ones. Earth Science Reviews, 139: 195-212.

Xia Q X, Zheng Y F, Hu Z. 2010. Trace elements in zircon and coexisting minerals from low-T/UHP metagranite in the Dabie orogen: implications for action of supercritical fluid during continental subduction- zone metamorphism. Lithos, 114: 385-412.

Xia Q X, Zheng Y F, Chen Y X. 2013. Protolith control on fluid availability for zircon growth during continental subduction-zone metamorphism in the Dabie orogen. Journal of Asian Earth Sciences, 68: 93-113.

Xiong F, Ma C, Jiang H A, et al. 2014. Geochronology and geochemistry of middle devonian mafic dykes in the East Kunlun orogenic belt, northern Tibet Plateau: implications for the transition from Prototethys to Paleotethys orogeny. Chemie der Erde-Geochemistry, 74: 225-235.

Xue S, Li C, Wang Q, et al. 2019. Geochronology, petrology and Sr-Nd-Hf-S isotope geochemistry of the newly-discovered Qixin magmatic Ni-Cu sulfide prospect, southern Central Asian Orogenic Belt, NW China. Ore Geology Reviews, 11: 103002.

Xue S C, Qin K Z, Li C, et al. 2016. Geochronological, petrological and geochemical constraints on Ni-Cu sulfide mineralizaiton in the Poyi ultramafic- troctolitic intrusion in the Northeast rim of the Traim Craton, Western China. Economic Geology, 111: 1465-1484.

Yallup C, Edmonds M, Turchyn A V. 2013. Sulfur degassing due to contact metamorphism during flood basalt eruptions. Geochimica et Cosmochimica Acta, 120: 263-279.

Yao W, Li Z, Li W. 2012. Post-kinematic lithospheric delamination of the Wuyi-Yunkai orogen in South China: evidence from Ca. 435 Ma high-Mg basalts. Lithos, 154: 115-129.

Yu L, Sun F Y, Li Q, et al. 2019. Geochronology, geochemistry, and Sr-Nd-Hf isotopic compositions of mafic-ultramafic intrusions in the Niubiziliang Ni-(Cu) sulfide deposit, North Qaidam Orogenic Belt, NW China: implications for magmatic source, geodynamic setting, and petrogenesis. Lithos, 326-327: 158-173.

Zhang C L, Zou H B, Ye X T, et al. 2019. Tectonic evolution of the West Kunlun Orogenic Belt along the northern margin of the Tibetan Plateau: implications for the assembly of the Tarim terrane to Gondwana. Geoscience Frontier, 10 (3): 973-988.

Zhang M, Liu Y, Chen A, et al. 2021. The tectonic links between Palaeozoic eclogites and mafic magmatic Cu-Ni-Co mineralization in East Kunlun orogenic belt, western China. International Geology Review, 6: 1-21.

Zhang Z W, Li W Y, Gao Y B, et al. 2014. Sulfide mineralization associated with arc magmatism in the Qilian Block, western China: zircon U-Pb age and Sr-Nd-Os-S isotope constraints from the Yulonggou and Yaqu gabbroic intrusions. Mineralium Depostia, 49 (2): 279-292.

Zhang Z W, Li W Y, Qian B, et al. 2017a. The discovery of Early Paleozoic eclogite from the Xiarihamu magmatic Ni-Cu sulfide deposit in eastern Kunlun orogenic belt: zircon U-Pb chronologic evidence. Geology In China, 44: 816-817.

Zhang Z W, Tang Q Y, Li C S, et al. 2017b. Sr-Nd-Os-S isotope and PGE geochemistry of the Xiarihamu magmatic sulfide deposit in the Qinghai-Tibet plateau, China. Mineralium Deposita, 52: 51-68.

Zhang Z W, Wang Y L, Qian B, et al. 2018. Metallogeny and tectonomagmatic setting of Ni-Cu magmatic sulfide mineralization, Number I Shitoukengde mafic-ultramafic complex, East Kunlun Orogenic Belt, NW China. Ore Geology Reviews, 96: 236-246.

Zhao G C, Wang Y J, Huang B C, et al. 2018. Geological reconstructions of the East Asian blocks: from the breakup of Rodinia to the assembly of Pangea. Earth-Science Reviews, 186: 262-286.

Zhao J H, Zhou M F. 2013. Neoproterozoic high-Mg basalts formed by melting of ambient mantle in South China. Precambrian Research, 233: 193-205.

Zhao Z F, Zheng Y F, Chen R X, et al. 2007. Element mobility in mafic and felsic ultrahigh-pressure metamorphic rocks during continental collision. Geochimica et Cosmochimica Acta, 71: 5244-5266.

Zheng F, Dai L Q, Zhao Z F, et al. 2020. Syn-exhumation magmatism during continental collision: geochemical evidence from the early Paleozoic Fushui mafic rocks in the Qinling orogen, Central China. Lithos, (352-353): 105318.

Zheng Y F, Chen Y X. 2016. Continental versus oceanic subduction zones. National Science Review, 3: 495-519.

Zheng Y F, Zhang L, Mcclelland W C, et al. 2012. Processes in continental collision zones: preface. Lithos, 136-139: 1-9.

Zheng Y F, Chen Y X, Dai L Q, et al. 2015. Developing plate tectonics theory from oceanic subduction zones to collisional orogens. Science China-Earth Sciences, 58: 1045-1069.

Zheng Y F, Xu Z, Chen L, et al. 2019. Chemical geodynamics of mafic magmatism above subduction zones. Journal of Asian Earth Sciences, 194: 104185.

Zhou M F, Robinson P T, Su B X, et al. 2014. Compositions of chromite, associated minerals, and parental magmas of podiform chromite deposits: the role of slab contamination of asthenospheric melts in suprasubduction zone environments. Gondwana Research, 26: 262-283.

图版 I 夏日哈木铜镍矿

图版 I-1 夏日哈木铜镍矿1号岩体地表特征

图版 I-2 夏日哈木铜镍矿地表镍华

图版 I-3 夏日哈木铜镍矿星点状矿石

图版 I-4 夏日哈木铜镍矿斑杂状矿石

图版 I-5 夏日哈木铜镍矿脉状矿石

图版 I-6 夏日哈木铜镍矿稠密浸染状矿石

图版 I-7 夏日哈木铜镍矿半块状矿石

图版 I-8 夏日哈木铜镍矿块状矿石

图版Ⅱ 夏日哈木铜镍矿床

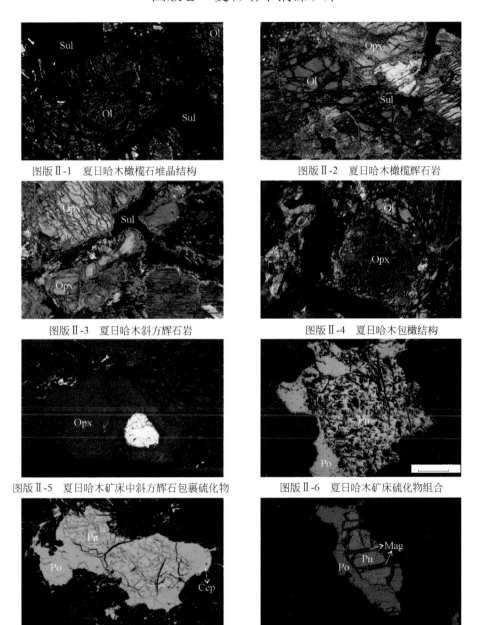

图版Ⅱ-1 夏日哈木橄榄石堆晶结构

图版Ⅱ-2 夏日哈木橄榄辉石岩

图版Ⅱ-3 夏日哈木斜方辉石岩

图版Ⅱ-4 夏日哈木包橄结构

图版Ⅱ-5 夏日哈木矿床中斜方辉石包裹硫化物

图版Ⅱ-6 夏日哈木矿床硫化物组合

图版Ⅱ-7 夏日哈木矿床硫化物组合

图版Ⅱ-8 夏日哈木矿床镍黄铁矿被磁铁矿交代

图注：Opx-斜方辉石；Ol-橄榄石；Sul-硫化物；Po-磁黄铁矿；Pn-镍黄铁矿；Ccp-黄铜矿；Mag-磁铁矿

图版Ⅲ 石头坑德铜镍矿

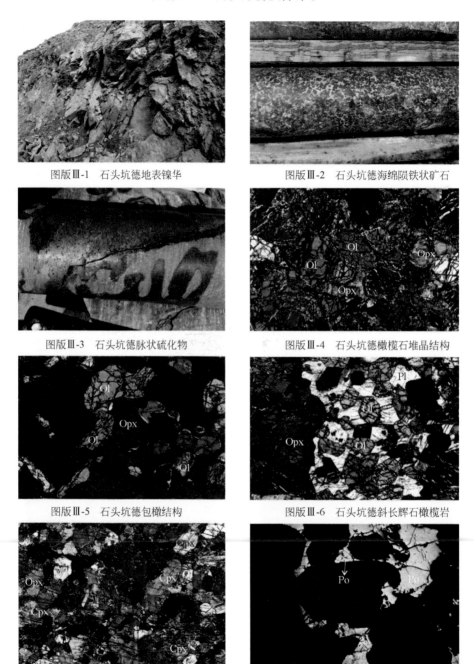

图版Ⅲ-1 石头坑德地表镍华

图版Ⅲ-2 石头坑德海绵陨铁状矿石

图版Ⅲ-3 石头坑德脉状硫化物

图版Ⅲ-4 石头坑德橄榄石堆晶结构

图版Ⅲ-5 石头坑德包橄结构

图版Ⅲ-6 石头坑德斜长辉石橄榄岩

图版Ⅲ-7 石头坑德辉石岩

图版Ⅲ-8 石头坑德硫化物组合

图注：Opx-斜方辉石；Cpx-单斜辉石；Ol-橄榄石；Pl-斜长石；Po-磁黄铁矿